普通高等教育"十二五"规划教材

机电系统设计基础

杨运强　阎绍泽　王仪明　于　翔　编著

北　京

冶 金 工 业 出 版 社

2020

内 容 简 介

本书主要内容包括机电一体化机械系统设计、机电系统的传感与执行元件、电气控制、可编程控制器、机电控制系统接口技术和机电产品设计实例分析等。

本书可作为高等院校机械工程等相关专业学生的教材,也可供相关行业的技术人员参考。

图书在版编目(CIP)数据

机电系统设计基础/杨运强等编著. —北京:冶金工业出版社,2014.6(2020.1 重印)

普通高等教育"十二五"规划教材

ISBN 978-7-5024-6501-8

Ⅰ.①机… Ⅱ.①杨… Ⅲ.①机电系统—系统设计—高等学校—教材 Ⅳ.①TH-39

中国版本图书馆 CIP 数据核字(2014)第 038067 号

出版人 陈玉千

地　　址　北京市东城区嵩祝院北巷 39 号　邮编　100009　电话　(010)64027926

网　　址　www.cnmip.com.cn　电子信箱　yjcbs@cnmip.com.cn

责任编辑　徐银河　美术编辑　吕欣童　版式设计　孙跃红

责任校对　李　娜　责任印制　李玉山

ISBN 978-7-5024-6501-8

冶金工业出版社出版发行;各地新华书店经销;北京印刷一厂印刷

2014 年 6 月第 1 版,2020 年 1 月第 2 次印刷

787mm×1092mm　1/16;16.75 印张;403 千字;258 页

36.00 元

冶金工业出版社　投稿电话　(010)64027932　投稿信箱　tougao@cnmip.com.cn

冶金工业出版社营销中心　电话　(010)64044283　传真　(010)64027893

冶金工业出版社天猫旗舰店　yjgycbs.tmall.com

(本书如有印装质量问题,本社营销中心负责退换)

前　言

机电一体化技术是机械技术、电子技术、计算机技术、伺服驱动技术、传感器技术、通信技术等各学科综合交叉的结果，它使生产过程柔性化，机电产品智能化，使机械产品向着高技术密集的方向发展，极大地提高了机械产品的市场竞争力，机电一体化技术是当代机械工业发展的必然趋势。本书旨在为学过机械基础知识、基本电工电子技术和微机原理等课程的学生提供一本能融会贯通所学基础知识、综合分析和设计机电一体化系统的教材，使学生掌握机电系统设计基础知识，以及共性理论与技术，为开发设计机电一体化产品打下基础。

一般的机电一体化产品应具有如下特征，即有运动部件以及采用计算机技术使机械实现柔性化和智能化。因此，机电系统是机电一体化系统的基础。由于目前各大高校都在执行重基础、宽专业的课程设置，原有专业课程大量压缩，在教学培养方案中很多高校删除了像"机床电器"、"PLC"等课程，使得机械专业学生对机电基础知识了解不足，严重限制了他们对现代机电产品的理解和设计水平的提高。为此，本书补充了机电基础这方面的内容，把一般机电控制也纳入书中，因此，本书取名为《机电系统设计基础》。

鉴于各校机械专业已经开设"测试技术"、"单片机系统及应用"等课程，为了避免重复，本书仅简要介绍在机电控制中的传感器和接口技术，未详细介绍其基础知识。

本书是作者在总结多年来在机电一体化系统设计实践和教学经验的基础上，系统地介绍了机电系统设计的思路、方法和步骤。本书共分为七章，分别介绍了机电产品概念及机电产品一般设计方法、机电一体化系统中的机械系统设计、机电一体化系统的传感器与执行器、机电系统的电气控制、可编程控制器、机电控制系统的接口技术、机电一体化系统产品设计实例等内容。本书编写以培养学生分析解决机电一体化产品设计能力为主线，重点突出设计的思路和具体的方法。

本书由中国地质大学（北京）杨运强教授主编，清华大学阎绍泽教授、北京印刷学院王仪明教授及中国地质大学（北京）于翔教授参编。

　　本书可作为高等院校机械工程等相关专业学生的教材，也可供相关行业的技术人员参考。

　　由于作者的水平和经验有限，机电一体化技术发展也很快，不断有新理论和新技术产生，书中误漏欠妥之处在所难免，敬请同行专家和广大读者批评指正。

作　者

2014 年 4 月

目 录

第一章 绪 论

机械工程是一门古老的学科，它的发展经历了漫长的过程。机械是现代工业的基础，种类繁多、功能各异，国民经济各个部门都离不开机械。不论哪一种机械，从诞生以来都经历了使用—改进—再使用—再改进的不断革新和逐步完善的过程。机械工程的分类如下：

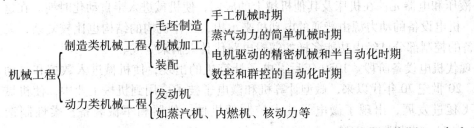

一般来说，某一种形式的机械都有一定的局限性（一定的适用范围），存在着某些固有的缺点，因而需要人们寻求新的工作原理，发明新型机械。机械的发展是永无止境的，但这种发展却是缓慢的。各种机械发展到今天，单纯从机械角度对它们进行改进是越来越不容易了。20 世纪 70 年代以来，微型计算机和微电子技术应用到机械工业中，使机械工业得到了突飞猛进的发展。微电子技术用于控制机械、仪器和军械装备，如柔性制造线FML、FMS 和自动化制造系统等，使机械技术迈入了崭新的时代。

第一节 机电设备

在工业、农业、交通运输业、科研、国防以及人们的日常生产和生活中都在广泛使用各种机电设备。机电设备是指应用了机械、电子技术的设备。我们通常所说的机械设备是机电设备中最重要的组成部分。机电设备的广泛使用对于提高企业的产品质量、提高劳动生产率，减轻人们的劳动强度，提高人们的生活质量，巩固国防维护国家安全等起到了举足轻重的作用。社会的发展要求机电设备与之同步发展，而随着机电设备的不断发展，又促进了新技术、新产业的不断出现和发展，同时也进一步促进了社会的进步和发展。

一、机电设备的分类

机电设备可以分为以下两大类：

（1）按机电设备的用途分类：1）产业类机电设备；2）办公自动化设备；3）民生类机电设备。

（2）按国民经济行业分类：1）通用机械类；2）通用电工类；3）通用、专用仪器仪表类；4）专用设备类。

二、机电设备的发展阶段

从机电设备的发展进程来看，机电设备的发展与制造业的发展密不可分，大体上可以分为三个发展阶段：

（1）早期的机械设备阶段。在早期的机械设备阶段，机械设备的动力源主要有人力、畜力以及蒸汽机，1785 年蒸汽机在纺织厂使用。1873 年出现的第一台凸轮控制车床，开始了机械自动化的进程。在这一发展阶段，手工制造的蒸汽机引起从手工机械向简单机械的转变，如抽水机、纺纱机、轮船、机车等。这些机械工作机构的结构相对比较简单，对设备的控制主要通过人脑来完成。

（2）传统的机电设备阶段。1900 ~ 1920 年，机床开始采用单独的电机驱动。1920 ~ 1950 年，液压和电器元件在机床及其他机械上的应用，使机械进入半自动化时期。在这一发展阶段，机电设备的动力源由普通的电动机来承担，工作机构的结构也比较复杂，尤其是机电设备的控制部分已经由功能多样的逻辑电路代替人脑来完成。

（3）现代机电设备阶段。1950 年后，电子计算机的出现，使机械进入数控和自动化生产时期。20 世纪 70 年代以来，微型计算机和微电子技术应用到机械工业中，使机械工业得到突飞猛进发展，出现了微电子技术控制的机械、仪器和军械装备，柔性制造线FML、FMS 和自动化制造系统等。

现代机电设备是在传统机电设备的基础上，吸收了先进科学技术，在结构和工作原理上产生了质的飞跃，它是机械技术、微电子技术、信息处理技术、控制技术、软件工程技术等多种技术相互融合的产物。通信技术、网络技术、光学技术等逐渐大量应用到机电设备的设计、生产、维修等领域，使机电设备逐渐向高效率、高精度、高智能和网络化等方向发展。机电设备的分类见表 1 - 1。

表 1 - 1　机电设备的分类

类　型	设　备　举　例
通用机械类	机械制造设备（金属切削机床、锻压机械等）；起重设备（电动葫芦、各种起重机、电梯等）；农、林、牧、渔机械设备（如拖拉机、收割机等）；泵、风机、通风采暖设备；环境保护设备；木工设备；交通运输设备（铁道车辆、汽车、船舶等）等
通用电工类	电站设备；工业锅炉；工业汽轮机；电机；电动工具；电气自动化控制装置；电炉；电焊机；电工专用设备；电工测试设备；日用电器（电冰箱、空调、微波炉、洗衣机等）等
通用、专用仪器仪表类	自动化仪表，电工仪表，专业仪器仪表（气象仪器仪表、地震仪器仪表、教学仪器、医疗仪器等）；成分分析仪表；光学仪器；实验仪器及装置等
专用设备类	矿山机械；建筑机械；石油冶炼设备；电影机械设备；照相设备；食品加工机械；服装加工机械；造纸机械；纺织机械；塑料加工机械；电子、通信设备（雷达、电话机、电话交换机、传真机、广播电视发射设备、电视、VCD、DVD 等）、印刷机械等

第二节　机电一体化系统概念

机电一体化系统的英文译名为"mechatronics"，最早于 1971 年在日本《机械设计》

副刊特集中提出，它是用英语的 mechanics 的前半部分和 electronics 的后半部分结合在一起构成的新词，到 1976 年前后被日本各界所接受。图 1-1 所示的是构成和支撑机电一体化的学科和技术。机械工程学科和电子工程学科是机电一体化的两个支柱，此外，机电一体化还是控制和信息工程等多学科综合技术。

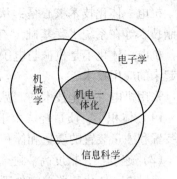

图 1-1 构成和支撑机电
一体化的学科和技术

一、机电一体化系统的构成

机电一体化系统通常由五大要素构成，即机械部分、执行装置、检测传感装置、控制装置和动力源。

（1）机械部分。由机械零件组成，能够传递运动并完成某些有效工作的装置。要求可靠、小型、美观。

（2）执行装置。将信息转换为动力和能量，以驱动机械部分运动。

（3）检测传感装置。用于对输出端的机械运动结果进行测量、监控和反馈。要求体积小、精度高、抗干扰。

（4）控制装置。对机电一体化系统的控制信息和来自传感器的反馈信息进行处理，向执行装置发出动作命令。要求高可靠性、柔性、智能化。

（5）动力源。提供能量，转换成需要的形式，实现动力功能。要求效率高、可靠性好。

二、机电一体化技术特征

机电一体化又称机械电子工程或机械电子学（Mechatronics），它是机械工程与电子工程相结合的技术以及应用这些技术的机械电子装置。机电一体化的本质是将电子技术引入到机械控制中，利用传感器检测机械的运动，将检测信息送入计算机，经计算得到能够实现预期运动的控制信号，由此来控制执行装置。机械电子技术在工程设计应用中的基础是信息处理和控制。

对机电一体化的定义，日本、美国、德国并不一致。日本认为是"将机械装置与电子设备以及软件等有机结合而成的系统"；美国认为是"由计算机信息网络协调与控制的，用于完成包括机械力、运动和能量流等任务的机械和（或）机电部件相互联系的系统"；德国则认为是"包括机械（含液压、气动及微机械）、电工与电子、光学及其他不同技术的组合"。机电一体化产品或系统就是通过信息技术将机械技术与电子技术融为一体构成的最佳系统，而不是机械技术与电子技术的简单叠加。

机电一体化的目标是将机械技术与电子技术相结合，充分发挥各自的长处，弥补各自的不足。机械部件：强度较高，输出功率大，可承受较大载荷，但是仅凭机械系统实现微小运动和复杂运动较困难。电子部件：利用传感器和计算机可以实现复杂的检测与控制，但是电子部分无法实现重载运动。机电结合：可以在重载条件下实现微小运动和复杂运动。原来仅由机械实现运动的装置，变为与电子技术相结合来实现更精确运动的新装置。原来由人来判断和操作的设备，变为由机器进行判断实现无人操作的设备，按照所编制的程序实现灵活运动的设备，如数控机床。

机电一体化技术核心是：从系统的观点出发，将机械技术、微电子技术、信息技术、控制技术等在系统工程基础上有机地加以综合，以实现整个系统最佳化的一门新科学技术。机电一体化不是机械与电子简单的叠加，而是在信息论、控制论和系统论的基础上建立起来的应用技术。

采用机电一体化技术的产品和系统具有以下特点：

（1）体积小，质量轻。由于半导体和集成电路技术的提高和液晶技术的发展，使得控制装置和测量装置的质量和体积大大减小，向轻型化和小型化发展。

（2）速度快，精度高。随着电路集成度的不断提高，处理速度和响应速度也迅速提高，使机电一体化装置总的处理速度能够充分满足实际应用的需要。

（3）可靠性高。由于激光和电磁应用技术的发展，传感器和驱动控制器等装置已采用非接触式取代了接触式，避免了原来机械接触存在的润滑、磨损和断裂等问题，使可靠性得到大幅度提高。

（4）柔性好。机电一体化系统通常可以通过改变计算机软件实现最佳运动，并易于增加新的运动规律，具有很强的可扩展性。

三、机电一体化系统设计的特点

机电一体化系统设计的特点首先是具有综合性，把系统内部和外部综合起来考虑。要设计一个复杂的系统，首先就要把系统分解成许多分系统，建立各个分系统的数学模型，最后再进行最优设计。

另一个重要特征是系统的均衡设计。均衡设计就是要恰当地选择元件，以构成性能优异的系统。如果设计者只注重元件设计而忽视优化组合过程，即使是经过精心筛选的元件也可能组成性能低劣的系统。

第三节　机电一体化技术的分类及相关技术

广义来讲，机电一体化技术有着极广的含义。自动化的机械产品、自动化的生产工艺、数控技术、机器人技术、CAD 技术、CAPP 技术、CAM 技术、集成化的 CAD／CAPP／CAM 技术、CIMS 技术、机电液一体化技术、微机电系统技术、数字化智能化的医疗设备与技术、设备的故障诊断与监测监控技术、振动的主动与半主动控制技术、智能结构及其控制技术、虚拟现实等都属于机电一体化的范畴。

目前国际上普遍认为机电一体化有两大分支，即生产过程的机电一体化和机电产品的机电一体化。

一、生产过程的机电一体化

生产过程的机电一体化意味着整个工业体系的机电一体化，如机械制造过程的机电一体化、冶金生产的机电一体化、化工生产的机电一体化、粮食及食品加工过程的机电一体化、纺织工业的机电一体化、排版与印刷的机电一体化等。

生产过程的机电一体化根据生产过程的特点，如生产设备和生产工艺是否连续，又可划分为离散制造过程的机电一体化和连续生产过程的机电一体化。前者以机械制造业为代表，后者以化工生产流程为代表。生产过程的机电一体化包含着诸多的自动化生产线，计算机集中管理和计算机控制。生产过程的机电一体化既需要具体专业的专门知识，又需要机械技术、控制理论和计算机技术方面的知识，是内容更为广泛的机电一体化。

二、机电产品的机电一体化

机电一体化产品具有两个特征：有运动部件，采用计算机技术使运动机械实现柔性化和智能化。原机电产品引入电子技术和计算机控制技术就形成所谓的新一代产品——机电一体化产品。也有人称机电一体化产品为带有微处理器的机电产品。

机电产品的机电一体化是机电一体化的核心，是生产过程机电一体化的物质基础。传统的机电产品加上微机控制即可转变为新一代的产品，而新产品较之旧产品功能强、性能好、精度高、体积小、质量轻、更可靠、更方便，具有明显的经济效益。

当今世界上各种灵巧便利的机械一般是基于机电一体化技术制造的。此外，机电一体化在家用电器、各种车辆、医疗器械、工厂、游乐园等领域或场所都得到了广泛的应用。机电一体化产品小到儿童玩具、家用电器、办公设备，大到数控机床、机器人、自动化生产线。机电一体化产品根据结构和电子技术与计算机技术在系统中的作用可以分为三类：

（1）原机械产品采用电子技术和计算机控制技术，从而产生性能好、功能强的机电一体化的新一代产品，如微电脑洗衣机、机器人等。

（2）用集成电路或计算机及其软件代替原机械的部分结构，从而形成的机电一体化产品，如电子缝纫机、电子照相机，用交流或直流调速电机代替原交流电机加变速箱的机械结构等。

（3）利用机电一体化原理设计的全新的机电一体化产品，如传真机、复印机、录像机等。

表1-2所示是机电一体化应用的分类和实例。

表1-2 机电一体化应用的分类和实例

应　用	举　　例
原来由机械机构实现动作的装置通过与电子技术相结合来实现同样运动的新的装置	发条式钟表——→石英钟表 手动照相机——→自动微机控制照相机 机械式缝纫机——→电动电子式缝纫机 机械式调速器——→电子式调速器
原来由人来判断决定动作的装置变为无人操作的装置	自动售货机、自动柜员机 ATM 邮局自动分拣机 无人仓库 船舶和飞机的自动导航装置等
按照编制的程序来实现灵活动作的装置	数控机床、工业机器人、智能机器人等

三、机电一体化的相关技术

（一）检测传感技术

检测传感技术研究如何将各种被测量（物理量、化学量和生物量等）转换为与之成比例的电量；研究对转换的电信号的加工处理，如放大、补偿、标度变换等。要求能快速、精确地获得信息并在相应的应用环境中具有高可靠性。

（二）自动控制技术

自动控制技术控制理论：开、闭环控制，自适应控制，校正补偿，智能控制等；控制器：计算机、可编程控制器、单片机等；软、硬件技术：MATLAB、LabVIEW 等。

（三）驱动技术

驱动技术研究对象：执行元件及其驱动装置；执行元件种类：电动、液压（工程机械）、气压（食品机械、医疗器械）。驱动装置：各种电动机的驱动电源电路等。

（四）现代机械技术

现代机械技术实现机电一体化产品的主功能和构造功能，影响系统的结构、质量、体积、刚性、可靠性等。

现代机械正朝着精密化、标准化、模块化方向发展，以达到缩短制造周期、减轻设计强度、提高通用程度、方便维修使用等目标。

第四节　机电一体化系统的规划和设计

一、机电一体化系统设计方法

机电一体化系统的规划和设计方法因操作目的的不同而千差万别，但机电一体化产品设计方法和步骤基本包括以下几个方面：

（1）分析系统操作目的，确定系统操作功能。

（2）根据系统操作功能，确定系统的动作机构和运动组合顺序。

（3）确定操作力的大小和方向，并据此确定动力源和驱动装置。

（4）选择并确定控制检测所需要的各种传感器。

（5）确定控制算法和控制系统用框图或流程图来表达所要控制的目标。

（6）进行机械电气硬件和软件的设计，对材料强度、结构体积和质量进行校验，并进行软件编制。

（7）进行模拟仿真，对算法和系统进行检验。

（8）进行产品制造和订货采购。

（9）进行精加工装配和调试。

二、机电一体化系统设计流程

一般来说，机电一体化系统设计流程包括如下 6 个步骤：

（1）市场调研。

市场调研包括市场调查和市场预测。市场调查就是运用科学的方法，系统地、全面地收集所设计产品市场需求和经销方面的资料，分析研究产品在供需双方之间进行转移的状况和趋势；市场预测就是在市场调查的基础上，运用科学方法和手段，根据历史资料和现状，通过定性的经验分析或定量的科学计算，对市场未来的不确定因素和条件做出预计、测算和判断，为产品的方案设计提供依据。

（2）总体方案设计。

产品方案构思：产品方案构思完成后，以方案图的形式将设计方案表达出来。方案图应尽可能简洁明了，反映机电一体化系统各组成部分的相互关系，同时应便于后续的修改。

方案评价：对多种构思和多种方案进行筛选，选择较好的可行方案进行分析组合和评价，从中再选几个方案按照机电一体化系统设计评价原则和评价方法进行深入的综合分析评价，最后确定实施方案。

（3）详细设计。

详细设计是根据综合评价后确定的系统方案，从技术上将其细节逐层全部展开，直至完成产品样机试制所需全部技术图纸及文件的过程。

（4）样机试制与试验。

完成产品的详细设计后，即可进入样机试制与试验阶段。根据制造的成本和性能试验的要求，一般制造几台样机供试验使用。样机的试验分为实验室试验和实际工况试验，通过试验考核样机的各种性能指标是否满足设计要求，考核样机的可靠性。如果样机的性能指标和可靠性不满足设计要求，则要修改设计，重新制造样机，重新试验。如果样机的性能指标和可靠性满足设计要求，则进入产品的小批量生产阶段。

（5）小批量生产。

产品的小批量生产阶段实际上是产品的试生产试销售阶段。这一阶段的主要任务是跟踪调查产品在市场上的情况，收集用户意见，发现产品在设计和制造方面存在的问题，并反馈给设计、制造和质量控制部门。

（6）大批量生产。

经过小批量试生产和试销售的考核，排除产品设计和制造中存在的各种问题后，即可投入大批量生产。

习　题

1-1　机械电子系统由哪几部分组成，怎样理解它们之间的有机结合？

1-2　简述机电一体化技术的分类。

1-3　简述机械电子系统技术特征。

1-4　简述机械电子系统设计方法和设计流程。

第二章 机电一体化机械系统的设计

机电一体化系统的机械结构主要包括：传动机构、执行机构、导向机构和支承件。机电一体化机械系统常常要求：无间隙、低摩擦、低惯量、高刚度、高谐振频率、适当的阻尼比。与一般机械系统比较，机电一体化机械系统的要求为：（1）定位精度要高；（2）响应速度要快；（3）稳定性高。上述措施反映了机电一体化系统机械结构设计的特点。机械传动设计应根据机电一体化系统所要求的传递力（矩）、运动速度、精度、稳定性和快速响应性等因素来确定。

第一节 机电一体化系统的传动链

传动链的性能主要取决于传动类型、传动精度、动态特性及可靠性等。一部机器必须完成相互协调的若干机械运动。每个机械运动可由单独的控制电机、传动机构和执行机构组成的子系统来完成，若干个机械运动由计算机来协调与控制，这就需要设计机械时使总体布局、机构造型和结构造型更加合理和多样化。

在传统机械系统中，机械传动是一种把动力机产生的运动和动力传递给执行机构的中间装置，其目的是使电动机与负载之间在动力和转速上得到合理的匹配。

在机电一体化系统中，传统的电机已由具有输出动力、变速等多重功能的伺服电机所取代，伺服电机的伺服变速功能在很大程度上代替机械传动中的变速机构，大大简化了传动链。在机电一体化系统中，对传统机械传动中调整速比的"换置机构"的功能，也可在很大程度上被伺服电机的伺服变速功能所取代。

机电一体化系统中的机械零部件成为了伺服系统的组成部分，直接影响系统的控制精度、响应速度和稳定性，必须根据伺服控制的要求进行选择和设计。随着机电一体化技术的发展，要求传动机构不断适应新的技术要求，即精密化、高速化、小型轻量化。

一、机电一体化机械系统的三大结构

机电一体化机械系统的三大结构是指传动机构、导向机构和执行机构。

（1）传动机构：需要考虑与伺服系统相关的精度、稳定性、快速响应等伺服特性（见图 2 - 1）。

（2）导向机构：需要考虑低速爬行现象。

（3）执行机构：需要考虑灵敏度、精确度、重复性、可靠性。

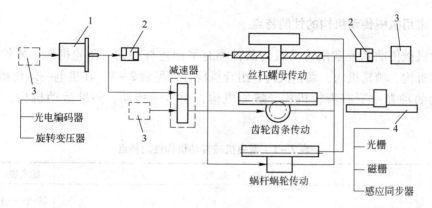

图 2-1 机电控制系统传动链

1—伺服电机；2—联轴器；3—旋转编码器；4—直线编码器

二、机电一体化机械系统的功能和设计要求

机械传动机构的功能有以下三个方面：

（1）传递转矩和转速，使执行元件与负载之间在转矩与转速方面得到最佳匹配。

（2）改变运动形式，如将直线运动变为回转运动或将回转运动变为直线运动。

（3）传递信息，实现自动控制，如柴油机的凸轮传动。

机电一体化对机械传动机构的要求：刚度高、传动可靠、传动间隙小、精度高、体积小、质量轻、运动平稳、传递转矩大等。具体要求如下：

（1）低转动惯量。传动链的惯性主要影响伺服系统的启停特性、运动的快速性以及位移和速度的偏差。在转矩一定的情况下，应尽量减少传动链的惯性。在不影响系统刚度的条件下，传动机构的质量和转动惯量要小；转动惯量大，会对系统造成机械负载增大（$T_{电} = T_{负} + J\varepsilon$），系统响应速度变慢、灵敏度降低，系统固有频率下降、产生谐振，使电气部分的谐振频率变低等影响。

（2）低摩擦。传动链中的支承导向件和传动件的摩擦严重影响系统的传动精度、效率和运动稳定性，会出现爬行。故应尽量采用减少摩擦的滚动和静压的部件。

（3）高刚度。传动链的系统刚度影响系统的精度和运动稳定性。刚度越大，伺服系统动力损失越小；机器的固有频率越高，不易产生振动，闭环系统的稳定性越高。支承件的刚度对减轻质量，缩小体积，使结构紧密化有着重要影响，为确保系统的小型化、轻量化、高速化和高可靠性，故应尽量采用高刚度的传动结构和缩短传动链。

（4）高谐振频率。机械传动的各个分系统的谐振频率应远离机电一体化系统的工作频率，而且各机械传动分系统谐振频率应相互错开，以避免系统的共振和减少噪声及磨损。

（5）适当的阻尼比。阻尼比影响系统的谐振和传动精度。增加阻尼比对减少振动有好处，机械系统产生共振时，系统中阻尼越大，最大振幅就越小，且衰减越快；但阻尼大会使系统磨损增加，损失动量，增大稳态误差，影响反转误差，降低精度，故应选择合适的阻尼比。

（6）缩小反向死区误差。死区误差影响系统的稳定性和传动精度，减少死区误差应采取消除传动间隙和预紧加载等措施。

三、常用机械传动机构的性能特点

一般机械传动系统常用传动机构的种类有平面连杆机构、凸轮机构、齿轮机构、轮系、螺旋机构、槽轮机构、棘轮机构、组合机构等，见表 2 - 1。在机电一体化系统中常用传动机构的种类主要有齿轮机构、螺旋机构、同步带传动、间歇运动机构、挠性传动机构。

表 2 - 1 常用机械传动机构性能特点

机构类型	主 要 性 能 特 点	能实现的运动变换
平面连杆机构	结构简单，制造方便，运动副为低副，能承受较大载荷，适合各种速度工作。但在实现从动件多种运动规律的灵活性方面不及凸轮机构	转动——转动 转动——摆动 转动——移动 转动——平面运动
凸轮机构	结构简单，可实现从动件各种形式运动规律，凸轮与从动件间接触应力大，不宜承受大的载荷，常在自动机或控制系统中应用	转动——移动 转动——摆动
齿轮机构、轮系	承载能力和速度范围大，传动比恒定，运动精度高，效率高，但运动形式变换不多。非圆齿轮机构能实现变传动比传动。不完全齿轮机构能传递间歇运动。轮系能获得较大的传动比或多级传动比。差动轮系可将运动合成与分解	转动——转动 转动——移动
螺旋机构	结构简单，工作平稳，可产生较大轴向力，可用于微调和微位移，但效率低，螺纹易磨损。采用滚珠螺旋可提高效率	转动——移动
槽轮机构	常用于分度转位机构，用锁紧盘定位，但定位精度不高，分度转角取决于槽轮的槽数，槽数通常为 4 ~ 12，槽数少时，角加速度变化较大，冲击现象较严重	转动——间歇转动
棘轮机构	转动结构简单，可用作单向或双向传动，分度转角可以调节，常用于分度转位装置及防止逆转装置中，但要附加定位装置	摆动——间歇运动
组合机构	可由凸轮、连杆、齿轮等机构组合而成，能实现多种形式的运动规律，且具有各机构的综合优点，但结构较复杂。常在要求实现复杂动作的场合应用	灵活性较大

机电一体化常用传动机构有线性传动机构、非线性传动机构两大类。线性传动机构包括用于改变运动和动力形式的螺旋传动；用于改变运动方向、速度或动力大小的齿轮传动和同步带传动等。非线性传动机构包括连杆机构和凸轮机构等。

（一）齿轮传动

齿轮传动是机械传动的主要传动形式之一。机电一体化机械系统中目前使用最多的是齿轮传动，主要原因是齿轮传动的瞬时传动比为常数，传动精确，强度大，能承受重载，结构紧凑，摩擦力小，效率高等。

齿轮传动常见的形式有直齿圆柱齿轮传动、斜齿轮传动、锥齿轮传动、齿轮齿条传动、蜗杆蜗轮传动等。由一系列相互啮合的齿轮组成轮系，可实现减速、变速、变向等传动要求。

1. 通用齿轮传动

通用齿轮传动包括以下几种形式（见图 2 - 2）：

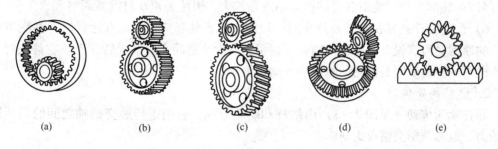

图 2 - 2 通用齿轮传动
（a）内啮合直齿圆柱齿轮传动；（b）外啮合直齿圆柱齿轮传动；（c）斜齿圆柱齿轮传动；
（d）圆锥齿轮传动；（e）齿轮齿条传动

（1）直齿圆柱齿轮传动。直齿圆柱齿轮传动（见图 2 - 2（a）、（b））有内啮合和外啮合两种形式，如图 2 - 2（a）、（b）所示，可用于传递两平行轴之间的运动和动力。内啮合直齿圆柱齿轮传动两轴旋转方向相同，外啮合直齿圆柱齿轮传动两轴旋转方向相反。

（2）斜齿圆柱齿轮传动。斜齿圆柱齿轮传动如图 2 - 2（c）所示，可用于传递两平行轴间的运动和动力。它与直齿圆柱齿轮传动相比，承载能力大、传动平稳、使用寿命长，但在工作时有轴向力产生。

（3）圆锥齿轮传动。如图 2 - 2（d）所示，圆锥齿轮用于两相交轴之间的传动。

（4）齿轮齿条传动。图 2 - 2（e）所示是齿轮齿条传动，它主要用于把齿轮的旋转运动变为齿条的直线往复运动，也可把齿条的直线往复运动变为齿轮的旋转运动。在大行程传动机构中往往采用齿轮齿条传动，因为它的刚度、精度和工作性能不会因行程增大而明显降低。

（5）通用齿轮传动装置的特点。

齿轮传动装置的优点：

1）电动机轴与输出轴不必在同一条直线上，电动机的安装有多种方式。

2）电动机轴上外部转动惯量 J 按比值 $1/i^2$ 减少，使电动机轴上的转矩减少 $1/i$，这表明可使用转矩较小的电动机。

3）齿轮传动速比 i 可有效匹配电动机转速和工作台进给速度。

4）对于与转动惯量和驱动装置有关的动态特性一体化，可选用适当的齿轮传动速比使之最优化。

齿轮传动装置的缺点：

1）齿轮传动装置是一个附加的结构部件，对其设计和生产都有一定的要求，增加了制造成本。

2）齿轮传动可能把附加的非线性（间隙）引入位置控制环，而且这类非线性只能部分地予以消除。

3）虽然齿轮传动装置输出端的全部转动惯量可以通过齿轮传动速比予以减少，但齿轮转动惯量本身影响驱动装置的总转动惯量。

4）由于附加转动惯量及非线性对控制参数产生影响，因此必须仔细地调整速度调节器。

5）齿轮的磨损可能引起反转误差的逐渐扩大，因此必须及时重新调整。

6）齿轮传动装置在运行及停止时，可能产生高的噪声电平。在运行时，高噪声电平产生的原因是齿廓误差及齿根面啮合过程引起的齿轮之间交变的反转误差。在静止时，高噪声电平产生的原因是齿轮间隙内的电动机振动。

2. 蜗杆蜗轮传动

蜗杆蜗轮传动（见图2-3）由蜗杆和蜗轮组成，它用于传递交错轴之间的回转运动和动力，通常两轴交错角为90°。

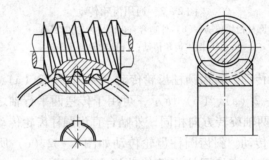

图2-3　蜗杆蜗轮传动

优点：（1）传动比大。在传力机构中，通常传动比可在8~80范围内选取。在分度机构中，传动比可达1000以上。（2）工作平稳，噪声低。（3）结构紧凑，可根据要求实现自锁。

缺点：（1）传动效率低，一般为70%~80%，自锁时为40%左右。（2）增加较贵重的有色金属的消耗，成本高。（3）蜗杆轴向力较大，致使轴承摩擦损失较大，磨损较严重。

（二）链传动

链传动（见图2-4）是由主动链轮、链条、从动链轮组成。链轮具有特定的齿形，链条套装在主动链轮和从动链轮上，工作时通过链条的链节与链轮轮齿啮合来传递运动和动力。链传动由于其瞬时传动比不为常数，金属链易产生冲击噪声，惯性较大，在机电系统中使用较少。

（三）间歇传动

1. 槽轮传动

槽轮传动机构工作原理如图2-5（a）所示，槽轮机构由具有圆柱销的主动销轮1、具有直槽的从动槽轮2及机架组成。主动销轮1逆时针做等速连续转动，当圆销4未进入径向槽时，槽轮因其内凹的锁止弧5被销轮外凸的锁止弧6锁住而静止；当圆销4开始进入径向槽时，锁止弧5和6脱开，槽轮2在圆销4的驱动下顺时

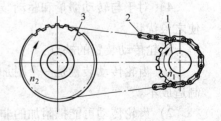

图2-4　链传动
1—主动链轮；2—链条；3—从动链轮

针转动；当圆销 4 开始脱离径向槽时，槽轮因另一锁止弧又被锁住而静止，从而实现从动槽轮的单向间歇转动。

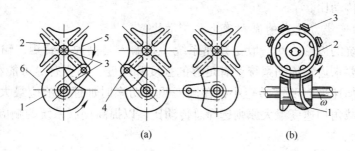

图 2 - 5　间歇传动机构工作原理

（a）槽轮传动；（b）凸轮式间歇传动机构

1—主动销轮；2—从动槽轮；3—圆柱销；4—圆销；5、6—锁止弧

　　槽轮机构的优点是结构简单，转位迅速，传动效率高，槽轮转位时间与静止时间之比为定值等。其缺点主要为动程不可调节，转角不可太小，且槽轮在启动和停止时加速度变化大，有冲击，随着转速的增加或槽轮槽数的减少而加剧，因而不适用于高速。

　　2. 凸轮式间歇运动机构

　　凸轮式间歇运动机构一般由主动凸轮、从动转盘和机架组成。图 2 - 5（b）所示为凸轮式间歇运动机构，其主动凸轮 1 有一条突脊，犹如圆弧面蜗杆，从动转盘 2 的圆柱面上均匀分布有圆柱销 3，犹如蜗轮上的齿。当蜗杆凸轮转动时，将通过转盘上的圆柱销推动从动转盘 2 作间歇运动。

　　凸轮式间歇运动机构的优点是能够实现任意的转位时间与静止时间之比，易于实现转盘所要求的各种运动规律；与槽轮机构比较，能够用于工位数较多的设备上。其主要缺点是精度要求较高，加工比较复杂，安装调整比较困难。

第二节　齿轮传动系统设计

一、通用齿轮传动系统

　　机电一体化系统中常用的伺服驱动齿轮传动，除要进行一般的齿轮传动设计外，其传动比的设计还要满足脉冲当量的要求，并需按最大加速能力及最小惯量等要求进行设计，从而获得最佳的控制效果。因此，使用齿轮传动装置需要满足如下技术要求：大齿轮折算到电动机轴上的转动惯量要小，刚度大，噪声低。设计齿轮传动系统时，要研究它的动力学特性，从而获得高精度、高稳定性、高可靠性和低噪声的良好性能。

　　下面以小功率精密齿轮传动装置为例，分析机电一体化系统中常用的伺服驱动齿轮传动设计问题。

　　（一）总传动比的确定及其分配

　　齿轮传动系统总传动比 i 应满足伺服电机与负载之间的位移及转矩、转速的匹配要求。由于负载特性和工作条件的不同，齿轮传动系统的最佳总传动比有不同的确定原则，通常按使负载加速能力最大的原则确定总传动比，或按给定脉冲当量及伺服电机和系统的运动要求确定总传动比。

1. 按负载加速能力最大的原则确定总传动比

用于伺服系统的齿轮传动一般是减速系统，其输入是高速小转矩，输出是低速大转矩，因此，不但要求齿轮传动系统要有足够的强度和刚度，还要有尽可能小的转动惯量，以便在获得同一加速度时所需转矩小，在同一驱动功率时加速度响应最大。在伺服系统中，通常采用负载角加速度最大原则选择总传动比，以提高伺服系统的响应速度。传动模型如图 2-6 所示。

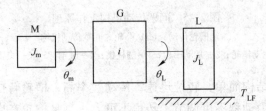

图 2-6　电机、传动装置和负载的传动模型

J_m—电动机 M 的转子转动惯量；θ_m—电动机 M 的角位移；J_L—负载 L 的转动惯量；

θ_L—负载 L 的角位移；T_{LF}—摩擦阻抗转矩；i—齿轮系 G 的总传动比

根据传动关系，传动系统总传动比 i 见式（2-1）：

$$i = \frac{\theta_m}{\theta_L} = \frac{\dot{\theta}_m}{\dot{\theta}_L} = \frac{\ddot{\theta}_m}{\ddot{\theta}_L} \tag{2-1}$$

式中　$\theta_m, \dot{\theta}_m, \ddot{\theta}_m$——电动机的角位移、角速度、角加速度；

$\quad\quad\theta_L, \dot{\theta}_L, \ddot{\theta}_L$——负载的角位移、角速度、角加速度。

T_{LF} 换算到电动机轴上的阻抗转矩为 T_{LF}/i；J_L 换算到电动机轴上的转动惯量为 J_L/i^2。

设 T_m 为电动机的驱动转矩，在忽略传动装置惯量的前提下，根据运动方程，电动机轴上的合转矩 T_a 见式（2-2）：

$$T_a = T_m - \frac{T_{LF}}{i} = \left(J_m + \frac{J_L}{i^2}\right)\ddot{\theta}_m = \left(J_m + \frac{J_L}{i^2}\right)i\ddot{\theta}_L \tag{2-2}$$

则

$$\ddot{\theta}_L = \frac{T_m i - T_{LF}}{J_m i^2 + J_L} \tag{2-3}$$

式（2-3）中若改变总传动比 i，则 $\ddot{\theta}_L$ 也随之改变。

根据负载角加速度最大的原则，令 $\mathrm{d}\ddot{\theta}_L/\mathrm{d}i = 0$，则解得（见式（2-4）)：

$$i = \frac{T_{LF}}{T_m} + \sqrt{\left(\frac{T_{LF}}{T_m}\right)^2 + \frac{J_L}{J_m}} \tag{2-4}$$

若不计摩擦，即 $T_{LF} = 0$，则（见式（2-5）)：

$$i = \sqrt{\frac{J_L}{J_m}} \tag{2-5}$$

式（2-5）表明，得到传动装置总传动比 i 的最佳值的时刻就是 J_L 换算到电动机轴上的转动惯量正好等于电动机转子的转动惯量 J_m 的时刻，此时，电动机的输出转矩一半用于加速负载，一半用于加速电动机转子，达到了惯性负载和转矩的最佳匹配。

2. 按给定脉冲当量或伺服电机确定传动比

对于开环系统，当系统的脉冲当量及步进电机的步距角已确定时，可计算相应的传动比。

所谓脉冲当量，是步进电机每接受一个脉冲时，工作台走过的位移，单位为 mm/脉冲。一般机床的脉冲当量 $\delta = 0.1 \sim 0.15$ mm/脉冲；数控机床 $\delta = 0.005 \sim 0.01$ mm/脉冲；精密机床 $\delta = 0.001 \sim 0.0025$ mm/脉冲。角脉冲当量 δ_α 就是步距角 α（（°）/脉冲），当通过传动比为 i 的中间传动装置时，角脉冲当量 δ_α 为 $\delta_\alpha = \dfrac{\alpha}{i}$。

步距角为 α 的步进电机经过传动比为 i 的减速机构，再通过导程为 p 的丝杠螺母副带动工作台运动时，其脉冲当量 $\delta = \dfrac{\alpha p}{360i}$。设计时，先根据运动精度选定 δ，再根据负载确定步进电机的参数 α，并选定丝杠的导程 p，计算出传动比 i 后，最后设计传动齿轮的各参数。

根据脉冲当量定义，可得式（2-6）：

$$\frac{\delta}{p_h} = \frac{1}{每转脉冲数 \cdot i} = \frac{\alpha}{360i} \Leftrightarrow i = \frac{\alpha p_h}{360\delta} \qquad (2-6)$$

式中　δ——脉冲当量，mm/脉冲；

　　　p_h——丝杆螺距，mm；

　　　i——传动比；

　　　α——步距角，（°）/脉冲。

例如：已知电动机的步距角 $\alpha = 0.72°$，脉冲当量 $\delta = 0.01$ mm/脉冲，滚珠丝杠导程 $p_h = 6$ mm。根据式（2-6）算得传动比 i：

$$i = \frac{\alpha p_h}{360\delta} = \frac{0.72 \times 6}{360 \times 0.01} = 1.2$$

（二）齿轮传动链的级数及各级传动比的分配

总传动比确定后，可根据具体要求在伺服电机与负载之间配置传动机构，以实现转矩、转速的匹配。

在进行各级传动比的分配时，从减少传动级数和零件的数量出发，应尽量采用单级齿轮传动，这样结构紧凑，传动精度和效率高。但伺服电机跟负载之间的总传动比一般较大，若一级的传动比过大，就会使整个传动装置的结构尺寸过大，并使小齿轮磨损加剧。虽然各种周转轮系可以满足总传动比要求且结构紧凑，但由于效率等原因，常用多级圆柱齿轮传动副串联组成齿轮系。

确定齿轮副的级数和分配各级传动比，按不同原则有下面 3 种方法。

1. 最小等效转动惯量原则

最小等效转动惯量原则分为小功率传动装置和大功率传动装置两种实现形式。

（1）小功率传动装置。

由于功率小，假定各主动轮具有相同的转动惯量 J_1，轴与轴承转动惯量不计，各齿轮均为实心圆柱齿轮，且齿宽 b 和材料均相同，效率不计，则如图 2 - 7 所示的两级齿轮传动的各级传动比见式（2 - 7）：

$$i_1 = (\sqrt{2}i)^{1/3} \qquad i_2 = 2^{-1/6}i^{2/3} \qquad\qquad (2-7)$$

式中　i_1，i_2——齿轮系中第一、第二级齿轮副的传动比；

　　　　i——齿轮系总传动比，$i = i_1i_2$。

同理，对于 n 级齿轮系，则各级传动比见式（2-8）：

$$i_1 = 2^{\frac{2^n-n-1}{2(2^n-1)}}i^{\frac{1}{2^n-1}} \qquad i_k = \sqrt{2}\left(\frac{i}{2^{n/2}}\right)^{\frac{2^{(k-1)}}{2^n-1}} \qquad (2-8)$$

由式（2-8）可见，各级传动比分配的结果应遵循"前小后大"的原则。

若以传动级数为参变量，齿轮系中折算到电动机轴上的等效转动惯量 J_e 与第一级主动齿轮的转动惯量 J_1 之比为 J_e/J_1，其变化与总传动比 i 的关系如图 2 - 8 所示。

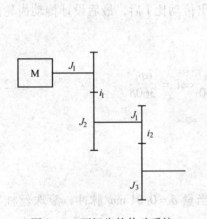

图 2 - 7　两级齿轮传动系统

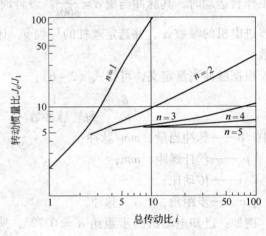

图 2 - 8　小功率传动装置确定传动级数曲线

例 2 - 1　设有 $i = 80$，传动级数 $n = 4$ 的小功率传动，试按等效转动惯量最小原则分配传动比。

解：

$$i_1 = 2^{\frac{2^4-4-1}{2(2^4-1)}} \times 80^{\frac{1}{2^4-1}} = 1.7268 \qquad i_2 = \sqrt{2}\left(\frac{80}{2^{4/2}}\right)^{\frac{2^{(2-1)}}{2^4-1}} = 2.1085$$

$$i_3 = \sqrt{2}\left(\frac{80}{2^{4/2}}\right)^{\frac{4}{15}} = 3.1438 \qquad i_4 = \sqrt{2}\left(\frac{80}{2^2}\right)^{\frac{8}{15}} = 6.9887$$

验算 $i = i_1i_2i_3i_4 \approx 80$。

（2）大功率传动装置。

大功率传动装置传递的扭矩大，各级齿轮副的模数、齿宽、直径等参数逐级增加，各级齿轮的转动惯量差别很大。大功率传动装置的传动级数及各级传动比可依据图 2 - 9～图 2 - 11 所示来确定。传动比分配的基本原则仍应为"前小后大"。

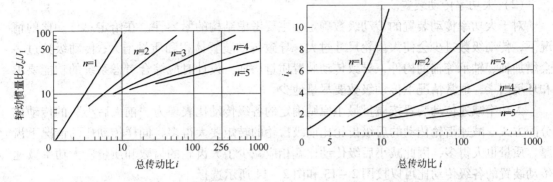

图 2 - 9　大功率传动装置确定传动级数曲线　　图 2 - 10　大功率传动装置确定第一级传动比曲线

例 2 - 2　设有 $i = 256$ 的大功率传动装置，试按等效转动惯量最小原则分配传动比。

解：查图 2 - 9，得 $n = 3$，$J_e / J_1 = 70$；$n = 4$，$J_e / J_1 = 35$；$n = 5$，$J_e / J_1 = 26$。兼顾到 J_e / J_1 值的大小和传动装置的结构，选 $n = 4$。

查图 2 - 10，得 $i_1 = 3.3$。

查图 2 - 11，在横坐标 i_{k-1} 上 3.3 处作垂直线与 A 线交于第一点，在纵坐标 i_k 轴上查得 $i_2 = 3.7$。通过该点作水平线与 B 曲线相交得第二点 $i_3 = 4.24$。由第二点作垂线与 A 曲线相交得第三点 $i_4 = 4.95$。

验算 $i_1 i_2 i_3 i_4 = 256.26$。满足设计要求。

2. 质量最小原则

质量最小原则分为小功率传动装置和大功率传动装置两种实现形式。

（1）小功率传动装置。

对于小功率传动装置，按质量最小原则来确定传动比时，通常选择相等的各级传动比。在假设各主动小齿轮的模数、齿数均相等的特殊条件下，各大齿轮的分度圆直径均相等，因而每级齿轮副的中心距也相等。这样便可设计成如图 2 - 12 所示的回曲式齿轮传动链，其总传动比可以非常大。显然，这种结构十分紧凑。

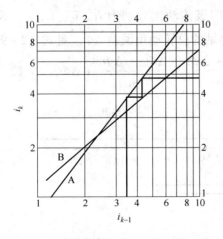

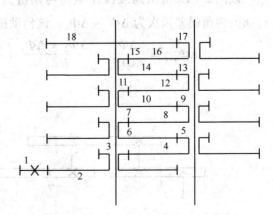

图 2 - 11　大功率传动装置确定各级传动比曲线　　图 2 - 12　回曲式减速齿轮传动链

（2）大功率传动装置。

对于大功率传动装置的传动级数确定，主要考虑结构的紧凑性。在给定总传动比的情况下，传动级数过少会使大齿轮尺寸过大，导致传动装置体积和质量增大；传动级数过多会增加轴、轴承等辅助构件，导致传动装置质量增加。设计时应综合考虑系统的功能要求和环境因素，通常情况下传动级数要尽量地少。

大功率减速传动装置按质量最小原则确定的各级传动比表现为"前大后小"的传动比分配方式。减速齿轮传动的后级齿轮比前级齿轮的转矩要大得多，同样传动比的情况下齿厚、质量也大得多，因此减小后级传动比就相应减少了大齿轮的齿数和质量。大功率减速传动装置的各级传动比可以按图 2-13 和图 2-14 所示选择。

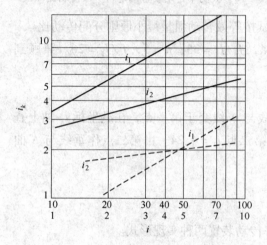

图 2-13　大功率传动装置两级传动比曲线
（$i<10$ 时，使用图中的虚线）

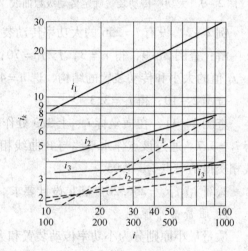

图 2-14　大功率传动装置三级传动比曲线
（$i<100$ 时，使用图中的虚线）

例 2-3　设 $n=3$，$i=202$，求各级传动比。

解：查图 2-14 可得 $i_1 \approx 12$，$i_2 \approx 5$，$i_3 \approx 3.4$。

3. 输出轴转角误差最小原则

以图 2-15 所示四级齿轮减速传动链为例。四级传动比分别为 i_1、i_2、i_3、i_4，齿轮 1~8 的转角误差依次为 $\Delta\Phi_1 \sim \Delta\Phi_8$。该传动链输出轴的总转动角误差 $\Delta\Phi_{max}$ 见式（2-9）：

$$\Delta\Phi_{max} = \frac{\Delta\Phi_1}{i_1 i_2 i_3 i_4} + \frac{\Delta\Phi_2 + \Delta\Phi_3}{i_2 i_3 i_4} + \frac{\Delta\Phi_4 + \Delta\Phi_5}{i_3 i_4} + \frac{\Delta\Phi_6 + \Delta\Phi_7}{i_4} + \Delta\Phi_8 \qquad (2-9)$$

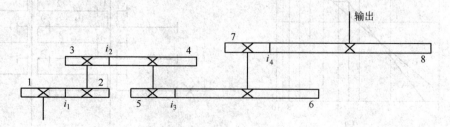

图 2-15　四级齿轮传动链

由式（2-9）可以看出，如果从输入端到输出端的各级传动比按"前小后大"原则排列，则总转角误差较小，而且低速级的误差在总误差中占的比重很大。因此，要提高传动精度，就应减少传动级数，并使末级齿轮的传动比尽可能大，制造精度尽可能高。

上述三种传动比分配的原则所反映的规律不尽相同。例如从折算转动惯量考虑，传动级数要多；从传动精度考虑，级数要少。从折算转动惯量小和传动精度高考虑，从电机到负载各级传动比应逐级递增；从质量轻考虑，各级传动比应相等。因此，设计时应根据具体要求，抓住主要矛盾，统筹兼顾。具体来讲有以下几点：

（1）对于传动精度要求高和减小回程误差为主的降速齿轮传动链，可按输出轴转角误差最小的原则设计。若为增速传动，则应在开始几级就增速。

（2）对于要求运转平稳、启停频繁和动态性能好的降速传动链，可按等效转动惯量最小原则和输出轴转角误差最小的原则设计。对于变负载的传动齿轮系，各级传动比最好采用不可约的比数，避免同期啮合，以降低噪声和振动。

（3）对于要求体积小、质量轻的齿轮传动系统，可按质量最小原则设计。

（4）对传动比较大的齿轮系，往往需要将定轴轮系和周转轮系巧妙结合为混合轮系。对于相当大的传动比，且要求传动精度与传动效率高、传动平稳、体积小、质量轻时，可选用谐波齿轮传动等传动比较大的齿轮机构。

（三）齿轮传动间隙的消除

用于伺服系统的齿轮传动一般是减速系统，输入是高转速、小转矩，输出是低转速、大转矩，用以使负载加速，因此要求齿轮系统不但有足够的强度，还要有尽可能小的转动惯量。在同样的驱动功率下，其加速度响应为最大。此外，机电一体化产品的伺服系统由于经常处在自动变向变速状态，反向和变速时，如果传动链中的齿轮传动副间存在间隙，造成不明显的传动死区，就会使伺服系统的反向及变速滞后于指令信号，从而影响到伺服系统的动态稳定性和传动精度，在闭环系统中，传动死区能使系统以 $1 \sim 5$ 倍的间隙角产生低频振荡，导致产生振动和噪声。因此，设计时必须采取措施消除齿轮传动中的间隙。常采用的方法有：刚性调整法和柔性调整法调小齿侧间隙或采用消隙装置（见图2-16）。

二、谐波齿轮传动

谐波齿轮传动是一种利用柔性构件的弹性变形波进行运动和动力传递的传动机构，具有结构简单、体积小、传动比大、精度高、可向密封空间传递运动和动力等优点。在工业机器人、飞机、电子设备、机械和仪表等方面得到日益广泛的应用。

（一）谐波齿轮减速器的工作原理

谐波齿轮传动主要由波形发生器、柔轮和刚轮组成，如图2-17所示。柔轮具有外齿，刚轮具有内齿，刚轮的齿数 z_g 比柔轮的齿数 z_r 略多。波形发生器有滚轮式、凸轮式和偏心盘式。通常波形发生器为主动件，而刚轮和柔轮之一为从动件，另一个为固定件。谐波齿轮传动依靠柔轮产生的可控变形波引起齿间的相对错齿来传递动力和运动。图2-17所示谐波齿轮传动中柔轮是一个薄壁外齿圈，刚轮有内齿圈，刚轮与柔轮的齿数差为2，波形发生器将柔轮撑成椭圆形，当波形发生器作为主动件转动时，柔轮长轴上的轮齿 A 和 B 与刚轮啮合，短轴上的轮齿 C 和 D 则与刚轮完全脱开，而中间区域处于过渡状态。当波形发生器顺时针转动一周时，柔轮相对于固定的刚轮逆时针转过两个齿，这样就

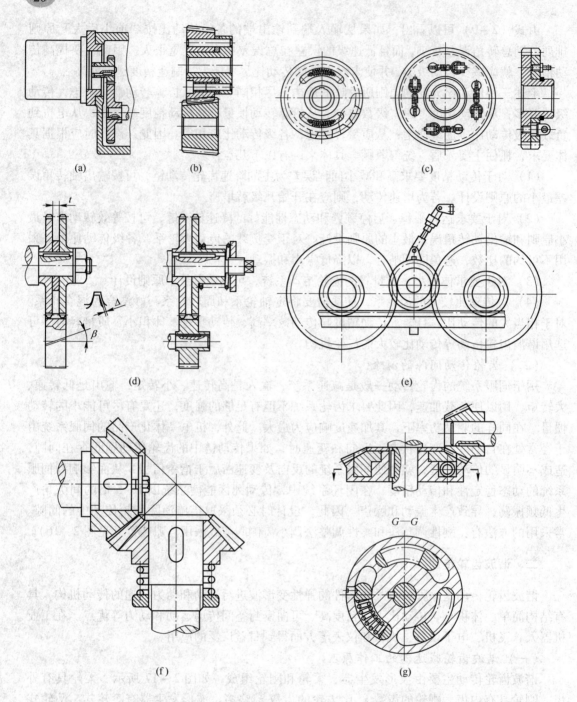

图 2 - 16   消除齿轮传动中间隙的常用的方法

（a）偏心套（轴）调整法；（b）轴向垫片调整法；（c）双片薄齿轮错齿调整法；（d）斜齿轮传动——错齿调整法；
（e）齿轮齿条传动机构——双齿轮调整法；（f）锥齿轮传动——轴向压簧调整法；（g）锥齿轮传动——周向弹簧调整法

将波形发生器的快速转动变为柔轮的慢速转动，获得很大的降速比。

　　谐波齿轮传动与一般齿轮传动比较，有如下特点：

　　（1）传动比大。单级谐波齿轮传动的传动比可达 50～500，多级和复式传动的传动比更大，可达 30000 以上。

（2）承载能力大。传递额定输出转矩时，谐波齿轮传动同时接触的齿对数可达总对数的 30% ～40%。

（3）传动精度高。在同样制造条件下，谐波齿轮的传动精度比一般齿轮的传动精度至少高一级。齿侧间隙可调整到最小，以减少传动回差。

（4）传动平稳。冲击振动小。

（5）传动效率高。单级传动的效率为 65% ～90%。

（6）结构简单、体积小，质量轻。在传动比和承载能力相同的条件下谐波齿轮减速器比一般齿轮减速器的体积和质量少 $1/3 ～1/2$。

（7）成本高。柔轮材料性能要求高，制造较困难。

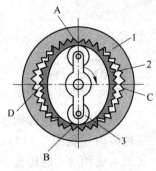

图 2－17　谐波齿轮传动
1—刚轮；2—柔轮；
3—波形发生器

（二）谐波齿轮传动比的计算

谐波齿轮传动的波形发生器相当于行星轮系的系杆，柔轮相当于行星轮，刚轮相当于中心轮。故谐波减速器的传动比可应用行星轮系求传动比的公式计算，有以下两种基本情况：

（1）刚轮固定，波形发生器输入，柔轮输出，其传动比按式（2－10）计算：

$$i_{Hr} = \frac{w_H}{w_r} = \frac{z_r}{z_r - z_g} \tag{2－10}$$

式中　i_{Hr}——传动比；

　　　z_r——柔轮齿数；

　　　z_g——刚轮齿数。

例如：设柔轮齿数为 $z_r = 200$，刚轮齿数为 $z_g = 202$，则传动比 $i_{Hr} = -100$。

传动比为负值表示柔轮与波形发生器转向相反。

（2）柔轮固定，波形发生器输入，刚轮输出，其传动比按式（2－11）计算：

$$i_{Hg} = \frac{w_H}{w_g} = \frac{z_g}{z_g - z_r} \tag{2－11}$$

例如：设柔轮齿数为 $z_r = 200$，刚轮齿数为 $z_g = 202$，则传动比 $i_{Hg} = 101$。

传动比为正值表示刚轮与波形发生器转向相同。

谐波齿轮减速器在我国已有系列化的产品生产与供应，并已有国家标准《谐波传动减速器》（GB 14118—1993）。单级谐波传动减速器的产品型号由产品系列代号、规格型号和精度等级 3 部分组成，如图 2－18 所示。

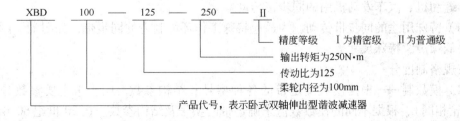

图 2－18　单级谐波传动减速器

第三节 同步带传动系统设计

一、同步带传动

同步带传动也称同步齿形带传动，它是一种综合了带传动、齿轮传动和链传动特点的一种传动（见图2-19）。在同步带的内周和带轮的外圈上均制成齿形，通过轮齿的啮合实现运动和动力的传递。同步带通常以钢丝绳或合成纤维作为强力层，聚氨酯或氯丁橡胶为基体，因此，强力层受载后变形极小，可保持带的节距不变，使主、从动带轮作无滑差的同步传动。带轮材料一般采用钢、塑料或轻合金。

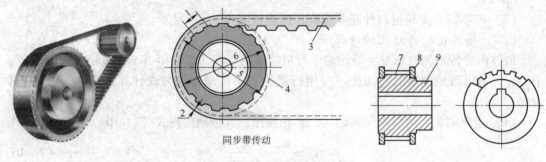

图2-19 同步带传动

1—节距；2—节顶距；3—带节线；4—轮节圆；5—节径；6—外径；7—齿圈；8—挡圈；9—轮毂

同步带传动传动比准确，效率高，工作平稳，能吸收振动，噪声小，维护保养方便，不需润滑；缺点是安装带轮中心距要求严格，在传递同样功率转速的条件下，结构不如齿轮传动紧凑，常用于轻载工作条件。

（一）同步带传动分类

按用途分：

（1）一般工业用同步带传动——齿形呈梯形，即梯形齿同步带传动。主要用于中、小功率的同步带传动，如各种仪器、计算机、轻工机械中均采用这种同步带传动。

（2）高转矩同步带传动——齿形呈圆弧形，又称 HTD（High Torque Drive）带或 STPD（Super Torque Positive Drive）带传动。由于其齿形呈圆弧状，在我国通称为圆弧齿同步带传动。主要用于重型机械的传动中，如运输机械（飞机、汽车）、石油机械和机床、发电机等中的传动。

（3）特种规格的同步带传动。根据某种机器特殊需要而采用的特种规格同步带传动，如工业缝纫机、汽车发动机用的同步带传动。

（4）特殊用途的同步带传动。为适应特殊工作环境制造的同步带，如耐油、耐湿、高电阻、低噪声、特殊尺寸等。

按规格制度分：

（1）模数制——根据模数确定带的各种型号和结构参数。同步带主要参数是模数 m（与齿轮相同），根据不同的模数数值来确定带的型号及结构参数。在20世纪60年代该种规格制度曾应用于日、意、苏等国，后随国际交流的需要，各国同步带规格制度逐渐统一到节距制。目前仅前苏联及东欧各国仍采用模数制。

（2）节距制——目前为 ISO 及我国国家标准。即同步带的主要参数是带齿节距，按节距大小不同，相应带、轮有不同的结构尺寸。该种规格制度目前被列为国际标准。由于节距制来源于英、美，其计量单位为英制或经换算的公制单位。

（3）DIN 米制节距——为德国国家标准。DIN 米制节距是德国同步带传动国家标准制定的规格制度。其主要参数为齿节距，但标准节距数值不同于 ISO 节距制，计量单位为公制。在我国，由于德国进口设备较多，故 DIN 米制节距同步带在我国也有应用。

同步带的型号与节距见表 2-2。

表 2-2 同步带的型号与节距

型 号	名 称	节 距	
		min	in
MXL（Minimal Extra Light）	最轻型	2.032	0.08
XXL（Extra Extra Light）	超轻型	3.175	0.125（1/8）
XL（Extra Light）	特轻型	5.080	0.200
L（Light）	轻型	9.526	0.375（3/8）
H（Heavy）	重型	12.700	0.500（1/2）
XH（Extra Heavy）	特重型	22.225	0.875（7/8）
XXH（Double Extra Heavy）	最重型	31.750	1.25

根据齿形的不同，同步齿形带可以分成两种：梯形齿同步带和圆弧齿同步带。

（1）梯形齿同步带。梯形齿应力集中在齿根部位，当小带轮直径较小时，将使梯形齿同步带的齿形变形，影响与带轮齿的啮合，易产生噪声和振动，这对于速度较高的主传动来说是很不利的。因此，梯形齿同步带在数控机床特别是加工中心的主传动中很少使用，一般仅在转速不高的运动传动或小功率传动的动力传动中使用。

（2）圆弧齿同步带。圆弧齿同步带克服了梯形齿同步带的缺点，均化了应力，改善了啮合。因此，在加工中心上，无论是主传动还是伺服进给传动，当需要用带传动时，总是优先考虑采用圆弧齿同步齿形带。

同步带又分单面齿，对称双面齿（DA 型）和交错双面齿（DB 型）3 种。对于对称双面齿和交错双面齿的同步带，则在上述标号最前面分别加上代号 DA 或 DB 字样。节距制同步带基准宽度下的许用圆周率和单位长度质量见表 2-3。

表 2-3 节距制同步带基准宽度下的许用圆周率和单位长度质量

带型号	基准宽度 b_{s0}/mm	许用圆周力 T_a/N	单位长度质量 m/kg·m^{-1}
MXL	6.4	27	0.007
XXL	6.4	31	0.010
XL	9.5	50.17	0.022
L	25.4	244.46	0.095
H	76.2	2100.85	0.448
XH	101.6	4048.90	1.484
XXH	127.0	6398.03	2.473

（二）同步带轮

带轮的结构如图 2 – 19 所示，由齿圈、挡圈和轮毂三部分组成，带轮材料一般为铸铁或钢；对于高速、小功率带轮则为塑料或轻合金。

带轮的型号按照国标 GB/T 11361—1989 进行标记。例如型号 30L075 中的 30 表示齿数，L 表示型号，节距 9.525mm；075 表示轮宽代号，带宽 19.05mm。

（三）同步带传动的优缺点

同步带传动的优缺点具体如下：

（1）传动比准确。同步带是啮合传动，工作时无滑动。

（2）传动效率高，节能效果好。效率可达 98%，与 V 带相比，可节能 10% 以上。

（3）传动平稳，能吸收振动，噪声小。

（4）使用范围广，传动比可达 10，且带轮直径比 V 带小得多，也不需要大的张紧力，结构紧凑、速度达 50m/s；传递功率达 300kW。

（5）维护保养方便，能在高温、灰尘、水及腐蚀介质的恶劣环境中工作，不需润滑。

（6）安装要求高，要求两带轮轴线平行。同步带在与两带轮轴线垂直的平面内运行，带轮中心距要求较严格，安装不当易产生干涉、爬齿、跳齿等现象。

（7）同步带与带轮的制造工艺较复杂，成本受批量影响大。

二、同步带的设计计算

（一）同步带失效形式和计算准则

同步带传动主要失效形式有以下几个方面：

（1）同步带承载绳断裂。原因是带型号过小和小带轮直径过小等。

（2）爬齿和跳齿。原因是同步带传递的圆周力过大、带与带轮间的节距差值过大、带的初拉力过小等。

（3）带齿的磨损。原因是带齿与轮齿的啮合干涉、带的张紧力过大等。

（4）其他失效方式。带和带轮的制造安装误差引起的带轮棱边磨损、带与带轮的节距差值太大和啮合齿数过少引起的带齿剪切破坏、同步带背的龟裂、承载绳抽出和包布层脱落等。

在正常的工作条件下，同步带传动的设计准则是在不打滑的条件下，保证同步带的抗拉强度。在灰尘杂质较多的条件下，则应保证带齿一定的耐磨性。

（二）同步带主要参数与标记

主要参数有：

（1）节线长度：强力层中心线的长度。

（2）节距 p_b：相邻两齿在节线上的距离。

（3）模数 m：是节距 p_b 与 π 之比，即 $m = p_b/\pi$。

标记例：B40 XXL 3.0（GB/T 11616—1989）。B40 表示长度代号，节线长度查表 127mm。XXL 表示型号（超轻型），节距 3.175mm。3.0 表示宽度代号，带宽 3.0mm。

（三）同步带传动的设计步骤

已知条件：需要传递的名义功率 p_m；n_1、n_2 分别为主、从动轮的转速；传动装置的用途、工作条件、安装位置。

设计的主要任务：确定带的型号、节距、节线长度、带宽、中心距，以及带轮齿数和节圆直径。

设计步骤：

步骤1：确定带的设计功率 p_d。

同步带实际传递的设计功率随载荷性质、运转时间、速度增减和张紧轮的配置而变化。设计功率 p_d = 载荷修正系数 × 名义功率 = $K_A p_m$，同步带传动的工况系数见表2 - 4。

表2 - 4　同步带传动的工况系数 K_A

载 荷 性 质		每天工作小时数		
变化情况	瞬时峰值载荷/额定工作载荷	≤10	10 ~ 16	>16
平稳		1.2	1.4	1.5
小	约150%	1.4	1.6	1.7
较大	≥150% ~ 250%	1.6	1.7	1.85
很大	≥ 250% ~ 400%	1.7	1.85	2.00
大而频繁	≥ 400%	1.8	2.0	2.05

步骤2：选择带型和节距 p_b。

根据 p_d 和 n_1，由图2 - 20选择带型：图2 - 20中水平坐标为带的设计功率 P_d（kW），垂直坐标为小带轮的转速 n_1（r/min）。当所得交点落在两种节距的分界线上时，尽可能选择较小的节距。

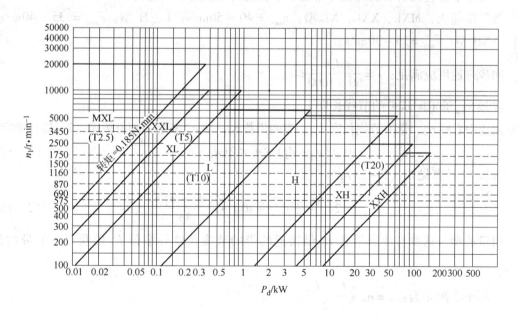

图2 - 20　同步带选型图

步骤3：确定带轮齿数 z_1、z_2 和节圆直径 d_1、d_2。

应使小带轮齿数 z_1≥小带轮许用最少齿数 z_{min}（见表2 - 5）。在带速和安装尺寸允许时，z_1 尽可能选用较大值。

确定大带轮齿数 z_2 和大带轮节圆直径内当给定传动比 i 后,大带轮齿数:$z_2 = i\,z_1$;大带轮节圆直径 $d_2 = id_1$。计算结果应圆整为整数,并验算圆整后的传动比;若传动比超差,则应重选齿数,直至满足要求。

表 2 – 5 小带轮许用最少齿数

小带轮转速/$r \cdot min^{-1}$	带 型 号						
	MXL (2.032)	XXL (3.175)	XL (5.080)	L (9.525)	H (12.700)	XH (22.225)	XXH (31.750)
900 以下	10	10	10	12	14	22	22
900 ~ 1200	12	12	10	12	16	24	24
1200 ~ 1800	14	14	12	14	18	26	26
1800 ~ 3600	16	16	12	16	20	30	—
3600 ~ 4800	18	18	15	18	22	—	—

由带轮最少许用齿数表确定小齿轮齿数 z_1,大齿轮齿数 $z_2 = iz_1$,小带轮节圆直径 $d_1 = \dfrac{p_b z_1}{\pi}$,大带轮节圆直径 $d_2 = id_1$。

步骤 4:验算带速 v。

小带轮节圆直径初定后应验算带速,不合适则重新选取带轮直径。

极限带速为:MXL、XXL、XL 型:$v_{max} = 40 \sim 50\text{m/s}$;L、H 型:$v_{max} = 35 \sim 40\text{m/s}$;XH、XXH 型:$v_{max} = 25 \sim 30\text{m/s}$。

同步带速度应满足:$v = \dfrac{\pi d_1 n_1}{60 \times 1000} \leqslant v_{max}$。

步骤 5:确定同步带的节线长度 L_p。

初选中心距 a_0、带的节线长度 L_{op}、带的齿数 z_b,如 a_0 未定,则可按式(2 – 12)确定:

$$0.7(d_1 + d_2) \leqslant a_0 \leqslant 2(d_1 + d_2) \tag{2 – 12}$$

带长 L_{op} 计算见式(2 – 13):

$$L_{op} \approx 2a_0 + \frac{\pi}{2}(d_2 + d_1) + \frac{(d_2 - d_1)^2}{4a_0} \tag{2 – 13}$$

由带的型号选取与计算带长 L_{op} 最接近的带的节线长度标准值 L_p 以及对应的带的齿数 z_b。

实际中心距 a 为:$a = a_0 + \dfrac{L_p - L_{op}}{2}$。

带长计算见图 2 – 21。

因为 θ 角较小,$\sin\theta \approx \theta$,$\cos\theta = 1 - 2\sin^2\dfrac{\theta}{2} = 1 - \dfrac{\theta^2}{2}$;

又:$\sin\theta = \dfrac{d_2 - d_1}{2a}$,$\cos\theta = \dfrac{AB}{a} = \dfrac{CD}{a}$;

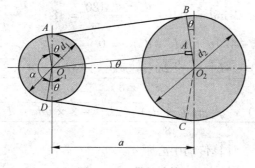

图 2-21　带长计算

小轮的包角带长见式（2-14）：

$$L_1 = \widehat{AD} = \frac{d_1}{2}(\pi - 2\theta) \tag{2-14}$$

大轮的包角带长见式（2-15）：

$$L_2 = \widehat{BC} = \frac{d_2}{2}(\pi + 2\theta) \tag{2-15}$$

总带长见式（2-16）：

$$2AB + L_1 + L_2 = 2a\cos\theta + \frac{d_1}{2}(\pi - 2\theta) + \frac{d_2}{2}(\pi + 2\theta)$$

$$= 2a\left(1 - \frac{\theta^2}{2}\right) + \frac{\pi}{2}(d_2 + d_1) - \theta(d_2 - d_1)$$

$$= 2a\left[1 - \frac{1}{2}\left(\frac{d_2 - d_1}{2a}\right)^2\right] + \frac{\pi}{2}(d_2 + d_1) - \frac{d_2 - d_1}{2a}$$

$$= 2a + \frac{\pi}{2}(d_2 + d_1) + \frac{(d_2 - d_1)^2}{4a} \tag{2-16}$$

带与小轮啮合齿数见式（2-17）：

$$z_m = \frac{L_1}{p_b} = \frac{(d_2 - d_1)^2}{4p_b a}$$

$$= \frac{L_1}{p_b} = \left(\frac{\pi}{2p_b} - \frac{d_2 - d_1}{2ap_b}\right) = \left(\frac{\pi}{2\pi d_1} - \frac{d_2 - d_1}{2a\pi d_1}\right)z_1 = \left(\frac{1}{2d_1} - \frac{d_2 - d_1}{2a\pi d_1}\right)z_1$$

$$= \left(\frac{1}{2d_1} - \frac{z_2 - z_1}{2a\pi z_2}\right)z_1 = \left[\frac{1}{2d_1} - \frac{(z_2 - z_1)p_b}{2a\pi^2 d_1}\right]z_1 \tag{2-17}$$

$$p_b \times z_1 = \pi d_1 \Rightarrow p_b = \frac{\pi d_1}{z_1}, p_b = \frac{\pi d_2}{z_2} \Rightarrow z_2 = \frac{\pi d_2}{p_b}, d_2 = \frac{p_b}{\pi}z_2, d_1 = \frac{p_b}{\pi}z_1$$

因为 θ 角较小，$\sin\theta \approx \theta$，$\cos\theta = 1 - 2\sin^2\frac{\theta}{2} = 1 - \frac{\theta^2}{2}$。

小轮的包角见式（2-18）：

$$\alpha_1 = \pi - 2\theta$$

$$\alpha_1 = \pi - 2\theta = \pi - 2\sin\theta = \pi - 2\frac{\dfrac{d_2 - d_1}{2}}{a} = \pi - \frac{d_2 - d_1}{a} \; (\text{rad}) \tag{2-18}$$

或 $\alpha_1 = 180 - 2\theta = 180 - 2\sin\theta = 180 - \dfrac{d_2 - d_1}{a}\dfrac{180}{\pi} = 180 - \dfrac{d_2 - d_1}{a} \times 57.3(°)$

$8a^2 + [2\pi(d_2 + d_1) - 4L]a + (d_2 - d_1)^2 = 0$

$a = \dfrac{-[2\pi(d_2 + d_1) - 4L] \pm \sqrt{[2\pi(d_2 + d_1) - 4L]^2 - 4 \times 8 \times (d_2 - d_1)^2}}{2 \times 8}$

$\quad = \dfrac{2L - \pi(d_2 + d_1) \pm \sqrt{[\pi(d_2 + d_1) - 2L]^2 - 8 \times (d_2 - d_1)^2}}{8}$

步骤 6：计算齿数 z_b、计算传动中心距 a。

同步带齿数见式（2 – 19）：

$$z_b = \frac{L_p}{p_b} \tag{2-19}$$

实际中心距见式（2 – 20）：

$$a = \frac{p_b(z_2 - z_1)}{2\pi\cos\dfrac{\alpha_1}{2}} \tag{2-20}$$

步骤 7：校验同步带和小带轮的啮合齿数 z_m。

小带轮与带的啮合齿数见式（2 – 21）：

$$z_m = \text{ent}\left[\frac{z_1}{2} - \frac{p_b z_1(z_2 - z_1)}{2\pi^2 a}\right] \tag{2-21}$$

$$a \approx a_0 + \frac{L_p - L_{op}}{2}$$

带的基本额定功率见式（2 – 22）：

$$P_0 = \frac{F_n - mv^2}{1000}v \ (\text{kW}) \tag{2-22}$$

式中　m——宽度为 b_{s0} 的带单位长度的质量，kg/m；

　　　F_n——带的许用工作拉力，N。

步骤 8：确定实际所需同步带宽度 b_s。

同步带宽见式（2 – 23）：

$$b_s \geqslant b_{s0}\left(\frac{P_d}{K_z P_0}\right)^{\frac{1}{1.14}} \tag{2-23}$$

式中　b_{s0}——同步带的基准宽度；

　　　P_d——同步带传动的设计功率；

　　　K_z——啮合系数，当 $z_m \geqslant 6$ 时，$K_z = 1$，当 $z_m < 6$ 时，$K_z = 1 - 0.2(6 - z_m)$；

步骤 9：带的工作能力验算。

带的工作能力见式（2 – 24）：

$$P = \left(K_z K_W F_n - \frac{b_s}{b_{s0}}mv^2\right)v \times 10^{-3} = \left[K_z\left(\frac{b_s}{b_{s0}}\right)^{1.14}F_n - \frac{b_s}{b_{s0}}mv^2\right]v \times 10^{-3} \geqslant P_d \tag{2-24}$$

齿宽系数：

$$K_W = \left(\frac{b_s}{b_{s0}}\right)^{1.14}$$

第四节 滚珠丝杠螺母副的计算与选型

一、螺旋传动

丝杠螺母机构又称螺旋传动机构，主要用来将旋转运动变换为直线运动。丝杠螺母机构有以传递力为主的，如千斤顶；有以传递运动为主的，如进给丝杠；还有调整零件之间相对位置的，如螺旋测微器。

丝杠螺母机构按照摩擦性质分又可分为滑动丝杠螺母机构（见图 2-22）和滚动丝杠螺母机构（见图 2-23）。滑动丝杠螺母机构结构简单、加工方便、制造成本低、具有自锁功能，但其摩擦阻力矩大、传动效率低，一般为 30%~40%。滚珠丝杠螺母机构的结构复杂、制造成本高，无自锁功能，但由于它最大优点是摩擦阻力矩小、传动效率高，一般为 92%~98%，因此在机电一体化系统中得到广泛应用。

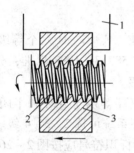

图 2-22 螺旋传动

1—大拖板；2—螺杆；3—螺母

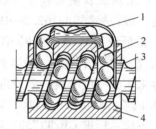

图 2-23 滚珠螺旋传动

1—滚珠循环装置；2—滚珠；3—螺杆；4—螺母

滚珠丝杠螺母机构是在丝杠和螺母滚道之间放入适量的滚珠，使螺纹间产生滚动摩擦。丝杠转动时，带动滚珠沿螺纹滚道滚动。螺母上设有返向器，与螺纹滚道构成滚珠的循环通道。为了在滚珠与滚道之间形成无间隙甚至有过盈配合，可设置预紧装置。为延长工作寿命，可设置润滑件和密封件。滚珠丝杠副中滚珠的循环方式有内循环和外循环两种，如图 2-24 所示。

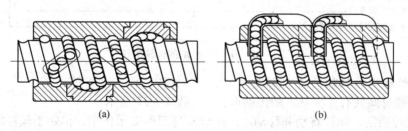

(a)   (b)

图 2-24 内循环和外循环

（a）内循环；（b）外循环

（一）滚珠丝杠副的尺寸参数

滚珠丝杠副的尺寸参数如图 2-25 所示。

公称直径 d_0：滚珠在理论接触角状态时包络滚珠球心的圆柱直径。

基本导程（或螺距）：丝杠相对螺母旋转 2π 弧度时，螺母上基准点的轴向位移。

行程：丝杠相对于螺母旋转任意弧度时，螺母上基准点的轴向位移。

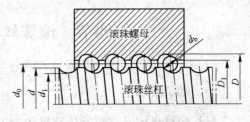

图 2-25　滚珠丝杠副的尺寸参数

此外，还有丝杠螺纹大径 d、丝杠螺纹小径 d_1、滚珠直径 d_b、螺母螺纹大径 D、螺母螺纹小径 D_1、丝杠螺纹全长 l_s 等。

滚珠丝杠副的尺寸系列（国际标准化组织（ISO/DIS3408-2—1991）中规定）：

公称直径（mm）：6，8，10，12，16，20，25，32，40，50，63，80，100，125，160 及 200。

基本导程（mm）：1，2，2.5，3，4，5，6，8，10，12，16，20，25，32，40。尽可能优先选用 2.5，5，10，20 及 40。

（二）滚珠丝杠副的精度等级及标注方法

精度等级：根据 JB3162.2—1982 标准，分为 C、D、E、F、G、H 六个等级，最高级为 C 级，最低级为 H 级；根据 JB3162.2—1991 或 GB/T17587.3—1998 标准，分为 1、2、3、4、5、7、10 七个等级。最高级为 1 级，最低级为 10 级。

推荐采用的精度等级：数控机床、精密机床和精密仪器等用于开环和半闭环进给系统，可选 1、2、3 级，一般动力传动可选 4、5 级，全闭环系统可选 2、3、4 级。

标注方法：标准 GB/T17587.1—1998 规定滚珠丝杠的标识符号应按图 2-26 给定顺序排列的内容标注。一般厂商往往省略 GB 字符，以其产品的结构类型号开头。

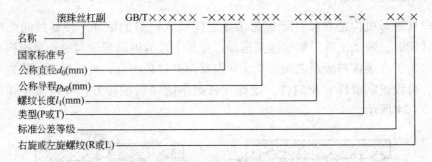

图 2-26　滚珠丝杠副的标注方法

（三）丝杠螺母机构的传动形式

丝杠和螺母间共有 4 种基本的传动形式，如图 2-27 所示：

（1）螺母固定，丝杠转动并移动。因螺母本身起着支承作用，消除了丝杠轴承可能产生的附加轴向窜动，结构较简单，可获得较高的传动精度。但其刚性较差，因此只适用于行程较小的场合。

（2）丝杠转动，螺母移动。需要限制螺母的转动，故需导向装置。其特点是结构紧凑、丝杠刚性较好，工作行程大，在机电一体化系统中应用较广泛。

（3）螺母转动，丝杠移动。需要限制螺母移动和丝杠的转动，由于结构较复杂且占用轴向空间较大，很少应用。

（4）丝杠固定，螺母转动并移动。结构简单、紧凑，但在多数情况下，使用极不方便，很少应用。

此外，还有差动传动方式（见图 2 - 28）。该方式的丝杠上有旋向相同、基本导程不同的两段螺纹。当丝杠 2 转动时，可动螺母 1 的移动距离为 $S = n \times (l_{01} - l_{02})$，如果两基本导程的大小相差较少，则可获得较小的位移 S。因此，这种传动方式多用于各种微动机构中。

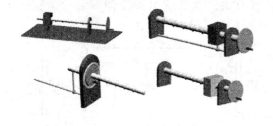

图 2 - 27　丝杠螺母的
基本传动形式

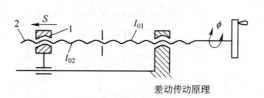

差动传动原理

图 2 - 28　丝杠螺母机构差动传动
1—可动螺母；2—丝杠

（四）丝杠螺母机构的传动特点

丝杠螺母机构的传动特点包括：

（1）传动效率高。一般滚珠丝杠副的传动效率达 90% ~ 95%，耗费能量仅为滑动丝杆的 1/3。

（2）运动平稳。滚动摩擦系数接近常数，启动与工作摩擦力矩差别很小。启动时无冲击，预紧后可消除间隙产生过盈，提高接触刚度和传动精度。

（3）工作寿命长。滚珠丝杠螺母副的摩擦表面为高硬度（HRC58 ~ 62）、高精度，具有较长的工作寿命和精度保持性。寿命约为滑动丝杠副的 4 ~ 10 倍以上。

（4）定位精度和重复定位精度高。由于滚珠丝杠副摩擦小、温升小、无爬行、无间隙，通过预紧进行预拉伸以补偿热膨胀。因此可达到较高的定位精度和重复定位精度。

（5）同步性好。用几套相同的滚珠丝杠副同时传动几个相同的运动部件，可得到较好的同步运动。

（6）可靠性高。润滑密封装置结构简单，维修方便。

（7）不能自锁。用于垂直传动时，必须在系统中附加自锁或制动装置。

（8）制造工艺复杂。滚珠丝杆和螺母等零件加工精度、表面粗糙度要求较高。

（五）滚珠丝杠副的安装

丝杠的轴承组合及轴承座、螺母座以及其他零件的连接刚性，对滚珠丝杠副传动系统的刚度和精度都有很大影响，需在设计、安装时认真考虑。为了提高轴向刚度，丝杠支承常用推力轴承为主的轴承组合，仅当轴向载荷很小时，才用向心推力轴承。

滚珠丝杠副的支承作用主要是约束丝杠的轴向窜动，其次才是径向约束。较短的丝杠或垂直安装的丝杠，采用单支承形式（一端固定，一端无支承）；水平安装丝杠较长时，可以一端固定，一端游动；精密和高精度机床的滚珠丝杠副，为了提高丝杠的拉压刚度，可以两端固定；为了补偿热膨胀和减少丝杠因自重下垂，两端固定丝杠可进行预拉伸。以下列出了四种典型支承方式及其特点。

图 2 - 29 所示为滚珠丝杠副的四种典型支承方式。

（1）单推—单推。轴向刚度较高；预拉伸安装时，须加载荷较大，轴承寿命比方案2低；适宜中速、精度高，并可用双推—单推组合。

（2）双推—双推。轴向刚度最高；预拉伸安装时，须加载荷较小，轴承寿命较高；适宜高速、高刚度、高精度。

（3）双推—简支。轴向刚度不高，与螺母位置有关；双推端可预拉伸安装；适宜中速、精度较高的长丝杠。

（4）双推—自由。轴向刚度低，与螺母位置有关；双推端可预拉伸安装；适宜中小载荷。

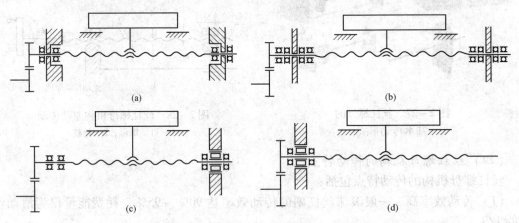

图2-29　滚珠丝杠副的四种典型支承方式
（a）单推—单推；（b）双推—双推；（c）双推—简支；（d）双推—自由

（六）滚珠丝杠副的制动装置

滚珠丝杠副无自锁功能，在垂直安装时，须设置制动装置。可以在执行元件（如电机）上加装制动器，还可在轴上使用超越离合器或选择简易制动装置。

二、滚珠丝杠副的选择方法

（一）滚珠丝杠副结构的选择

根据防尘防护条件以及对调隙及预紧的要求，可选择适当的结构形式。例如，当允许有间隙存在时，如垂直运动，可选用具有单圆弧形螺纹滚道的单螺母滚珠丝杠副；当必须有预紧或在使用过程中因磨损而需要定期调整时，应采用双螺母螺纹预紧或齿差预紧式结构；当具备良好的防尘条件，且只需在装配时调整间隙及预紧力时，可采用结构简单的双螺母垫片调整预紧式结构。

（二）滚珠丝杠副尺寸的选择

滚珠丝杠副尺寸主要是选择丝杠的公称直径 d_0 和基本导程。公称直径 d_0 是根据轴向最大载荷按滚珠丝杠副尺寸系列选择。基本导程（或螺距 t）是根据承载能力、传动精度及传动速度按滚珠丝杠副尺寸系列选择。基本导程越大，承载能力越大，传动速度越高，但传动精度越低，反之则反。

三、滚珠丝杠副的设计计算

（一）滚珠丝杠副设计计算的已知条件

滚珠丝杠副设计计算的已知条件包括：工作载荷 F 或平均工作载荷 F_m，使用寿命 $L'_h(h)$，

丝杠的转速 n（平均转速 n_m 或最大转速 n_{max}）（r/min），滚道硬度 HRC 和运转情况。按下列步骤进行计算：

（1）计算承载能力。

$n > 10\text{r/min}$ 时，计算丝杠轴向最大动载荷 F_Q，然后根据 F_Q 值选择丝杠副的型号（见式（2－25））。

$$F_Q = \sqrt[3]{L_s} f_H f_W F_{max} \leqslant C_a \qquad (2-25)$$

式中　L_s——滚珠丝杠寿命系数；

　　　f_H——硬度系数；

　　　f_W——载荷系数；

　　　F_{max}——滚珠丝杠副最大工作载荷；

　　　C_a——滚珠丝杠的额定动载荷。

对于低速（$n > 10\text{r/min}$）传动，还应使额定静载荷 $C_{oa} \geqslant (2 \sim 3) F_{max}$，然后根据计算值预选丝杠副，并进行校核。

（2）压杆稳定性核算。

压杆稳定性核算包括临界载荷核算和临界转速核算（见式（2－26）和式（2－27）），两者分别对应压杆失稳和高速共振。

$$F_k = f_k \pi^2 \frac{EI}{K l_s^2} \geqslant F_{max} \qquad (2-26)$$

$$n_{cr} = 9910 \frac{f_c^2 d_1}{\mu l_s^2} \geqslant n_{max} \qquad (2-27)$$

式中　F_k，n_{cr}——分别为临近载荷和临界转速；

　　　L_s——丝杆两端支承距离，m。

（3）刚度的验算。

滚珠丝杠在轴向力 F 和扭矩 M 共同作用下，所引起的每一导程的变形量见式（2－28）：

$$\Delta L = \pm \frac{F p_h}{EA} \pm \frac{M p_h^2}{2\pi IE} \qquad (2-28)$$

以上所有经验公式中的参数均可通过查手册得到。

（二）滚珠丝杠副的设计计算的一般步骤

1. 滚珠丝杠副的设计计算的一般步骤

滚珠丝杠副的设计计算的一般步骤如下：

（1）求计算载荷 F_C。

（2）根据运行寿命和计算载荷，计算所必需的额定动载荷 C'_a。

（3）根据额定动载荷 C'_a 选择滚珠丝杠。

（4）验算稳定性和刚度、安全系数、临界转速、效率。

2. 最大工作载荷计算

丝杠副的计算载荷 F_C 见式（2－29）：

$$F_C = K_F K_H K_A F_m \qquad (2-29)$$

式中　K_F——载荷系数；

K_H——硬度系数；

K_A——精度系数；

F_m——平均工作载荷。

载荷系数、硬度系数和精度系数见表2－6～表2－8。

表2－6　载荷系数

载荷性质	无冲击平稳运转	一般运转	有冲击和振动运转
K_F	1～1.2	1.2～1.5	1.5～2.5

表2－7　硬度系数

滚道实际硬度 HRC	≥58	55	50	45	40
K_H	1.0	1.11	1.56	2.4	3.85

表2－8　精度系数

精度系数	C、D	E、F	G	H
K_A	1.0	1.1	1.25	1.43

3. 最大动载荷计算、初选滚珠丝杠型号

额定动载荷计算值 F_Q 见式（2－30）：

$$F_{Q_C} = \sqrt[3]{\frac{60 n_m T_h}{10^6}} F_C = \sqrt[3]{\frac{n_m T_h}{1.67 \times 10^4}} F_C \qquad (2-30)$$

式中　F_C——计算载荷，N；

n_m——平均转速，r/min；

T_h——运转寿命，h。

设计时要求满足：额定动载荷计算值 F_Q≤滚珠丝杠副额定动载荷规定值 C_a。

初选滚珠丝杠型号：根据在滚珠丝杠系列中选择所需要的规格，使所选规格的丝杠副的额定动载荷 $F_Q ≤ C_a$。

验算传动效率、刚度及工作稳定性，如不满足要求则应另选其他型号并重新验算。

对于低速（$n≤10r/min$）传动，只按额定静载荷 $C_{oa} ≥ (2～3)F_{max}$ 计算。然后根据计算值预选丝杠副，并进行校核。

4. 压杆稳定性校核

假设为双推—简支（F—S），因为丝杠较长，所以用压杆稳定性来求临界载荷 F_{cr}。

压杆稳定性核算，即发生不失稳的最大载荷（临界载荷）F_{cr}见式（2－31）：

$$F_{cr} = f_k \frac{\pi^2 E I_a}{(\mu l_s)^2} \qquad I_a = \frac{\pi d_1^4}{64} \qquad (2-31)$$

式中　E——丝杠的弹性模量，对钢 $E = 206GPa$；

I_a——丝杠危险截面的轴惯性矩，m^4；

d_1——丝杠内径；

μ——长度系数，见表2－9；

f_k——压杆稳定的支承系数：双推—双推式为 4，双推—简支式为 2，单推—单推式为 1，双推—自由式为 0.25。

表 2-9　支承方式有关系数

支承方式有关系数	双推—自由（F—O）	双推—简支（F—S）	双推—双推（F—F）
安全系数 [S]	3~4	2.5~3.3	—
长度系数 μ	2	2/3	—
临界转速系数 f_c	1.875	3.927	4.730

5. 刚度验算

滚珠丝杠在工作负载 $F(N)$ 和转矩 $T(N \cdot m)$ 共同作用下引起每个导程的变形量 $\Delta L_0(m)$ 见式(2-32)：

$$\Delta L_0 = \pm \frac{p_h F}{EA} \pm \frac{p_h^2 T}{GA} = \pm \frac{p_h F}{EA} \pm \frac{p_h^2 T}{2\pi GJ_c} = \pm \frac{4p_h F}{\pi d_1^2 E} \pm \frac{16 p_h^2 T}{\pi^2 d_1^4 G} \tag{2-32}$$

式中　A——丝杠的最小截面积，$A = \pi r^2 = \frac{1}{4} \pi d_1^2$，$m^2$；

p_h——丝杠导程（丝杠螺距）；

J_c——丝杠底径的抗弯截面惯性矩，$J_c = \frac{\pi}{32} d_1^4$，$m^4$；

G——钢的切变模量，对于钢 $G = 83.3\text{GPa} = 83.3 \times 10^9 \text{Pa}$；

T——转矩，$N \cdot m$，$T = F_m \frac{D_0}{2} \tan(\lambda + \varphi)$；

φ——摩擦角，一般取 $10'$；

λ——丝杠螺旋升角，$\arctan(p_h / \pi d_0)$；

D_0——公称直径。

滚珠丝杠每米变形量：$\dfrac{\Delta L_0}{p_h} = \pm \dfrac{F}{EA} \pm \dfrac{p_h T}{GA} = \pm \dfrac{F}{EA} \pm \dfrac{p_h T}{2\pi GJ_c} = \pm \dfrac{4F}{\pi d_1^2 E} \pm \dfrac{16 p_h T}{\pi^2 d_1^4 G}$。

6. 安全系数计算

安全系数计算见式（2-33）：

$$S = \frac{F_{cr}}{F_m} \tag{2-33}$$

式中　F_{cr}——临界载荷；

F_m——平均工作载荷。

要求所计算出的安全系数大于查表所得的安全系数 [S]。

7. 临界转速 n_{cr} 验证

高速运转时，需验算其是否会发生共振的最高转速，要求丝杠最高转速 $n_{max} < n_{cr}$。临界转速可按公式计算：

不发生共振的最大转速（临界转速）见式（2-34）：

$$n_{cr} = 9910 \frac{f_c^2 d_1}{(\mu L)^2} \ (\text{r/min}) \tag{2-34}$$

式中　f_c——丝杠的临界转速系数，见表 2-9；

d_1——丝杠内径，mm，注意不是公称直径 D_0；

　L——丝杠工作长度，m；

　μ——长度系数，见表 2 - 9。

要求实际最大工作转速 n_{max} < 临界转速 n_{cr}。

8. 效率验算

滚珠丝杠副的传动效率 η 见式（2 - 35）：

$$\eta = \frac{\tan\lambda}{\tan(\lambda + \varphi)} \qquad (2 - 35)$$

式中　φ—— 摩擦角，一般取 10′；

　　λ—— 丝杠螺旋升角，$\arctan(p_h / \pi d_0)$。

要求 η 在 90% ~ 95% 之间，所以滚珠丝杠副能满足使用要求。

9. $D_0 n$ 验算

$D_0 n$ 计算要求 $D_0 n < 7 \times 10^4 \text{mm} \cdot \text{r/min}$。

第五节　支承与导向机构的设计

一、导轨副

支承与导向机构对机械执行部件运行精度有很大影响，机电一体化设备的支承与导向机构通常有两种类型：回转运动导向支承和直线运动导向支承。回转运动导向支承中支承导轨约束了运动导轨的五个自由度，仅保留绕给定轴线的旋转运动自由度。直线运动导向支承中支承导轨约束了运动导轨的五个自由度，仅保留沿给定方向的直线移动自由度。

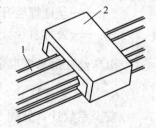

图 2 - 30　导轨副的组成
1—承导件；2—运动件

（一）组成和作用

支承和限制运动部件使之按给定的运动要求和规定的运动方向运动，这样的装置通常被称为导轨副，简称导轨。运动方向为直线的导轨被称为直线运动导轨副，运动方向为回转的导轨被称为回转运动导轨副。导轨副主要由承导件和运动件组成，如图 2 - 30 所示。

（二）种类

常用的导轨副可按摩擦性质和结构特点分类。按摩擦性质导轨副分为滑动导轨、滚动导轨和气液体导轨三种。

（1）滑动导轨：两导轨工作面的摩擦性质为滑动摩擦。

（2）滚动导轨：两导轨导向面之间放置滚珠、滚柱或滚针等。

（3）气液体导轨：导轨的运动件与导向支承件之间充有压力油或气体。

按导轨副结构特点，导轨副可分为开式导轨和闭式导轨两种。

（1）开式导轨：借助重力或弹簧弹力保证运动件和承载面接触。

（2）闭式导轨：靠导轨本身形状保证运动件和承载面接触。

常用导轨副的结构原理如图 2-31 所示，其性能比较见表 2-10。

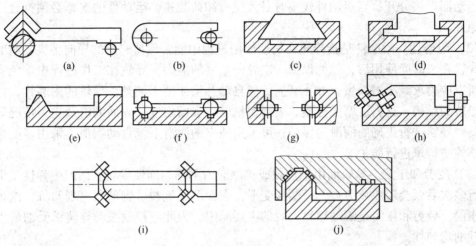

图 2-31 常用导轨副的结构原理

（a）开式圆柱面；（b）闭式圆柱面；（c）燕尾导轨；（d）闭式直角导轨；（e）开式 V 形导轨；
（f）开式滚珠导轨；（g）闭式滚珠导轨；（h）开式滚柱导轨；（i）滚动轴承导轨；（j）液体静压导轨

表 2-10 常用导轨性能比较

导 轨 类 型	结构工艺性	方向精度	摩擦力	对温度变化的敏感性	承载能力	耐磨性	成本
开式圆柱面	好	高	较大	不敏感	小	较差	低
闭式圆柱面	好	较高	较大	较敏感	较小	较差	低
燕尾导轨	较差	高	大	敏感	大	好	较高
闭式直角导轨	较差	较低	较小	较敏感	大	较好	较低
开式 V 形导轨	较差	较高	较大	不敏感	大	好	较高
开式滚珠导轨	较差	高	小	不敏感	较小	较好	较高
闭式滚珠导轨	差	较高	较小	不敏感	较小	较好	高
开式滚柱导轨	较差	较高	小	不敏感	较大	较好	较高
滚动轴承导轨	较差	较高	小	不敏感	较大	好	较高
液体静压导轨	差	高	很小	不敏感	大	很好	较高

（三）导轨副应满足的基本要求

导轨副的基本要求包括导向精度高、刚度好、运动轻便平稳、耐磨性好、温度变化影响小、工艺性好。

（1）导向精度。导向精度主要是指动导轨沿支承导轨运动的直线度或圆度。导向精度高是指要求导轨按给定方向运动的准确程度要高。导向精度的高低，主要取决于导轨的结构类型、导轨的几何精度和接触精度、导轨的配合间隙、油膜厚度和油膜刚度、导轨和基础件的刚度和热变形、结构形式等。热变形小是指导轨在环境温度变化的情况下仍能正常工作，既不卡死，也不影响系统的精度；导轨对温度变化的敏感性，主要取决于导轨材料和导轨配合间隙的选择；导轨的几何精度包括导轨在水平平面内的直线度、导轨在垂直平面内的直线度和两导轨面间的平行度。对精度要求高的直线运动导轨，还要求导轨的承载面和运动面严格分开；当运动件较重时必须设有卸荷装置，运动件的支撑必须符合三点定位的原理。

（2）耐磨性。耐磨性是指导轨在长期使用过程中能否保持一定的导向精度。耐磨性好是指导轨在长时间使用后，仍能保持一定导向精度的能力。导轨在工作过程中难免有所磨损，所以应力求减小磨损量，并在磨损后能自动补偿或便于调整。导轨的耐磨性，主要取决于导轨的结构、材料、摩擦性质、表面粗糙度、表面硬度、表面润滑及受力情况等。为此需要对导轨进行正确的润滑与保护，可采用独立的润滑系统自动润滑，采用多层金属薄板伸缩式防护罩进行防护。

（3）疲劳和压溃。导轨面由于过载或接触应力不均匀而使导轨表面产生弹性变形，反复运行多次后就会形成疲劳点，呈塑性变形，表面形成龟裂、剥落而出现凹坑，这种现象就是压溃。疲劳和压溃是滚动导轨失效的主要原因，为此应控制滚动导轨承受的最大载荷和受载的均匀性。

（4）刚度。导轨受力变形会影响导轨的导向精度及部件之间的相对位置，因此要求导轨应有足够的刚度。刚度好是指导轨抵抗载荷的能力强。在恒定载荷作用下，导轨刚度一般有自身、局部和接触三种刚度；可用加大尺寸、添加辅助导轨或施加预载荷等方法提高刚度。

（5）低速运动平稳性。工作时轻便省力，低速时无爬行现象便称为运动平稳。低速运动时，作为运动部件的动导轨易产生爬行现象。低速运动的平稳性与导轨的结构和润滑，动、静摩擦系数的差值以及导轨的刚度等有关。

（6）结构工艺性。设计导轨时，要注意制造、调整和维修的方便，力求结构简单，制造容易，装拆、调整、维修及检测方便，经济性好。

（四）导轨副的设计内容

根据工作条件，选择合适的导轨类型；选择导轨的截面形状，以保证导向精度；选择适当的导轨结构及尺寸，使其在给定的载荷及工作温度范围内，有足够的刚度、良好的耐磨性以及运动轻便和低速平稳性；选择导轨的补偿及调整装置，经长期使用后，通过调整能保持所需要的导向精度；选择合理的耐磨涂料、润滑方法和防护装置，使导轨有良好的工作条件，以减少摩擦和磨损；制订保证导轨正常工作所必需的技术条件，如选择适当的材料，以及热处理、精加工和测量方法等。

二、机座或机架

（一）机座或机架的作用及基本要求

机座或机架是支承其他零部件并保证各零部件相对位置准确的基础部件。对机座或机架的基本要求有：提高静刚度、提高抗振性、减小热变形、提高稳定性和工艺性要求。此外，还有经济性、人机工程等方面的要求。

1. 提高静刚度

提高静刚度主要包括以下几个方面：

（1）提高自身刚度。自身刚度是机架或机座本身受拉、压、扭、弯等载荷后产生的变形，其中扭转变形和弯曲变形是主要的。提高自身刚度的主要措施如下：

1）合理选择截面形状和尺寸。封闭空心截面结构的自身刚度比实心的大；矩形截面的抗弯刚度比圆形大，而抗扭刚度比圆形小；横截面不变时，减小壁厚，增大轮廓尺寸，可以提高刚度；封闭截面刚度比不封闭截面大。

2）合理布置肋板和加强肋。为便于铸造清砂及零部件的装配、调整，需要在机座上开"窗口"而使刚度降低，为此应增加肋板或加强肋以提高刚度。

3）合理的开孔和加盖。实践证明，若开孔沿机座或机架壁中心线排列，或在中心线附近交错排列，孔宽（孔径）以不大于机座或机架壁宽的 0.25 倍时，机座的刚度降低很少。在开孔上加盖板，并用螺钉紧固，则可将弯曲刚度恢复到接近未开孔时的刚度，而对提高抗扭刚度无明显效果。

（2）提高局部刚度。局部刚度是在载荷集中的局部范围产生的变形，如突出的支脚、凸台等。提高局部刚度的主要措施如下：

1）使载荷均匀分布，避免载荷集中在刚度薄弱的地方。

2）在安装螺钉处加厚凸缘。

3）用壁龛式螺钉孔。

4）采用添置加强肋。

（3）接触刚度。接触刚度是由于加工造成的微观不平度，使两个接触面的实际接触面积只是名义接触面积很小的一部分，因而产生接触变形。

提高接触刚度的主要措施如下：

1）降低接触表面的粗糙度（接触面表面粗糙度应小于 $2.5\mu m$）。

2）在接触表面上施加预压力（用固定螺钉在接触面上形成预压力）。

近代机械中，接触刚度的影响往往大于自身刚度和局部刚度的影响。在进行结构设计时，应尽量减少接触面的数量，提高接触面的接触刚度。

刚度的确定有计算法和实验法。计算法是指在适当简化的基础上，按材料力学、结构力学和弹性力学的有关公式计算得出接触刚度，也可以利用有限元法来计算，如 ANSYS 软件。实验法是指在机械已试制出来后，在实际工作条件下实验，也可以根据相似理论做出缩小的模型进行测试。

2. 提高抗振性

动刚度是衡量抗振性的主要指标，在共振条件下的动刚度可用式（2-36）表示：

$$K_{\omega} = 2K\xi = 2K\frac{B}{\omega_{n}} \tag{2-36}$$

式中　　K——静刚度；

　　　　ξ——阻尼比；

　　　　B——阻尼系数；

　　　　ω_{n}——固有振动频率。

所以，提高抗振性的措施有：

（1）提高静刚度，特别是当固有振动频率较高时特别需要。

（2）增加阻尼，如液（气）动、静压导轨的阻尼比滚动导轨大，故抗振性能好。

（3）增加固有振动频率，在不降低机架或机座静刚度的前提下，如适当减薄壁厚、增加筋和隔板，采用钢材焊接代替铸件等。

（4）采取隔振措施，如加减振橡胶垫脚、用空气弹簧隔板等。

3. 减小热变形

减小热变形的措施包括控制热源，采用冷光源（如发光二极管）；用胶木、石棉隔热；用风扇、冷却液散热；将热源远离机座或机架；对于有相对运动的零部件，合理设计结构并有效润滑。采用热平衡法，控制各处的温差。

4. 提高稳定性

机座或机架的稳定性是指长时间地保持其几何尺寸和主要表面相对位置的精度。可采用自然时效和人工时效（热处理法和振动法）方法。振动时效是将铸件或焊接件在其固有振动频率下，共振 10~40min 即可。其优点是时间短，设备费用低，消耗动力少；结构轻巧，操作简便；可以消除热处理无法处理的非金属材料的内应力；时效后无氧化皮和尺寸变化，也不会因振动而引起新的内应力。

5. 工艺性

铸件毛坯要设计得便于成型、浇注、清砂、吊装，避免铸造缺陷。焊件毛坯要设计得便于下料、拼焊、减少焊接变形；各种毛坯要设计得便于机械加工、装配、维修。

同一侧面的加工表面位于同一个平面上，以便于一起刨出或铣削；机座必须有可靠的加工工艺基准，若没有，须铸出工艺凸台，将加工后的凸台作为工艺基准，加工完毕再将凸台去掉。

（二）机座的材料选择

机座材料的选择包括以下三个方面：

（1）铸造机座材料。常选用铸铁，其优点是便于制造结构复杂零件；存在在铸铁中的片状或球状石墨在振动时形成阻尼，抗振性比钢高 3 倍；价格低。但缺点是生产铸铁支承件需要制作木模、芯盒等，制造周期长，不适合单件生产；铸造易出废品；加工余量大，机加工费用大。

（2）焊接机座材料。常选用普通碳素结构钢材（钢板、角钢、槽钢、钢管等），轻型机架也可用铝制型材联结制成，其优点是：用钢材焊成的机座具有造型简单，适于单件生产，周期短，比铸造快 1.7~3.5 倍；钢的弹性模量约为铸铁的 2 倍，在同样的载荷下，壁厚可做得比铸铁的薄，质量轻；但也存在如下缺点：钢的阻尼比只是铸铁的约 1/3，钢的抗振性能比铸铁差，在结构上，需采取防振措施；钳工工作量大；成批生产时，成本较高。

（3）其他类型机座材料。选用花岗岩、大理石、天然石等，主要用在高精度高性能的系统中，如三坐标测量机、金刚石车床等。其优点是：性能稳定，精度保持性好；由于经历长期的自然时效，残余应力极小，内部组织稳定；导热系数和线膨胀系数小，热稳定性好；性能稳定，精度保持性好；抗氧化性强；不导电；抗磁；与金属不黏合，加工方便，通过研磨和抛光容易得到很高的精度和表面粗糙度。但也存在如下缺点：抗冲击性能差，脆性大；油、水易渗入晶体中，使岩石局部变形胀大，难于制作形状复杂的零件。

 **习　题**

2-1　机电一体化产品对机械系统的要求有哪些？

2-2　机电一体化机械系统由哪几部分机构组成，对各部分的要求是什么？

2-3　机电一体化系统（产品）的机械部分与一般机械系统相比，应具备哪些特殊要求？

2-4　常用的传动机构有哪些，各有何特点？

2-5　简述常用齿轮减速装置的传动形式及其传动比匹配方法。

2-6　齿轮传动机构为何要消除齿侧间隙？

2-7　滚珠丝杠螺母副有几种结构类型？简述其轴向间隙调整方式。

2-8　滚珠丝杠副的支承对传动有何影响，支承形式有哪些类型，各有何特点？

2-9　简述谐波齿轮传动原理及传动比计算方法。

2-10　设某一机电一体化齿轮传动系统的总传动比为80，传动级数 $n = 5$ 的小功率传动。试根据等效转动惯量最小原则，按各级传动比"前小后大"的分配原则，分配各级传动比。

2-11　某大功率机械传动装置，（1）设传动级数 $n = 2$，$i = 50$，试按质量最小原则求出各级传动比；（2）已知总传动比 $i = 100$，传动级数 $n = 3$，试按最小等效转动惯量原则分配各级传动比。

2-12　试设计某数控机床工作台进给用滚珠丝杠副。已知平均工作载荷 $F = 4000N$，丝杠工作长度 $l = 2m$，平均转速为120r/min，每天开机6h，每年300个工作日，要求工作8年以上，丝杠材料为CrWMn钢，滚道硬度为 $58 \sim 62HRC$，丝杠传动精度为 $\pm 0.04mm$。

2-13　导向机构的作用是什么？滑动导轨、滚动导轨各有何特点？

2-14　请根据以下条件选择滚动直线导轨。作用在滑座上的载荷 $F = 18000N$，滑座数 $M = 4$，单向行程长度 $L = 0.8m$，每分钟往返次数为3，工作温度不超过120℃，工作速度为40m/min，工作时间要求10000h以上，滚道表面硬度取60HRC。

第三章 机电控制系统的传感与执行元件

机电一体化系统的传感系统和独特的执行系统区别于其他机械系统。传感系统能感知系统状态参量变化，使机械系统"长上了眼睛"，系统能根据外界变化适时调整其输出动作，而基于计算机控制的执行器，如电机等，更能根据控制者的要求随时调整其动作，大大增大了机电一体化系统的柔性。

由于机械专业学生一般都学过《测试技术》课程，本章只以较小篇幅进行介绍，将重点放在机电系统执行器的介绍上。

第一节 机电控制系统常用传感器及其特点

传感器是按一定规律以一定的精确度将被测量转换成与之对应的另一种信息的装置，由转换元件和相应的转换电路组成。传感器获取的信息，可以是各种物理量、化学量和生物量，而且转换后的信息也有不同形式。由于电信号最易于处理和便于传输，大多数的传感器都是将获取的信息转换为电信号。机电控制系统常用传感器主要有线位移传感器、角位移传感器、角速度传感器及接近与距离传感器。

一、线位移检测传感器

位移测量传感器是直线位移和角位移测量的总称，位移测量在机电一体化领域应用十分广泛。常用的直线位移传感器有：电感传感器、电容传感器、感应同步器、光栅传感器。常用的角位移传感器有：电容传感器、光电编码器。

（一）电阻式线位移传感器

电阻式线位移传感器主要是电位器式直线位移传感器，电位器式电阻线位移传感器实物及内部结构如图 3－1 所示。电位器式电阻线位移传感器基于电阻分压比原理，利用被

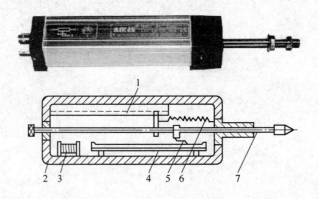

图 3－1 电位器式电阻线位移传感器实物及内部结构

1—导轨；2—壳体；3—精密电阻；4—滑动电阻；5—电刷；6—弹簧；7—测量轴

测部件的移动通过拉杆带动电刷移动，改变输出的电量实现测量。在电位器机械结构一定的情况下，通过测量电位器电阻实现电位器中间可动触头位置的测量。这种传感器应用广泛，在很多机电设备中都可以看到，其优点是：结构简单、性能稳定；缺点是分辨率不高，易磨损。

（二）电感式线位移传感器

电感式直线位移传感器包括差动电感式和差动变压器式。差动电感式线位移传感器利用磁芯在线圈筒中自由移动，切割磁力线产生电动势使电桥失去平衡，产生测量信号，其优点是具有动态范围宽和线性度好，缺点是有残余电压。差动变压器式线位移传感器将被测量转化为线圈的互感变化。这种传感器具有分辨率高、线性度好等优点，其缺点是残余电势较大。电感式直线位移传感器特别适合测量微小位移。

（三）电容式线位移传感器

电容器的电容决定于极板的工作面积、极板间介质的介电常数和极板间的距离，位移使电容器三个参数中的任意一个发生变化，均会引起电容量的变化。通过检测电路将电容量的变换转换为电压信号输出。电容式传感器具有结构简单、动态性能好、灵敏度和分辨率高的特点。电容式直线位移传感器可用于无接触检测，并可在恶劣环境下工作，特别适合测量微小位移。

（四）光栅式线位移传感器

光栅式直线位移传感器的特点是测量精度高、响应速度快和量程范围大等，易于实现数字化测量和自动控制，是数控机床和精密测量中应用较广的检测元件。

光栅是在基体上刻有均匀分布条纹的光学元件，分为物理光栅和计量光栅，物理光栅刻线细密，计量光栅刻线较粗，但栅间距也较小，线纹密度一般为每毫米100、50、25和10线，有些栅距达 1~2mm。

直线计量光栅也叫光栅尺，是一种新型的动态位移检测元件，有透射式和反射式两种，如图3-2所示。测量位移的光栅都是计量光栅。计量光栅由标尺光栅和指示光栅（光栅读数头）两部分组成，指示光栅比标尺光栅短得多，两者刻有同样栅距，使用时两光栅相互重叠，两者之间有微小的空隙，其中一片固定，另一片随着被测物体移动，光栅水平方向正反移动时，摩尔条纹上下移动，每移动一个栅距产生一个脉冲信号，把光栅莫

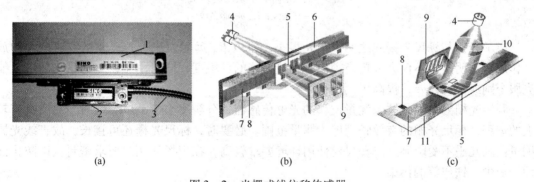

（a）   （b）   （c）

图3-2 光栅式线位移传感器

（a）直线光栅；（b）透射式光栅；（c）反射式光栅

1—尺身；2—扫描头；3—可移动电缆；4—红外光源（IRED）；5—栅格；

6—刻线玻璃；7—刻线轨迹；8—参考点标志；9—光敏二极管接收器；10—透镜；11—刻线钢带

尔条纹变为电信号。光栅尺利用光栅具有莫尔条纹的特性，通过测量条纹移动数目大小测量两个光栅的相对运动，可实现位移测量。

利用莫尔条纹测量微小位移原理如下：当指示光栅和标尺光栅的线纹相交一个微小的夹角时，由于挡光效应（当线纹密度不大于 50 条/mm 时）或光的衍射作用（当线纹密度不小于 100 条/mm 时），在与光栅线纹大致垂直的方向上（两线纹夹角的等分线上）产生亮、暗相间的条纹，当光栅读数头相对于标尺光栅移动时，指示光栅便在标尺光栅上相对移动。把两个相同的光栅互成一定角度叠加在一起，就会出现明暗相间的条纹，这些条纹称为莫尔条纹。

如图 3-3 所示，光栅移动一个栅距 W，莫尔条纹垂直于角平分线与光栅移动方向垂直移动一个间距 B_H，根据几何关系可以求得之间的关系见式（3-1）：

$$B_H = \frac{W}{2\sin\dfrac{\theta}{2}} \approx \frac{W}{\theta} \tag{3-1}$$

式中　B_H——莫尔条纹宽度；

　　　W——栅距；

　　　θ——两光栅之间的夹角。

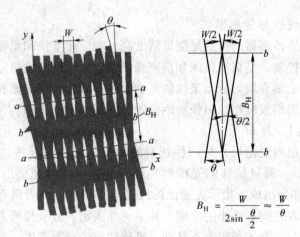

图 3-3　光栅莫尔条纹的形成
a-a—亮条纹；b-b—暗条纹

指示光栅与标尺光栅线之间夹角 θ 很小，所以 B_H 远远大于 W，莫尔条纹对栅距的放大作用非常明显，不仅大大提高了位移测量系统的灵敏度，同时由于误差的平均效应，能克服个别或局部误差，提高了测量精度。

利用光栅的莫尔条纹来测量位移的光电传感器，分辨率小于 1μm，同时，它又具有较大的量程，标尺光栅的有效长度即为测量范围。必要时，标尺光栅还可接长，故直线光栅测量范围几乎不受限制。光栅尺对使用环境要求较高，在现场使用时要求密封，以防止油污、灰尘、铁屑等的污染。

（五）激光式线位移传感器

激光位移测量系统也叫激光测距系统，能大范围远距离测距，可以测几千米至几十千米的距离。具体测量方法有三种：脉冲测距法、相位差测距法、激光三角法。

（1）脉冲测距法。激光短脉冲信号所测得的激光器至被测目标距离 d 见式（3-2）：

$$d = ct/2 \qquad (3-2)$$

式中　c——光速；

　　　t——发射和接收信号的时间间隔。

测量精度取决于时间间隔测量精度（脉冲窄、响应速度快）。在进行远距离测量时，采用固体/二氧化碳激光器；在进行近距离测量时，采用半导体激光器。若采用巨脉冲激光器还可以测量地球到月球的距离，此时其分辨力可达 1m。

（2）相位差测距法。被测对象对激光束调制后，激光束产生相位差，利用公式 $D = \dfrac{c\varphi}{2\omega_0} = \dfrac{c\varphi}{4\pi f_0}$ 可以测量距离，它具有测量精度高、分辨率高等特点。式中 c 为光速，φ 为两激光束之间的相位差，ω_0 和 f_0 分别为激光信号的角频率和频率。

（3）激光三角法。激光三角法利用三角形几何成像原理 $\Delta y = f(\Delta x)$ 工作。如图 3-4 所示，激光二极管把光投射在物体表面，被测物体的高度不同，反射到光感测器 CCD 的光斑位置也不同，利用 CCD 检测像点位置，就可以实现微距离的测量。

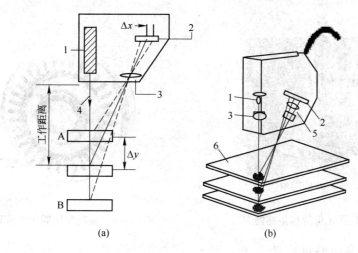

图 3-4　激光三角法测距

（a）工作原理；（b）测距模型

1—激光二极管；2—光感测器；3—聚光透镜；4—光轴；5—成像透镜；6—被测物体

这种测量方法具有如下特点：非接触、不易划伤表面、结构简单、测量距离大、抗干扰、测量点小（几十微米）、测量准确度高。激光三角法测量精度受光学元件本身的精度、环境温度、激光束的光强和直径大小以及被测物体的表面特征的影响。利用这种传感器可以检测金属或玻璃表面粗糙度。

激光式线位移传感器动态范围宽、精度高、可用于非接触检测。其缺点是装置复杂、使用调试不方便、价格高。

二、角位移检测传感器及转速传感器

角位移检测传感器包括电阻式角位移传感器、旋转变压器式角位移传感器、电容式角位移传感器、光电式角位移传感器、磁电式角位移传感器。转速传感器主要是磁电式转速传感器，如测速发电机。前述角位移传感器通过微分装置也可以转变为转速传感器，如光电式转速传感器、霍尔转速传感器。

（一）电位器式角位移传感器

电位器式角位移传感器工作原理和电位器式线位移传感器相似，不同之处是将电阻器做成圆弧形，电刷绕中心轴做旋转运动，这样电刷输出的电压就反映了电刷的转角。电位器式角位移传感器具有结构简单、动态范围大、输出信号强等特点；缺点是在圆弧形电阻器各段电阻率不一致情况下，会产生误差。电位器式角位移传感器实物图如图 3 - 5所示。

（二）旋转变压器式角位移传感器

旋转变压器实际上是初级和次级绕组之间的角度可以改变的变压器。常规变压器的两个绕组之间是固定的，其输入电压和输出电压之比保持常数。旋转变压器励磁绕组和输出绕组分别安装在定子和转子上，旋转变压器式角位移传感器实物图如图 3 - 6 所示。旋转变压器具有精度高、可靠性好等特点，广泛应用在各种机电一体化系统中。

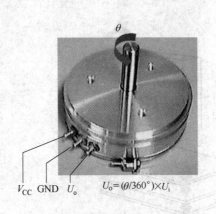

$U_\mathrm{o} = (\theta/360^\circ) \times U_\mathrm{i}$

图 3 - 5　电位器式角位移传感器　　　　图 3 - 6　旋转变压器角式位移传感器

（三）电容式角位移传感器

电容式角位移传感器的工作原理是当动极板产生角位移时，电容器的工作面积发生变化，电容量随之改变。测量电路检测这种电容量变化，即可确定角位移。

（四）磁电式角位移传感器及转速传感器

磁电式角位移传感器及转速传感器利用导磁材料制成的齿轮代替光栅传感器的光栅盘，利用磁芯绕组代替光电元件，由于齿轮的转动会影响磁路的磁阻，使磁通量发生变化，进而在绕组中会产生相应的感应脉冲电压。对脉冲电压整形后进行计数，也可以达到测量角位移及角速度的目的。

（五）光电式角位移传感器及转速传感器

测量角位移的光电式传感器也叫旋转编码器，又称码盘，它由发光二极管、光敏二极管和旋转码盘组成，在码盘上刻有栅缝。当旋转码盘转动时，光敏二极管断续地接受发光二极管发出的光，输出方波信号。光电码盘是一种数字编码器。通常使用时，将其安装在旋转轴上，按旋转角的大小直接编码，结构简单，可靠性高。

1. 位置式光电脉冲编码器位移测量系统

位置式（绝对式）光电码盘也称位置式光电脉冲编码器，它是一种直接编码、绝对测量的检测装置，测量时只需根据起始和终止位置就可确定转角。无论编码盘是否转动，都会输出光栅盘当前角度所对应的绝对位置的编码信号。它读取绝对编码盘的代码（图案）信号指示绝对位置，电源切除后，位置信息不丢失，也没有累积误差。位置式光电码盘结构及工作原理如图 3 - 7 所示。

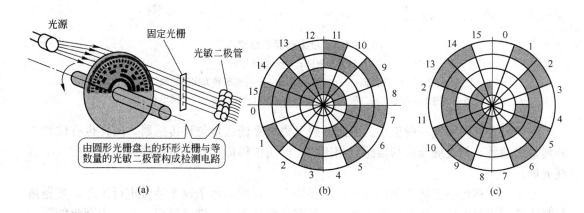

图 3 - 7　位置式光电码盘结构及工作原理
（a）结构及工作原理；（b）4 位二进制码编码器；（c）4 位格雷码编码器

位置式光电码盘有两种编码方式：二进制码和格雷码。二进制码是一种有权码，容易与计算机等数字系统接口，但存在粗大误差问题，必须采用双头读法或用循环码才能解决。循环码盘（格雷码）是一种无权码，在任何变化时只有一位发生变化，不会产生粗大误差，容易避免错码。但格雷码在确定起始和终止位置后，还必须进行循环码 - 二进制码转变才能确定转角。因此，它不适合于计算机和一般数字系统的需要，必须经逻辑电路变换成标准二进制码。

2. 增量式光电脉冲编码器位移测量系统

增量式光电码盘（相对式光电码盘）是一种旋转式脉冲发生器，能把机械转角变成电脉冲，结构上与绝对编码器类似，工作原理上与绝对式稍有不同，是一种在数控机床中使用最广泛的位置检测装置。增量式光电码盘输出信号经过变换电路也用于速度检测。

增量编码器的原理结构如图 3 - 8 所示，有 A 相、B 相、Z 相三条光栅，A 相称为增量码道，B 相称为辨向码道，Z 相位于最里面，也称为零位码道，表示原点信号。光敏元件所产生的信号 A、B 彼此相差 90°相位，用于辨向。光电脉冲编码器圆盘旋转的方向可以根据两个光电二极管的明暗变化的相位差确定。当码盘正转时，A 信号超前 B 信号 90°；当码盘反转时，B 信号超前 A 信号 90°。图 3 - 8 中栅板上有三孔，输出信号为一串脉冲，每一个脉冲对应一个分辨角 α，对脉冲进行计数 N，就是对 α 的累加，即角位移 $\theta = \alpha N$。如：$\alpha = 0.352°$，脉冲 $N = 1000$，则：$\theta = 0.352° \times 1000 = 352°$。光电码盘用频率 - 电压转换器将脉冲频率转换成直流电压，其型号由每转发出的脉冲数来区分。

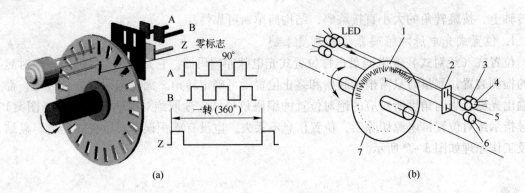

图 3 - 8　增量编码器的原理结构

（a）运动分解图；（b）原理结构图

1—动光栅；2—固定光栅；3—光敏二极管；4—检测旋转方向的光敏二极管；

5—检测光脉冲的光敏二极管；6—检测零点的光敏二极管；7—圆形光栅盘

　　光电码盘上的栅缝一般很小，因此一般又称为光栅式角位移传感器。同样也有位置式和增量式两种。与光栅线位移传感器相比，光栅角位移传感器只是用圆形光栅盘代替了直线光栅。

　　光栅角位移传感器将光栅印在圆盘的圆周上，利用莫尔条纹干涉带进行工作。光栅角位移传感器主要由标尺光栅、指示光栅、光路系统和光电元件等组成，在一个圆盘的圆周上刻有间隔相等的细密条纹（主光栅），与它平行的位置放置一固定的指示光栅，其中两个狭缝在同一圆周上相差 1/4 节距。发光和受光器件位于在光码盘两侧，此外还有信号处理电路。圆盘转动时，照到光电二极管上的光依次输出一系列的脉冲，通过对脉冲的计数可以得到圆盘旋转的角度，圆盘旋转的方向可以根据两个光电二极管的明暗变化的相位差确定。增量式光电码盘也可以采用带反射条的圆盘，此时发光和受光器件都可放在圆盘同一侧，其余一样。当转速很低时，光电旋转编码器输出信号为方波，当转速较高时，旋转编码器输出信号就逐渐变为正弦波，这一正弦波必须经过整形电路变成方波提供后续电路。图 3 - 9 所示为根据两个光电二极管的明暗变化的相位差确定光电脉冲编码器圆盘旋转方向的电路原理图及其波形，由图 3 - 9 可见，正转加计数，反转减计数，实际计数值就反映了光电盘角位移。光电盘脉冲辨向计数电路还有很多，基本原理都差不多，为了提

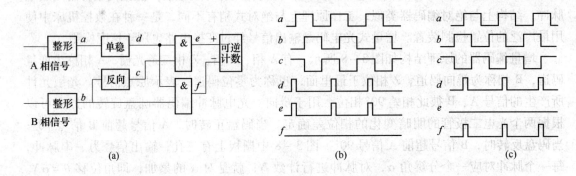

图 3 - 9　光电脉冲编码器辨向及计数

（a）电路结构框图；（b）正转时各测试点波形；（c）反转时各测试点波形

高其分辨率，通常采用细分技术，利用倍频电路实现电子细分。

光电增量编码器特点是结构简单、精度高、分辨率高、可靠性好、脉冲数字输出、测量范围无限，但速度不高（最高几千转/分），怕振动引起丢数。

三、接近传感器与超声波距离传感器

（一）接近传感器

接近传感器也称接近开关，在自动化生产线上应用很广，主要有电感式接近开关、电容式接近开关、光电式接近开关、霍尔式接近开关等几种。图 3－10 所示为电容式接近开关及接线举例，其他接近开关与此类似。

电容式接近传感器：电容式接近传感器是利用检测被检测对象与检测极板间电容的变化，来检测物体的接近程度。

电感式接近传感器：如果检测对象为钢、铁等磁性材料，可以利用其磁通特性检测物理的接近程度。电感式接近传感器和电容式接近传感器相比，电感式传感器的灵敏度会更高一些，检测电路也要简单一些，但被检测物体必须是导体。要检测地面、水面、塑料物体或生物体时，一般可使用电容式接近传感器。

光电式接近传感器：由一个发光二极管和一个光电三极管组成，当被检测物体表面接近交点时，发光二极管的发射光被光电三极管接受，产生电信号。当物体远离交点时，反射区不在光电三极管的视角内，检测电路没有输出。

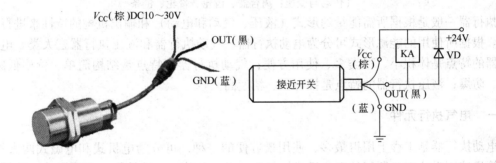

图 3－10　电容式接近开关及接线举例

（二）超声波距离传感器

超声波距离传感器：利用超声波进行距离检测的原理是向被检测物体发射超声波，并由被检测物体反射回来，通过检测从发射到接收到反射波所利用的时间来实现距离测量。

第二节　机电系统常用执行元件的类型及特点

执行器的作用是接收计算机发出的控制信号，并把它转换成调整机构的动作，使生产过程按照预先规定的要求正常进行。执行器是自动控制系统中一个重要的、必不可少的组成部分。有些生产现场，执行器直接安装在工艺设备上，直接与介质接触，通常在高压、高温、深冷、高黏度、强腐蚀、易结晶、闪蒸、汽蚀、易燃、易爆、剧毒等条件下工作，当执行器选择或运用不当时，往往给生产带来许多困难，甚至造成严重的生产事故。因

此，对于执行器的选用、安装和维修等各个环节，必须给予足够的重视。

执行器除了必须具备一般自动控制元件的性能外，还要具备以下几个技术特征：

（1）较好的线性关系。执行器的输出和输入之间应有较好的线性关系，或在某一范围内能进行线性化处理。

（2）时间常数小。执行器作为一个单独的控制环节来说，时间常数要小，响应要迅速、准确，尽量避免超前和滞后现象。

（3）抗干扰能力强。性能优良的执行器工作过程中不能出现误动作，工作性能不受一般的电磁干扰影响。

执行器由执行机构和调节机构组成。执行机构是执行器的推动装置，它根据输入控制信号的大小，产生相应的输出力和位移，推动调节机构动作。调节机构是执行器的调节部分，可直接改变能量或物料输送量的装置，通常指调节阀。在电动执行器中执行机构和调节机构基本是可分的两个部件，在气动执行器中两者不可分，是统一的整体。

$$
驱动和执行器
\begin{cases}
控制装置
\begin{cases}
电液元件 \\
电气元件
\end{cases} \\[2ex]
运动装置
\begin{cases}
直线运动
\begin{cases}
气缸、液压缸、直线电机 \\
丝杠
\end{cases} \\
旋转运动
\begin{cases}
气动与液压装置（液压马达）\\
电气装置（各种旋转电机）
\end{cases}
\end{cases} \\[2ex]
运动转换装置
\begin{cases}
运动特性：分度头、凸轮、连杆 \\
传动与变速：离合器、齿轮、带轮、链条
\end{cases}
\end{cases}
$$

执行器一般是根据所需能量的形式（液压、气动和电动）和输出机构的特性来进行分类的。根据所使用的能源形式可分为电动执行器、气动执行器和液压执行器三大类。电动执行器的特点是体积小、种类多、使用方便；气动执行器的特点是结构简单、价格低廉、防火、防爆；液压执行器的特点是推力大、精度高。

一、电气执行元件

电动执行器是工程上用得最多、使用最方便的一种，可分为电机式和电磁式两大类。在计算机控制系统中，所用的电动机或执行器有以下两种：一种是作为直接拖动一般机械和机床等动力源的通用电动机；另一种是作为控制电机的微型电动机——伺服电机，这类电动机一般体积都不太大，功率较小，并且具有高可靠性、高精度和快速响应的特点。对伺服电机除了要求运转平稳以外，一般还要求动态性能好，适合于频繁使用，便于维修等。

电气执行元件包括直流（DC）伺服电机、交流（AC）伺服电机、步进电机以及电磁铁等，是最常用的执行元件。

（一）直流电机

直流电机具有调速范围广，易于平滑调节，过载、启动、制动力矩大，易于控制，可靠性高，调速时能耗较小等特点。直流电机的明显缺点是造价很高，电刷和整流子的维护量大。

（二）交流异步电机

交流异步电机有鼠笼式和绕线式两种基本类型。具有结构简单、制造容易、价格低廉、坚固耐用和工作效率高等优点。其缺点主要表现在功率因数和调速性能方面。

交流异步电机启动时存在两个矛盾：

（1）电机的启动电流大，而供电网承受冲击电流的能力有限。

（2）电机的启动转矩小，而负载又要求有足够的转矩才能启动。

（三）步进电机

步进电机与其他电动机相比具有较高的控制精度和较小的惯性，接收数字控制信号，输入一个脉冲信号就可得到一个规定的位置增量，因而可实现高精度、快速增量位置控制系统。此类系统与传统的直流伺服系统相比，其成本明显降低，几乎不必进行系统调整。

（四）伺服电机

伺服电机又称执行电动机（servo motor），在自动控制系统中用作执行元件，把所收到的电信号转换成电动机轴上的角位移或角速度输出。伺服电动机转子转速受输入信号控制，并能快速反应，在自动控制系统中作执行元件，且具有机电时间常数小、线性度高的特点。伺服电动机分为直流和交流伺服电动机两大类，其主要特点是当信号电压为零时无自转现象，转速随着转矩的增加而匀速下降。

（五）电磁铁

电磁铁作为执行元件，由线圈、固定铁芯、可动铁芯等组成，可以驱动接触器、继电器及电磁阀，也可以独立使用，在自动控制系统中广泛应用。驱动接触器、继电器时，当线圈不通电时，在复位弹簧作用下，与可动铁芯机械连接的动触点复位，使常开触点断开，常闭触点闭合；当线圈通电时，在线圈电磁力作用下，与可动铁芯机械连接的动触点动作，使常开触点闭合，常闭触点断开。通过电路实现对机械系统的控制。驱动电磁阀时，当线圈不通电时，可动铁芯受弹簧作用与固定铁芯脱离，阀门关闭。当线圈通电时，可动铁芯受到磁力的吸引克服弹簧作用与固定铁芯吸合，阀门打开，这样就控制了液体或气体的流动，流体再推动油缸或气缸推动物体的机械运动。单独作电磁铁使用时，直接利用可动铁芯带动机械动作。

（六）电动执行装置特点

电动执行装置的优点：以电源为能源，在大多数情况下容易得到；容易控制；可靠性、稳定性和环境适应性好；与计算机等控制装置的接口简单。缺点：在多数情况下，为了实现一定的旋转运动或者直线运动，必须使用齿轮等运动传递和变换机构；容易受载荷的影响；获得大功率比较困难。

电动执行装置虽然有功率不能太大的缺点，但由于其良好的可控性、稳定性和对环境的适应性等优点，在许多领域都得到了广泛的应用。在有利于环境保护的电动汽车和混合能源汽车上也有希望得到应用，电动机的用途很广。

二、液压与气动执行元件

（一）液压式执行元件

液压式执行元件主要包括往复运动油缸、回转油缸、液压马达等，其中油缸最为常见。在同等输出功率的情况下，液压元件较其他执行器有质量轻、快速性好等特点。

液压执行装置优点：容易获得大功率；功率/质量比大，可以减小执行装置的体积；刚度高，能够实现高速、高精度的位置控制；通过流量控制可以实现无级变速。缺点：必须对油的温度和污染进行控制，稳定性较差；有因漏油而发生火灾的危险；液压油源和进油、回油管路等附属设备占空间较大。

液压执行装置的最大优点是输出功率大，在轧制、成型、建筑机械等重型机械上和汽车、飞机上都得到了应用。

（二）气压式执行元件

气压驱动采用压缩空气作为工作介质，虽可得到较大的驱动力、行程和速度，但由于空气黏性差，具有可压缩性，故不能在定位精度要求较高的场合使用。

气动执行装置优点：利用气缸可以实现高速直线运动；利用空气的可压缩性容易实现力控制和缓冲控制；无火灾危险和环境污染；系统结构简单，价格低。缺点：由于空气的可压缩性，高精度的位置控制和速度控制都比较困难；虽然撞停等简单动作速度较高，但在任意位置上停止的动作速度很慢；能量效率较低。

气动执行装置由于其质量轻、价格低、速度快等优点，适用于工件的夹紧、输送等生产线自动化方面，应用领域也很广。此外，在一些可以利用气体可压缩性的领域，也希望使用气动执行装置。

三、新型执行装置

利用新工作原理的新型执行装置有：压电执行装置、静电执行装置、形状记忆合金执行装置、FMA 执行装置、MH 执行装置、磁流体执行装置、橡胶人造筋。此外，最近正在试验研究 ER 流体和 EHD 流体等功能流体执行装置、ICPF 膜执行装置、光执行装置等。这些当中的大多数是像静电执行装置一样，有希望作为微型执行装置使用。

（1）压电执行装置。利用在压电陶瓷等材料上施加电压而产生变形的压电效应而工作。

（2）静电执行装置。采用硅的微细加工技术制造，利用静电引力原理而工作。

（3）形状记忆合金执行装置。利用镍钛合金等材料具有的形状随温度变化，温度恢复时形状也恢复的形状记忆性质而工作。

（4）FMA 执行装置。利用纤维强化橡胶在流体压力的作用下产生变形的原理而工作。

（5）MH 执行装置。利用贮氢合金在温度变化时吸收和放出气体的性质而工作。

四、执行装置的比较和选用

在开发和改进执行装置时要考虑的问题有：（1）功率/质量比；（2）体积和质量；（3）响应速度和操作力；（4）能源及自身检测功能；（5）成本及寿命；（6）能量的效率等。几种控制方式比较见表 3-1。

表 3 – 1 几种控制方式比较

比较项目	操作力	动作快慢	环境要求	构造	载荷变化影响	远距离操纵	无级调速	工作寿命	维护	价格
气压控制	中等	较快	适应性好	简单	较大	中距离	较好	长	一般	便宜
液压控制	最大（可达几十吨）	快	不怕振动	复杂	有一些	短距离	良好	一般	要求高	稍贵
电控制	电气	中等	较快	要求高	稍复杂	几乎没有	远距离	较短	要求稍高	稍贵
	电子	最小	最快	要求特高	最复杂	没有	远距离	短	要求更高	最贵
机械控制	较大	一般	一般	一般	没有	短距离	较困难	一般	简单	一般

选用执行器须考虑的因素如下：

（1）被测参数的量值范围。

（2）体积、质量、成本、精度、分辨率、响应速度等。

第三节 步进电机

步进电机是机电一体化产品中的关键部件之一，通常被用作定位控制和定速控制。步进电机每输入一个脉冲电机转轴步进一个步距角增量。电机（文中电机均指电动机）总的回转角与输入脉冲数成正比例，相应的转速取决于输入脉冲频率。步进电机具有惯量低、定位精度高、无累积误差、控制简单等特点，广泛应用于机电一体化产品中，如数控机床、包装机械、计算机外围设备、复印机、传真机等。

一、步进电机基础

（一）步进电机工作原理

步进电机是一种将电脉冲信号转换成相应的角位移或直线位移的数字/模拟装置，角位移与脉冲数成正比，转速与脉冲频率成正比，通过改变脉冲频率可调节电动机的转速。当输入一个电脉冲后，步进电机输出轴转动一个角度（步距角）。不断输入电脉冲信号，步进电机就一步一步地转动，步进电机转过的角度与输入脉冲个数成严格比例关系。

下面以三相反应式步进电机为例，详细说明步进电机的工作原理。三相反应式步进电机工作原理如图 3 – 11 所示。

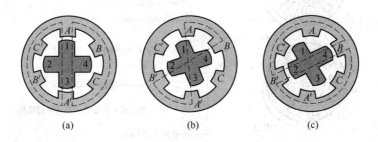

(a)   (b)   (c)

图 3 – 11 三相反应式步进电机的工作原理

当 A 相通电时，定子上绕组激发磁场，并与转子形成磁路。如果转子和定子之间的齿没有对齐，则由于磁力线力图走磁阻最小的路线，从而带动转子旋转。由图 3 – 11 可知，此时转子的 1—3 在磁力线作用下迅速与 A—A′ 重合而停止。当 A 相断电，B 相通电，则 2—4 迅速与 B—B′ 重合，转子顺时针转动一个角度（30°）；B 相断电，C 相通电，则 1—3 与 C—C′ 重合，转子顺时针转动一个角度（30°）；以此类推，转子不断转动。如果通电顺序改变，转子转向也随之改变。

在上述通电方案中，按照 A—B—C—A 方式进行，称之为单拍方式。单拍方式每次只有一组通电，在切换瞬间步进电机失去自锁功能，且在平衡位置易振荡。一般情况不采用此方案。

（二）步进电机分类

步进电机按照产生转矩的方式可分为永磁式（PM）、可变磁阻式（VR）和混合式（HB）三种。

永磁式步进电机（PM）转子用圆柱形永磁铁制作，定子上有通电绕组。定子绕组通电激磁后，与转子永磁铁产生的磁场，根据同性相斥、异性相吸的原理驱动转子转动。永磁式步进电机的转矩小，步距角为 7.5° ~ 90°，广泛用于计算机外围设备和仪器仪表行业。

可变磁阻式（也称反应式）步进电机的转子和定子由铁芯制作，定子上绕有通电线圈。定子通电激磁与转子铁芯之间的吸引力驱动转子转动。转子在定子磁场中始终转向磁阻最小的位置，产生中等转矩，步距角为 0.9° ~ 15°。反应式步进电机没有永久磁铁，因此在断电时没有保持力。但是，反应式步进电机的制造材料费用低、结构简单、步距角小，随着电机制造技术的进步，该机型成为国内最常用的步进电机。

混合式步进电机综合了永磁式步进电机和反应式步进电机的优点，永磁铁转子和定子上有轴向齿槽，转矩产生原理同 PM。混合式步进电机产生的转矩大，断电时具有保持力，步距角为 0.9° ~ 15°。混合式步进电机也是最常用的步进电机，应用广泛。

步进电机的构造和型号如图 3 – 12 所示。

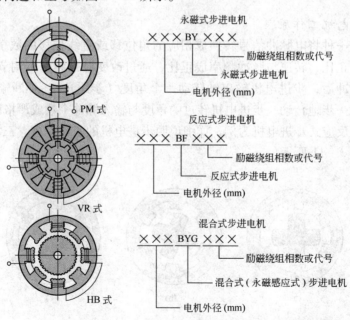

图 3 – 12　步进电机的构造和型号

（三）步进电机的特点

步进电机的特点如下：

（1）步进电机是用脉冲供电，且按一定工作方式轮流作用于各相励磁线圈上。输出角与输入脉冲严格成比例，且在时间上同步。步进电机的步距角不受各种因素干扰，如电压的大小、电流的数值、波形等的影响，速度控制是靠改变控制脉冲的频率实现的。转子的速度主要取决于脉冲信号的频率，总的位移量则取决于总脉冲数。

（2）转子惯量小，启、停时间短。在通电脉冲内使励磁线圈的电流能快速建立，而在断电时电流能快速消失。

（3）输出转角的精度高，无积累误差。步进电机实际步距角与理论步距角总有一定的误差，且误差可以累加，但是当步进电机转过一周后，总的误差又回到零。

（4）与计算机接口连接容易，维修方便，寿命长。步进电机本身就是一个数/模转换器，能够直接接受计算机输出的数字量。

（5）步进电机正反转是靠给各相励磁线圈通电顺序的变化来实现的，可正、反转和启动、停止。

（6）能量效率低，存在失步现象。

由于步进电机具有很多的优点，因而广泛用于机械、冶金、轻工、计算机外围设备、仪器仪表、军工产品等领域。在机械制造业中，步进电机是经济型数控机床的核心。

二、步进电机的性能指标

（一）步距角 α

步距角是步进电机在没有减速齿轮的情况下，在一个脉冲信号作用下转子所转过的机械角度。也就是定子控制绕组每改变一次通电方式，转子转过的机械角度。

同一台步进电动机，如果通电方式不同，运行时步距角也不同。步进电动机步距角 α 与定子绕组的相数 m、转子的齿数 z_R、通电方式 K 有关，步距角计算公式见式（3-3）：

$$\alpha = \frac{\varphi}{mK} = \frac{360°}{mz_R K} \tag{3-3}$$

式中　φ——齿距角，$\varphi = 360°/z_R$；

$\quad\quad K$——通电方式；

$\quad\quad m$——定子绕组的相数；

$\quad\quad z_R$——转子的齿数。

当通电方式为单拍或双拍（邻两次通电相数相同）时，$K=1$；当通电方式为单—双拍（相邻两次通电相数不同）时 $K=2$。

步进电机的转子齿数 z_R 和定子相数 m（或运行拍数）越多，步距角越小，控制越精确。对于单定子、径向分相、反应式步进电动机，通电方式为三相三拍时步距角为 $\alpha = 360°/3 \times 4 \times 1 = 30°$，通电方式为三相六拍时步距角为 $\alpha = 360°/3 \times 4 \times 2 = 15°$。

目前，市场上步进电机的步距角一般有 0.36°/0.72°（五相电机）、0.9°/1.8°（两相、四相电机）、1.5°/3°（三相电机）等。两相电机成本低，但在低速时的振动较大，高速时的力矩下降快。五相电机则振动较小，高速性能好，比两相电机的速度高30%～50%，可在部分场合取代伺服电机。对于步距角为 1.8°的步进电机（小电机），转一圈所用的脉冲数为 200（$n = 360/1.8 = 200$）个脉冲。

步距误差是指步进电机运行时，转子每一步实际转过的角度与理论步距角的差值。连续走若干步时，上述步距误差的累积值称为步距的累积误差。由于步进电机转过一转后，将重复上一转的稳定位置，即步进电机的步距累积误差将以一转为周期重复出现。

（二）最大静转矩 M_j 和失调角 θ

在空载状态下，给步进电机通电，则转子齿的中心线和定子齿的中心线重合，使磁路中的磁阻最小，转子上没有转矩输出，转子处在静止状态。当电机轴上外加一个负载转矩 M_z 后，转子会偏离平衡位置向负载转矩方向转过一个角度 θ，转子相对于定子按一定方向转动一个角度 θ，产生一个抗衡负载的电磁力矩，该角度 θ 称之为失调角。这时静态转矩等于负载转矩。

静态转矩与失调角 θ 的关系称为矩角特性，如图 3 – 13 所示，矩角特性近似为正弦曲线。该矩角特性曲线上的静态转矩最大值称为最大静转矩。步进电动机所能带的静转矩是受到限制的，最大静转矩表示步进电机承受载荷的能力。

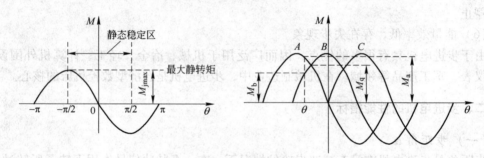

图 3 – 13　静态矩角特性

在静态稳定区内，当外加负载转矩除去时，转子在电磁转矩作用下，仍能回到稳定平衡点位置（$\theta = 0$）。当转子带有负载力矩通电时，转子就不再能和定子上的某极对齐，而是相差一定的角度，该角度所形成的电磁转矩正好和负载力矩相平衡。失调角 θ 和电磁转矩 M_j（静态转矩）之间满足：$M_j = M_{jmax} \sin\theta$。静态转矩越大，自锁力越大，静态误差越小。当失调角 θ 在 $-\pi \sim \pi$ 之间，如果去掉外载，则转子仍然能够回到初始稳定平衡位置。因此，称 $-\pi < \theta < \pi$ 的区域为步进电机的静态稳定区。

一般根据 $M_L \leq （30\% \sim 50\%）M_{jmax}$ 选择 M_{jmax}。其中，M_L 为把负载折合到步进电机轴的负载力矩，若相数、拍数较多，可选 0.5，否则选 0.3，考虑控制回路的复杂和经济程度，一般取相数较少的。

图 3 – 13 右图所示为三相单三拍矩角特性曲线，图 3 – 13 中的 A、B 分别是相邻 A 相和 B 相的静态矩角特性曲线，它们的交点所对应的转矩是步进电机的最大启动转矩 M_q。如果外加负载转矩大于 M_q，电机就不能启动。当 A 相通电时，若外加负载转矩 $M_a > M_q$，对应的失调角为 θ_a；当励磁电流由 A 相切换到 B 相时，对应角 θ_b，B 相的静态转矩为 M_b。从图 3 – 13 中看出 $M_b < M_q$，电机不能带动负载做步进运动，因而启动转矩是电机能带动负载转动的极限转矩。在图 3 – 13 所示的矩角特性曲线族中，曲线 A 和曲线 B 的交点所对应的力矩称之为步进运行状态的最大启动转矩。采用不同的运行方式和增加步进电机相数可以提高最大启动转矩。分析可知，最大负载力矩不能超过 M_q，否则电机不能启动。不

同相数的电机，启动转矩不同。通过计算，可以得到启动转矩和最大静转矩的数据，见表 3-2。

表 3-2　步进电机的启动转矩 M_q 与最大静转矩 M_{jmax} 比值

运行方式	相数	3		4		5		6	
	拍数	3	6	4	8	5	10	6	12
M_q/M_{jmax}		0.5	0.866	0.707	0.707	0.809	0.951	0.866	0.866

（三）启动频率与连续运行频率

步进电机从静止状态突然启动，并进入不失步正常运行的最高脉冲频率，称为启动频率，也称突跳频率。它反映了电机跟踪的快速性，是步进电动机的一项重要性能指标。若加给步进电机的控制脉冲频率大于启动频率，则电机会出现失步或堵转，不能正常工作。

电机启动频率与转子和负载的惯性有关。步进电机在带负载（尤其是惯性负载）下的启动频率比空载要低。而且，随着负载加大（在允许范围内），启动频率会进一步降低，惯性越大，则启动频率小。目前，步进电机的启动频率为 1000~3000Hz。

步进电机启动后，维持步进电机不失步连续工作的最高频率称为运行频率，也称连续运行频率。连续运行频率远远大于启动频率，并随着电机所带负载的性质和大小不同而不同，随着负载的增加而下降，同时它与驱动电源也有很大关系。

因此，步进电机在以较低的启动频率启动后，应采用升速控制策略达到运行频率。同样，采用降速策略从运行频率降到启动频率以下，再停止控制脉冲。

（四）动态转矩与矩频特性

在不同频率下步进电机连续稳定运行时步进电机产生的转矩，称为动态转矩。当步进电机正常运行时，随着输入脉冲频率逐渐增加，步进电机所能带动负载转矩将逐渐下降。在使用时，一定要考虑动态转矩随连续运行频率上升而下降的特点。

矩频特性描述了步进电机连续稳定运行时输出转矩与连续运行频率之间的关系（见图 3-14）。当步进电机正常运行时，随着输入脉冲频率逐渐增加，步进电机所能带动的负载转矩将逐渐下降。当步进电机转动时，电机各相绕组的电感将形成一个反向电动势；频率越高，反向电动势越大。在它的作用下，电机随频率（或速度）的增大而相电流减小，从而导致力矩下降。输入脉冲增加，电机的转矩减小。在使用时，一定要考虑动态转矩随连续运行频率的上升而下降的特点。

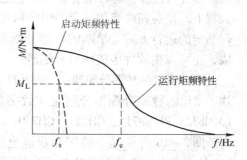

图 3-14　步进电机的矩频特性

电机的矩频特性能满足机械负载并有一定的余量，从而保证其运行可靠。根据步进电机最大静转矩和启动、运行矩频特性，$T_L/T_{max} \leqslant 0.5$，$J_L/J_m \leqslant 4$。在实际工作过程中，各种频率下的负载力矩必须在矩频特性曲线的范围内。一般地说，最大静力矩 M_{jmax} 大的电机，负载力矩大。静力矩一样的电机，由于电流参数不同，其运行特性差别很大，可依据矩频特性曲线图，判断电机的电流（参考驱动电源及驱动电压）。

三、步进电机驱动电源

步进电机不同于通用的直流、交流电机，它必须与驱动器、控制器和直流电源组成系统才能工作。其性能在很大程度上取决于矩频特性，而矩频特性又和驱动器的性能好坏密切相关。步进电机的驱动器包括脉冲分配器和功率放大器两个主要部分，它们统称为驱动电源，完成由弱电到强电的转换和放大，也就是将逻辑电平信号变换成电机绕组所需的具有一定功率的电流脉冲信号。

驱动控制电路由环形分配器和功率放大器组成。环形分配器是用于控制步进电机的通电方式的，其作用是将数控装置送来的一系列指令脉冲按照一定的顺序和分配方式加到功率放大器上，控制各相绕组的通电、断电。环形分配器功能可由硬件或软件产生，硬件环形分配器是根据步进电机的相数和控制方式设计的。步进电机的驱动如图 3 – 15 所示。

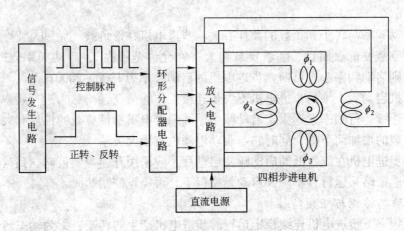

图 3 – 15　步进电机的驱动

（一）脉冲分配器

脉冲分配器又称环形分配器，它是根据指令把脉冲信号按一定的逻辑关系加到功率放大器上，使各相绕组按一定的顺序和时间导通和切断，并根据指令使电机正转、反转，实现确定的运行方式。早期的环形分配器采用分立元件搭建，现在一般采用集成电路块构成，还可以用软件生成环形分配器。

硬件实现的环形分配器：国内外针对不同相数的电机专门开发了环形分配器的集成电路块。常用的脉冲分配器分别是（数字代表相数）PM03、PM04、PM05、PM06、PMM8713/PMM8723/PMM8714、CH224、CH250 等。包含脉冲分配器和功率驱动器的有 L297 和 L6506 等。图 3 – 16 所示是一种四相步进电机驱动实用电路，其中，集成电路 NE555、74ls86、74ls76 及其相关电路共同组成了硬件环形分配器。功率驱动则是由 TIP120 担当。

软件实现环形分配器：随着微机运行速度的提高，利用软件实现环形分配器的功能成为现实。所谓软件环形分配就是利用软件实现硬件脉冲分配器的功能。将控制字（步进电机各相通断电顺序）从内存中读出，然后送到并行口中输出。以三相步进电机为例（三相六拍），正转时的通电顺序为 A—AB—B—BC—C—CA—A，反转时通断电顺序为 A—AC—C—CB—B—BA—A。如果用一个字节的低三位分别对应步进电机的 A、B、C 三相，则形成脉冲控制字。通常用单片机组成的环形分配器就是软件实现的环形分配器。

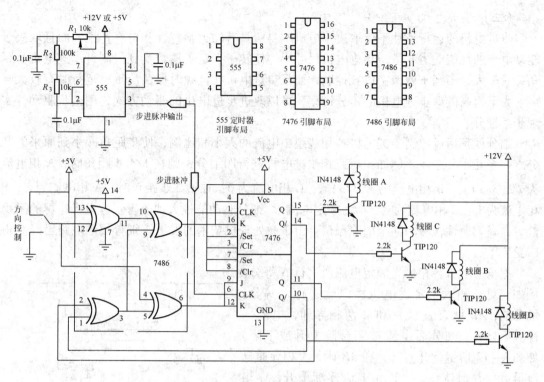

图 3-16 一种四相步进电机驱动实用电路

对于有 A、B、C、D 四相的四相步进电机，如果它们分别由 51 单片机的控制脉冲从 P1 口的 P1.4 ~ P1.7 输出，经驱动电路后控制步进电机转动。那么，在所编制的程序中，如果要实现四相步进电机正转，按照 P1.4→P1.5→P1.6→P1.7→P1.4 的顺序（也就是 A—B—C—D—A 顺序）依次单独输出正脉冲即可正转工作；如果要实现反转则按照 P1.7—P1.6—P1.5—P1.4—P1.7 的顺序（也就是 D—C—B—A—D 顺序）依次单独输出正脉冲即可反转工作。这种方式称为单拍工作方式（四相四拍）。在每个脉冲之间插入延时环节，控制延时的长短即可控制电机正转或反转的速度，延时越长，速度越小。

如果按照（P1.4&P1.5）—（P1.5&P1.6）—（P1.6&P1.7）—（P1.7&P1.4）—（P1.4&P1.5）的顺序（也就是 A&B—B&C—C&D—D&A—A&B 顺序）依次使两相同时通电也可以实现电机正转，我们称这种方式为双拍工作方式（四相四拍）。

如果按照 P1.4—（P1.4&P1.5）—P1.5—（P1.5&P1.6）—P1.6—（P1.6&P1.7）—P1.7—（P1.7&P1.4）—P1.4 的顺序（也就是 A—A&B—B—B&C—C—C&D—D—D&A—A 顺序）依次单独或两相同时输出正脉冲也可以实现电机正转，我们称这种方式为单双拍工作方式（四相八拍）。这就是软件实现环形分配器的工作原理。

（二）功率放大电路

从环形分配器输出脉冲信号是很弱的，必须经过功率放大电路将脉冲信号放大后才能驱动步进电机运行。功率放大器的输出直接驱动电动机绕组，其性能对步进电动机的运行性能影响很大，核心是如何提高步进电机的快速性和平稳性。

功率放大电路可分为电压驱动和电流驱动两种方式。电压驱动方式又包括单电压驱动和双电压驱动。电流驱动最常见的是斩波限流驱动。

（三）步进电机步距细分

步进电机的运行特性不仅取决于电机本身所具有的力学特性和电气特性，而且取决于驱动电源的性能优劣。微型步进电机尺寸小，使转子、定子槽数受到限制，步进电机步距角一般较大，不利于做精密位置控制，而且步进电机在低频时振荡严重，运行时有较大噪声。为了提高微型步进电机的角分辨率，可以改进步进电机的驱动方式，用微步驱动，实现步距细分。

细分就是通过控制步进电机各相绕组中电流的大小和比例，使步距角减小到原来的几分之一至几十分之一。例如：对三相步进电机进行四细分，则在 1/4 步距角时，A 相电流为 $(2\sqrt{3}/3)\,i_e$，B 相电流为 $(\sqrt{3}/3)\,i_e$，C 相电流为 0；在 1/2 步距角时，A 相电流为 i_e，B 相电流为 i_e，C 相电流为 0（i_e 为额定电流）。细分驱动能极大地改善步进电机运行的平稳性，提高匀速性，减弱甚至消除振荡。由于微处理机技术的发展，细分驱动电路已经获得广泛应用。

把步进电机各相最大额定电流值进行 N 等分。例如，对三相六拍步进电机相电流进行六等分。细分前，AB 状态表示 A 和 B 两相导通，电流一样。细分后，细分后电流按照台阶上升或下降。如图 3-17 所示，开始时，在 AB 段，A 相导通电流最大，并保持恒定，B 相电流逐渐上升，C 相电流保持为零。当 B 相电流达到最大值后（B 段），A 相电流开始下降，B 相电流保持最大值，C 相电流继续保持为零。当 A 相电流下降到零（BC 段），C 相电流逐渐上升，B 相电流继续保持最大值，如此变化。因此，电流每改变一次，转子能实现原来步距角 1/6 的角位移。通过控制各

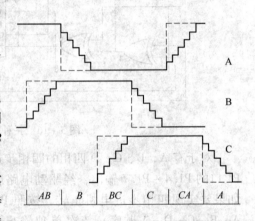

图 3-17　步进电机的斩波限流驱动电路

相绕组的电流分配，使其按一定的规律阶梯上升或下降，从而获得从零到最大相电流之间的多个稳定的中间电流状态，转子沿着这些中间状态以微步距转动。

步进电机的细分控制/微步驱动具有以下优点：

（1）N 步细分后，可使步距角减小 N 倍。

（2）改善步进电机低速运行脉冲现象。

（3）大大减少步进电机低频共振现象。

（4）降低步进电机运行噪声。

（四）步进电机驱动器

步进电机不能直接接到工频交流或直流电源上工作，必须使用专用的驱动器。步进电机驱动器是一种将电脉冲转化为角位移的执行机构，驱动单元必须与驱动器直接耦合（防电磁干扰），也可理解成微机控制器的功率接口。

图 3-18 所示为两相步进电机驱动器接线方式及实物图，使用时，只需要给它提供脉冲、方向和脱机控制信号，另外，还需要给它供电。步进电机驱动器的输出端直接连接步进电机。如果是三相或五相步进电机的驱动，则需要各自专有的驱动器，上位控制器可以通用。当步进驱动器接收到一个脉冲信号，它就驱动步进电机按设定的方向转动一个固定

的角度（称为步距角），它的旋转是以固定的角度一步一步地运行。因此，步进电机可以通过控制脉冲个数来控制角位移量，达到准确定位的目的，也可以通过控制脉冲频率来控制电机转动的速度和加速度，达到调速的目的。步进电机驱动器内部实际包括前面所述的脉冲分配器、功率放大器和步距角细分电路。步进电机驱动器市场供应充足，应用时如果不是超小型步进电机驱动，不建议自己制作步进电机驱动器。步进电动机驱动系统的性能，不但取决于步进电动机自身的性能，也取决于步进电动机驱动器的优劣。

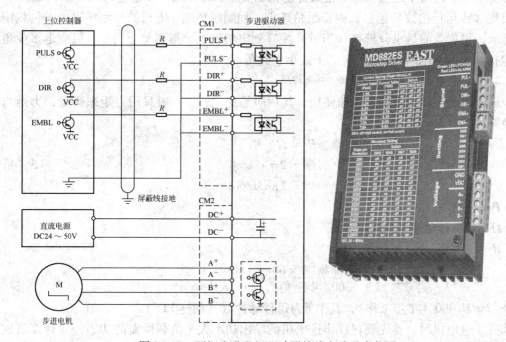

图 3 − 18　两相步进电机驱动器接线方式及实物图

四、步进电机的计算与选型

步进电机有三种类型可供选择：

（1）反应式步进电机：步距角小，运行频率高，价格较低，但功耗较大。

（2）永磁式步进电机：功耗较小，断电后仍有制动力矩。但步距角较大，启动和运行频率较低。

（3）混合式步进电机：具备上述两种电动机的优点，但价格较高。

各种步进电机的产品样本中都给出了步进电动机的通电方式及步距角等主要技术参数，以供选用。

步进电机主要参数有步距角、静转矩及电流，这些参数一旦确定，便可确定步进电机的型号。一般情况下，对步进电动机的选型考虑三方面的问题：

（1）步距角要满足传动系统脉冲当量的要求。

（2）最大静扭矩要满足进给传动系统的空载快速启动力矩要求。

（3）启动矩频特性和工作矩频特性必须满足进给传动系统对启动扭矩与启动频率、工作运行扭矩与运行频率的要求。

　　步进电机输出转角与输入脉冲个数严格成正比关系，能方便地实现正、反转控制及调速和定位。因此，步进电机大多数用于开环控制系统，如简易数控机床、线切割机等。

　　步进电机转轴所承受的负载转矩在不同工况下是不同的。通常考虑两种情况：一种情况是快速空载启动（工作负载为零），另一种情况是承受最大工作负载。

　　（一）步进电机的相数选择

　　步进电机的相数不同，其步距角也不一样。选定步进电机的相数也就是大致选定步进电机的步距角。初选步进电机主要是选择电机的类型和步距角。步进电机的转子齿数 Z 和定子相数（或运行拍数）越多，则步距角越小，控制越精确。电机的步距角取决于负载精度的要求，将负载的最小分辨率（当量）换算到电机轴上，得到每个当量电机应走多少角度（包括减速）。电机的步距角应等于或小于此角度。

　　（二）步进电机的静转矩及电流选择

　　步进电机能在较大范围内调速使用，其功率是变化的，一般只用力矩来衡量，力矩与功率换算见式（3-4）：

$$P = \Omega \cdot M$$
$$\Omega = 2\pi \cdot n/60 \tag{3-4}$$
$$P = 2\pi n M/60$$

式中　P——功率，W；

　　　　Ω——每秒角速度，rad；

　　　　M——力矩，N·m；

　　　　n——每分钟转速，$n = \dfrac{\text{脉冲频率} \times 60}{360/\text{步距角}} = \dfrac{60f}{mz_R K}$。

$P = 2\pi f M/400$（半步工作），其中 f 为每秒脉冲数（简称 PPS）。

　　选择步进电机时，首先要保证步进电机的输出功率大于负载所需的功率，要计算机械系统的负载转矩，根据机械结构草图计算机械传动装置及负载折算到电动机轴上的等效负载转动惯量。计算各种工况下所需的等效力矩。电机的矩频特性能满足机械负载并有一定的余量保证其运行可靠。根据步进电机最大静转矩和启动、运行矩频特性。$T_L/T_{max} \leqslant 0.5$，$J_L/J_m \leqslant 4$。

　　选择功率步进电机时，应当估算机械负载的负载惯量和机床要求的启动频率，使之与步进电机的惯性频率特性相匹配并还有一定的余量，使之最高速连续工作频率能满足机床快速移动的需要。

　　在实际工作过程中，各种频率下的负载力矩必须在矩频特性曲线的范围内。一般地说，最大静力矩 M_{jmax} 大的电机，负载力矩大。静力矩一样的电机，由于电流参数不同，其运行特性差别很大，可依据矩频特性曲线图，判断电机的电流（参考驱动电源及驱动电压）。

　　（三）步进电机的驱动系统设计计算方法

　　对于步进电机的计算与选型，通常按照以下几个步骤进行：

　　（1）根据机械系统结构，求得加在步进电机转轴上的总转动惯量 J_{eq}。

　　（2）计算不同工况下加在步进电机转轴上的等效负载转矩 T_{eq}。

　　（3）取其中最大的等效负载转矩作为确定步进电机最大静转矩的依据。

（4）根据运行矩频特性、启动惯频特性等，对初选的步进电机进行校核。

一般按照下述步骤来选取步进电机：

（1）确定脉冲当量。

（2）计算减速器的传动比。

（3）计算电机负载转矩，确定最大静扭矩。

（4）确定电机最大启动频率。

（5）确定电机最大运行频率。

其中，脉冲当量、减速器的传动比和负载转矩的计算具体如下：

（1）确定脉冲当量。

脉冲当量对应于系统输入一个脉冲，输出端产生的转角或直线位移称为脉冲当量。脉冲当量大小与系统的结构有关。

选择步进电机时，确定脉冲当量就是使步距角和机械系统匹配。初选步进电机脉冲当量应该根据进给传动系统的精度要求来确定。

对于开环控制的伺服系统来说，一般取为 0.005 ~ 0.01mm。如果取得太大，无法满足系统精度要求；如果取得太小，或者机械系统难以实现，或者对系统的精度和动态特性提出过高要求，使经济性降低。

（2）计算减速器的传动比。

减速器的传动比可以按式（3 - 5）计算：

$$i = \frac{\alpha \cdot p}{360 \cdot \delta} \qquad (3 - 5)$$

式中　α——步距角；

　　　p——丝杆螺距；

　　　δ——脉冲当量。

在步进电机的步距角、滚珠丝杠的基本导程和脉冲当量确定后，传动比 i 通常不等于 1。这表明在采用步进电机作为驱动装置的进给传动系统中，电机轴与滚珠丝杠轴不能直接连接，必须有一个减速装置过渡。当传动比 i 不大时，可以采用同步带或一级齿轮传动；当传动比 i 较大时，可以采用多级齿轮副传动。

在机械传动过程中，为了使得有更小的脉冲当量，一是可以改变丝杆的导程，二是可以通过步进电机的细分驱动来完成。但细分只能改变其分辨率，不改变其精度。精度是由电机的固有特性所决定。

（3）步进电机的负载转矩的计算。

步进电机的动态力矩一下子很难确定，我们往往先确定电机的静力矩。静力矩选择的依据是电机工作的负载，而负载可分为惯性负载和摩擦负载两种。单一的惯性负载和单一的摩擦负载是不存在的。直接启动时（一般由低速）两种负载均要考虑，加速启动时主要考虑惯性负载，恒速运行只要考虑摩擦负载。一般情况下，静力矩应为摩擦负载的 2 ~ 3 倍为好，静力矩一旦选定，电机的机座及长度便能确定下来（几何尺寸）。

1）步进电机转子承受的总负载转矩见式（3 - 6）：

$$T = T_{\mathrm{j}} + T_{\mathrm{w}} + T_{\mu} + T_0 \qquad (3 - 6)$$

式中　T_{j}——加速度转矩；

T_w——负载转矩；

T_μ——工作台当量摩擦转矩；

T_0——丝杠预紧后的附加转矩。

其中：

加速度转矩 T_j 见式（3-7）：

$$T_j = J\varepsilon = (J_e + J_m)\varepsilon = (J_e + J_m)\frac{2\pi n_m}{60 t_a} \tag{3-7}$$

式中　J——转子总惯量；

ε——步进电机角加速度；

n_m——电动机转速，r/min；

t_a——电机加速所用时间，s，取值 $0.3 \sim 1s$。

负载转矩 T_w 见式（3-8）：

$$T_w = \frac{p}{2\pi\eta i}F_w \tag{3-8}$$

式中　F_w——轴向负载最大值；

η——传动链的总传动效率，一般取值 $0.7 \sim 0.85$。

工作台当量摩擦转矩 T_μ 见式（3-9）：

$$T_\mu = \frac{p}{2\pi\eta i}mg\mu \tag{3-9}$$

式中　m——工作台质量；

μ——摩擦系数，滑动导轨取值 $0.15 \sim 0.18$，滚动导轨取值 $0.03 \sim 0.05$。

丝杠预紧后的附加转矩 T_0 见式（3-10）：

$$T_0 = \frac{p}{2\pi\eta i}F_0(1 - \eta_0^2) \tag{3-10}$$

式中　F_0——预紧力，一般取值为丝杠工作载荷的 $1/3$；

η_0——丝杠预紧前的传动效率，可取 0.9。

步进电机转子承受的总负载转矩见式（3-11）：

$$T = T_j + T_w + T_\mu + T_0 = (J_e + J_m)\varepsilon + \frac{p}{2\pi\eta i}F_w + \frac{p}{2\pi\eta i}mg\mu + \frac{p}{2\pi\eta i}F_0(1 - \eta_0^2) \tag{3-11}$$

2）步进电机转子启动时承受的总负载转矩：

空载启动：$T_{kq} = T_j + T_\mu + T_0$

负载启动：$T_{fq} = T_j + T_w + T_\mu + T_0$

3）连续运行时的总负载转矩：

$$T_g = T_w + T_\mu + T_0$$

4）电机最大静转矩：

$$T_S = \max\{T_{kq}, T_g\}$$

或

最大静转矩：

$$T_S = \max\{T_{S_2}, T_{S_2}\}$$

以连续运行时的总负载转矩为依据：$T_{S_1} = T_g / (0.3 \sim 0.5)$。

以启动时的总负载转矩为依据：$T_{S_2} = T_q / C$。

最大静转矩确定根据电机实际启动情况（空载或有载），计算出启动时的负载转矩 T_q，然后按表 3 – 3 选取启动时所需步进电机的最大静转矩 T_{st}。

表 3 – 3　T_q 与 T_{st} 之间的比例关系

电机相数	3		4		5		6	
运行拍数	3	6	4	8	5	10	6	12
T_q / T_{st}	0.5	0.866	0.707	0.707	0.809	0.951	0.866	0.866

对于步进电机而言，为了获得良好的启动能力和较快的响应速度，转矩匹配条件见式（3 – 12）：

$$\frac{T_{eL}}{T_{max}} \leqslant 0.5 \tag{3 – 12}$$

式中　T_{max}——步进电机的最大静转矩，N·m；

T_{eL}——负载等效力矩，N·m。

（四）步进电机的性能校核

1. 步进电机的性能校核——转动惯量匹配

由于工作条件（如工作台位置）的变化而引起的负载质量、刚度、阻尼等的变化，将导致系统动态特性也随之产生较大变化，使伺服系统综合性能变差，或给控制系统设计造成困难。电机轴上的总当量负载转动惯量与电动机轴自身转动惯量的比值应控制在一定范围内，既不应太大，也不应太小。如果太大，则伺服系统的动态特性主要取决于负载特性，如果该比值太小，说明电机选择或传动系统设计不太合理，经济性较差。为使系统惯量达到较合理的匹配，由于步进电机惯量较小，一般应将该比值控制在式（3 – 13）所规定的范围内。

$$\frac{J_{eL}}{J_m} \leqslant 4 \tag{3 – 13}$$

式中　J_m——步进电机自身的转动惯量，kg·m²；

J_{eL}——负载转动惯量，kg·m²。

为保证加减速时间不失去快速性，转动惯量匹配原则中规定 $J_{eL} / J_m \leqslant 4$。

如果验算发现不满足上式要求，应返回修改原设计，通过减速器传动比 i 和丝杠导程 p 的适当搭配，往往可使惯量匹配趋于合理。

电机轴上的总等效转动惯量与电机轴自身的转动惯量应控制在：

$$\frac{1}{4} \leqslant \frac{J_d}{J_m} \leqslant 1 \Rightarrow 大惯量电机(J_m = 0.1 \sim 0.6 kg \cdot m^2)$$

$$1 \leqslant \frac{J_d}{J_m} \leqslant 3 \Rightarrow 小惯量电机(J_m = 0.00005 kg \cdot m^2)$$

J_d / J_m 比值太大，系统动特性受负载变化干扰；J_d / J_m 比值太小，不经济，大马拉小车。

2. 步进电机性能校核——速度匹配

步进电机在运行时的输出转矩随运行频率增加而下降，因而应根据所计算出的负载转矩 T_L，按电机运行矩频特性曲线来确定最大运行频率，并要求实际使用的运行频率低于这一允许的最大运行频率。

（1）最快空载移动时电机运行频率校核。

由最快空载移动速度 v_{max}（mm/min）和系统脉冲当量 δ（mm/脉冲），算出电机对应的运行频率 f_{max}。

先求运行频率 $f_{maxf} = \dfrac{v_{max}}{60\delta}$，必须使：$f_{maxf} \leqslant$ 所选电机运行频率 f_{max}。

（2）启动频率的校核。

步进电机的启动频率是随其轴上负载转动惯量的增加而下降的（见图 3 - 14），所以需要根据初选出的步进电机的启动惯频特性曲线，找出电机转轴上总转动惯量 J_{eq} 所对应的启动频率 f_L。

根据初选电机启动惯频特性曲线找出负载转矩为实际当量转矩 J_{eq} 时，所对应的启动频率 f_L 见式（3 - 14）：

$$f_L = \frac{f_q}{\sqrt{1 + \dfrac{J_{eq}}{J_m}}} \tag{3 - 14}$$

式中　f_L——带惯性启动的频率，Hz；

　　　f_q——空载启动频率，Hz。

必须使：$f_L \leqslant$ 空载启动频率 f_q。

步进电机在不同的启动负载转矩下所允许的启动频率也不同，因而，应根据所计算出的启动转矩 T_q，按电机的启动矩频特性曲线来确定最大启动频率，并要求实际使用的启动频率低于这一允许的最大启动频率。

由于步进电机的启动矩频特性曲线是在空载下做出的，检查其启动能力时还应考虑惯性负载对启动频率的影响。一般来说，步进电机负载转动惯量增加，启动频率下降。不同负载下启动频率可以根据以下公式进行估算。

3. 步进电机性能校核——转矩匹配

（1）最快空载移动时电机输出转矩校核。

由最快空载移动速度 v_{max}（mm/min）和系统脉冲当量 δ（mm/脉冲），计算出电机对应的运行频率 f_{max}，再从矩频特性曲线上 f_{max} 找出所对应的输出转矩 T_{max}。

先求运行频率 $f_{maxf} = \dfrac{v_{max}}{60\delta}$，再从初选电机矩频特性曲线找出 f_{maxf} 所对应输出转矩 T_{maxf}，必须使：$T_{maxf} \geqslant$ 快速空载启动时负载转矩 T_{eq1}。

（2）最快工作进给速度时电机输出转矩校核。

由最快工作进给速度 v_{maxf}（mm/min）和系统脉冲当量 δ（mm/脉冲），计算出电机对应的运行频率 f_{max}，再从矩频特性曲线上 f_{max} 找出所对应的输出转矩 T_{max}。

先求运行频率 $f_{maxf} = \dfrac{v_{max}}{60\delta}$，再从初选电机矩频特性曲线找出 f_{maxf} 所对应输出转矩 T_{maxf}，

必须使：$T_{maxf} \geqslant$ 最大工作负载转矩 T_{eq2}。

4. 步进电机应用中还需要注意的事项

（1）步进电机应用于低速场合，每分钟转速不超过 1000 转，（0.9°时 6666 PPS），最好在 1000 ~ 3000PPS（0.9°）间使用，可通过减速装置使其在此间工作，此时电机工作效率高，噪声低。

（2）步进电机最好不使用整步状态，整步状态时振动大。

（3）由于历史原因，只有标称为 12V 电压的电机使用 12V 外，其他电机的电压值不是驱动电压伏值，可根据驱动器选择驱动电压（建议：57BYG 采用直流 24 ~ 36V，86BYG 采用直流 50V，110BYG 采用高于直流 80V），当然 12V 的电压除 12V 恒压驱动外也可以采用其他驱动电源，不过要考虑温升。

（4）转动惯量大的负载应选择大机座号电机。

（5）电机在较高速或大惯量负载时，一般不在工作速度启动，而采用逐渐升频提速，一方面电机不失步，另一方面可以减少噪声同时可以提高停止的定位精度。

（6）高精度时，应通过机械减速，提高电机速度，或采用高细分数的驱动器来解决，也可以采用五相电机，不过其整个系统的价格较贵，生产厂家少，其被淘汰的说法是外行话。

（7）电机不应在振动区内工作，如若必须可通过改变电压、电流或加一些阻尼来解决。

（8）电机在 600PPS（0.9°）以下工作，应采用小电流、大电感、低电压来驱动。

（9）应遵循先选电机后选驱动的原则。

不同厂家的电机在设计、使用材料及加工工艺方面差别很大，选用步进电机应注重可靠性而轻性能、重品质而轻价格。最好采用同一生产厂家的控制器、驱动器和电机，这样便于最终客户的维护。选配步进电机驱动器应根据电机的电流，配用大于或等于此电流的驱动器。如果需要低振动或高精度时，可配用细分型驱动器。对于大转矩电机，尽可能用高电压型驱动器，以获得良好的高速性能。

五、步进电机的速度控制

控制步进电机的转动需要三个要素：方向、转角和转速。对于含有硬件环形分配器的驱动电源，方向取决于控制器送出的方向电平的高或低，转角取决于控制器送出的步进脉冲的个数，而转速则取决于控制器发出的步进脉冲的频率。在步进电机的控制中，方向和转角控制简单，而转速控制则比较复杂。由于步进电机的转速正比于控制脉冲的频率，所以对步进电机脉冲频率的调节，实质上就是对步进电机速度的调节。

在开环控制中，对步进电机的正确性，可靠性及速度都有较高的要求。由于步进电机和负载都有惯性，启动频率一般情况下都大大低于运行频率。因此，为了使步进电机不失步或丢失，需要设计加、减速电路，使频率逐步升高或降低。步进电机的加减速特性是描述步进电机由静止到运行，以及由运行到停止的过程中通电频率变化与时间的关系。加减速控制的实现方式有直线加减速和指数加减速。

（一）步进脉冲频率调节方法

步进脉冲的调频方法有两种，分别是软件延时和硬件定时。

1. 软件延时

通过调用标准的延时子程序来实现。软件延时优点是采用软件延时法实现速度调节，程序简单，思路清晰，不占用其他硬件资源；但采用软件延时，在控制电机转动的过程中，CPU 被独占，不能做其他事。

2. 硬件定时

可以利用微控制器内部的定时器进行定时，再利用定时器中断实现控制。这种方法既需要硬件（定时器）资源，又需要软件配合，是一种软硬件相结合的方法。其特点是 CPU 没有被独占，能在延时的同时处理其他事情，增大了系统的灵活性，可以提高 CPU 的利用率，适合在比较复杂的控制系统中采用。缺点是占用了一个定时器，需要注意微控制器硬件资源的分配。

（二）加减速控制规律

对于步进电机，加减速控制也就是升降频控制（见图 3 – 19）。升降频控制通常采用的方法有以下三种：

（1）直线规律升降（等加速度 a）。这种方法的速度变化方式采用直线规律变化，当需要转矩 T 恒定时，加速度恒定，算法简单。从矩频特性看，转速升高，转矩减小，但在小范围内，可以认为转矩是恒定的。直线规律升降加速适用在速度变化较大的快速定位方式中，加速时间虽然长，但软件实现比较简单。

（2）指数规律加速。这种方法是从步进电机的运行矩频特性出发，根据转矩随频率的变化规律推导出来的，按指数规律加速时，加速度 a 是逐渐下降的，接近电机输出转矩随频率变化的规律，与转矩变化规律类似，它符合步进电机加减速过程的运动规律，能充分利用步进电机的有效转矩，加速过程平稳，快速响应好，升降时间短，但算法比较复杂。

（3）抛物线升降频。抛物线升降频将直线升降频和指数曲线升降频融为一体，充分利用步进电机低速时的有效转矩，使升降速的时间大大缩短，同时又具有较强的跟踪能力，这是一种比较好的方法。

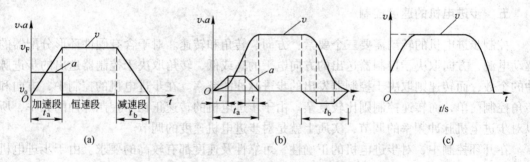

图 3 – 19　步进电机的加减速特性
（a）线性加减速；（b）指数加减速；（c）抛物线加减速

（三）加减速控制规律的软件实现

在步进电机驱动中，加减速的频率用拟合的方式来获得。台阶频率拟合是通过多段的频率跳跃逐渐达到频率的升高或降低。加速过程中，刚开始时，频率跳跃幅度较大，随着频率升高，频率跳跃幅度逐渐减小，每一个频率持续的时间逐渐延长，直到频率升至运行频率。减速过程中，随着频率的降低，步进电机的输出转矩增大，频率下降幅度不可过大，否则步进电机会由于惯性而失步。

加减速电路可以通过硬件电路完成，也可以通过软件完成。目前，大多数采用单片机或 PC 机来实现加减速的软件控制。利用单片机或 PC 机来实现加减速控制，本质上就是控制相邻两个脉冲之间的时间间隔，加速时，脉冲间隔时间变短；减速时，脉冲时间间隔加长。

步进电动机在升降频过程中，相邻脉冲时间间隔的软件确定有两种方法：

（1）递增/递减一定值。如直线升降频，相邻脉冲频率的差值 $\Delta f = \mid f_i - f_{i-1} \mid$ 相等，其对应的时间增量 Δt 也是相等的。时间的计算若采用软件延时的方法，可先设置一个基本的延时单元 T_e，不同频率的脉冲序列可采用 T_e 的不同倍数产生。

（2）查表法。查表法就是用离散方法来逼近理想的升降曲线，通常将各离散点速度对应的时间常数固化在系统 EPROM 中，用查表方法查出所需时间常数值，提高系统运行速度。实现时间延时有软件延时和定时器延时两种方法。软件延时要耗费 CPU 时间且定时不太准确，一般大多数情况下采用定时器延时。

由步进电机的矩频特性可知，转矩 T 是频率 f 的函数，它随着 f 的上升而下降，所以它呈软的特性。当频率较低时，转矩 T 较大，对应的角加速度 $d\omega/dt$ 也较大，所以升频的脉冲频率增加率 df/dt 应该取得大一些；当频率较高时，T 较小，$d\omega/dt$ 也较小，此时，df/dt 应取小一些，否则会由于无足够的转矩而失步。因此，在步进电动机的升频过程中，应遵循"先快后慢"的原则。考虑到步进电机的惯性作用，在升速过程中，如果速率变化太大，电机响应将跟不上频率的变化，出现失步现象。因此，每改变一次频率，要求电机持续运行一定步数（称阶梯步长），使步进电机慢慢适应变化的频率，从而进入稳定的运行状态。

六、步进电机控制系统设计举例

经济型数控车床的纵向进给系统的设计计算和工作原理，如图 3 - 20 所示。

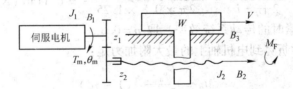

图 3 - 20　经济型数控车床的纵向进给系统

经济型数控车床的纵向（z 轴）进给系统，通常是采用步进电机驱动滚珠丝杠、带动装有刀架的拖板作直线往复运动，其工作原理如图 3 - 20 所示。已知：拖板重要 $W = 2000N$，拖板与贴塑导轨之间的摩擦系数 $\mu = 0.06$，车削时最大切削负载 $F_s = 2150N$（与运动方向相反），Y 向切削分力 $F_y = 2F_s = 4300N$（垂直于导轨），要求刀具切削时的进给速度 $v_1 = 10 \sim 500mm/min$，快速行程速度 $v_2 = 3000mm/min$，滚珠丝杠名义直径 $d_0 = 32mm$，导程 $t_{sp} = 6mm$，丝杠总长 $l = 1400mm$，拖板最大行程为 1150mm，定位精度 ±0.01mm，试选择合适的步进电机，并检查其启动特性和工作速度。

（一）脉冲当量的选择

初选三相步进电机的步距角为 $0.75°/1.5°$，当三相六拍（1～2 相励磁）运动时，步距角 $\theta_b = 0.75°$，其每转脉冲数 480。

根据脉冲当量 δ 的定义，初选 $\delta = 0.01\text{mm}/$脉冲，由此可得中间齿轮传动比 i 为：

$$i = \frac{t_{sp}}{\delta_s} = \frac{6}{0.01 \times 480} = 1.25$$

选小齿轮齿数 $z_1 = 20$，$z_2 = 25$，模数 $m = 2\text{mm}$。

（二）等效转动惯量计算

（1）滚珠丝杠的转动惯量 J_s：

$$J_s = \frac{\pi d_0^4 l \rho}{32} = \frac{\pi (3.2)^4 \times 140 \times 7.85 \times 10^{-3}}{32} = 11.31 = 11.31 \times 10^{-4} \ (\text{kg} \cdot \text{m}^2)$$

（2）拖板运动惯量换算到电机轴上的转动惯量 J_w：

$$J_w = \frac{W}{g}\left(\frac{t_{sp}}{2\pi}\right)^2 \times \frac{1}{i^2} = \frac{2000}{980}\left(\frac{0.6}{2\pi}\right)^2 \times \frac{1}{(1.25)^2} = 1.2 \times 10^{-2} = 1.2 \times 10^{-6} \ (\text{kg} \cdot \text{m}^2)$$

（3）大齿轮的转动惯量 J_{g2}：

$$J_{g_2} = \frac{\pi d_2^4 b_2 \rho}{32} = \frac{\pi (5)^4 \times 1.0 \times 7.85 \times 10^{-3}}{32} = 0.482 = 4.82 \times 10^{-5} \ (\text{kg} \cdot \text{m}^2)$$

（4）小齿轮的转动惯量 J_{g_1}：

$$J_{g_1} = \frac{\pi d_1^4 b_1 \rho}{32} = \frac{\pi (4)^4 \times 1.2 \times 7.85 \times 10^{-3}}{32} = 0.2 = 0.2 \times 10^{-4} \ (\text{kg} \cdot \text{m}^2)$$

因此，换算到电机轴上总惯性负载 J_e 为：

$$J_e = J_{g_1} + J_w + \frac{J_{g_2} + J_{sp}}{i^2} = 0.2 + 0.012 + \frac{0.482 + 11.31}{(1.25)^2} = 7.76 = 7.76 \times 10^{-4} \ (\text{kg} \cdot \text{m}^2)$$

（三）转矩的计算

（1）折算到电机轴上的摩擦转矩：

$$M_f = \frac{\mu \cdot W \cdot t_{sp}}{2\pi \eta \cdot i} = \frac{0.06 \times 2000 \times 0.006}{2\pi \times 0.8 \times 1.25} = 0.1146 \ (\text{N} \cdot \text{m})$$

式中 η——丝杠预紧时的传动系统效率，取 $\eta = 0.8$。

（2）空载启动时折算到电机轴上的最大附加力矩：

$$M_0 = \frac{F_{P_0} \cdot t_{sp}}{2\pi \eta \cdot i}(1 - \eta_0^2)$$

取 $\eta_0 = 0.9$，

$$F_{P_0} = \frac{1}{3}F_z$$

则

$$M_0 = \frac{2150 \times 0.006}{2\pi \times 0.8 \times 1.25 \times 3}(1 - 0.9^2) = 0.13 \ (\text{N} \cdot \text{m})$$

（3）空载启动时折算到电机轴上的最大加速转矩：

$$n_{max} = \frac{v_{max}}{8} \times \frac{\theta_b}{360°} = \frac{500}{0.01} \times \frac{0.75}{360} = 625 \ (\text{r/min})$$

取启动加速时间 $t_a = 0.03$ （s）。

（四）步进电机初选

初选步进电机型号 110BYG260B，根据其矩频特性曲线（见图 3 – 21），其最大静转矩 $M_{jmax} = 9.5\,N \cdot m$，转动惯量 $J_m = 9.7\,kg \cdot cm^2$，$f_m = 1600Hz$，故：

$$M_{amax} = J\varepsilon = (J_m + J_e)\frac{2\pi \cdot n_{max}}{60 \cdot t_a} = (9.7 \times 10^{-4} + 7.76 \times 10^{-4}) \cdot \frac{2\pi \times 600}{60 \times 0.03} = 3.81(N \cdot m)$$

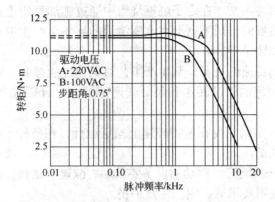

图 3 – 21 110BYG260B 步进电机的矩频特性

（1）快速空载启动所需转矩 M_q：

$$M_q = M_{amax} + M_f + M_0 = 3.81 + 0.1146 + 0.13 = 4.055(N \cdot m)$$

（2）最大切削负载时所需力矩 M_c：

$$M_t = \frac{[F_z + \mu \cdot (W + F_y)] \cdot t_{sp}}{2\pi \cdot \eta \cdot i} = \frac{[2150 + 0.06 \times (2000 + 4300)] \times 0.006}{2\pi \times 0.8 \times 1.25} = 2.414(N \cdot m)$$

$$M_c = M_f + M_0 + M_t = 0.1146 + 0.13 + 2.414 = 2.66 \ (N \cdot m)$$

（3）快速进给时所需转矩 M_k：

$$M_k = M_f + M_0 = 0.1146 + 0.13 = 0.2446(N \cdot m)$$

从以上计算可以看出，三种工况下，以快速空载启动所需转矩最大，以此项作为初选步进电机的依据。$M_q/M_{jmax} = 0.43$ 可以满足所需的要求。

（五）步进电机的动态特性校验

$J_e/J_m = 7.76/9.7 = 0.8 < 4$ 说明惯量可以匹配，该步进电机带惯量的最大启动频率见式（3 – 15）：

$$f_L = \frac{f_m}{\sqrt{1 + J_e/J_m}} = \frac{1600}{\sqrt{1 + 0.8}} = 1192.6(Hz) \tag{3 – 15}$$

步进电机工作时最大空载启动频率和切削时的最大工作频率见式（3 – 16）：

$$f_q = \frac{v_{max}}{60\delta_b} = \frac{3000}{60 \times 0.01} = 5000(Hz) > f_L$$

$$\tag{3 – 16}$$

$$f_c = \frac{v_{1max}}{60\delta} = \frac{5000}{60 \times 0.01} = 833.3(Hz) < f_L$$

所以与 f_c 对应的 M_c 按前述的最大静扭矩校核即可。查图 3 – 21 得 $f_q = 5000$ Hz 时，转矩 $M_{dmk} = 8.5\,N \cdot m$，$M_q < M_{dmk}$。

综上所述，可选该型号步进电机，具有一定的裕量。

第四节　直流伺服电机及其驱动

直流电机具有良好的控制特性，因此在工业生产中一直占据主导地位。直流伺服电机的结构与一般的直流电机结构相似，也是由定子、转子和电刷等部分组成，只是为减小转动惯量而做得细长一些。在定子上有励磁绕组和补偿绕组，转子绕组通过电刷供电。由于转子磁场和定子磁场始终正交，在定子电枢绕组中通过施加直流电压产生磁场，转子绕组通过电流时，在定子磁场的作用下就会在电枢绕组的导体上产生电磁力，并形成带动负载旋转的电磁转矩，驱动转子旋转。

任何一台需要控制转速的设备，其生产工艺对调速性能都有一定的要求，具体如下：

（1）调速——在一定的最高转速和最低转速范围内，分档地（有级）或平滑地（无级）调节转速。

（2）稳速——以一定的精度在所需转速上稳定运行，在各种干扰下不允许有过大的转速波动，以确保产品质量。

（3）加、减速——频繁启、制动的设备要求加、减速尽量快，以提高生产率；不宜经受剧烈速度变化的机械则要求启、制动尽量平稳。

直流伺服电机相对一般直流电机还需要另外使用一个直流测速机对电机旋转的速度进行测定，给控制系统提供速度反馈信号。

一、直流伺服电机原理、特点与控制特性

直流伺服电机的结构由永磁体定子、线圈转子（电枢）、电刷和换向器组成，磁场中的线圈通入电流时，就会产生电磁力，驱动转子转动。为了得到连续的旋转运动，就必须随着转子的转动角度不断改变电流方向，因此，必须有电刷和换向器。

直流伺服电机按激磁方式可分为电磁式和永磁式两种。电磁式的磁场由激磁绕组产生；电磁式直流伺服电机是一种目前已普遍使用的伺服电机，特别是在大功率范围内（100 W 以上）。永磁式的磁场由永磁体（永久磁铁）产生。永磁式直流伺服电机由于尺寸小、质量轻、效率高、出力大、结构简单，无需激磁等一系列优点而被越来越重视。

直流伺服电机具有良好的调速特性，较大的启动转矩，良好的启、制动性能，快速响应，能在大范围内平滑调速，优良的控制特性等优点。但由于使用电刷和换向器，故寿命较低，需要定期维修；在位置控制和速度控制时，必须使用角度传感器来实现闭环控制。直流伺服电机尽管其结构复杂，成本较高，在机电控制系统中作为执行元件还是获得了广泛的应用。

枢控式直流伺服电机通过转子的线圈电压 U_a 和线圈电流 I_a 来控制电机，其等效电路如图 3 – 22 所示。当电机处于稳态运行时，回路中的电流 I_a 保持不变，则电枢回路中的电压平衡方程式见式（3 – 17）：

$$E_a = U_a - I_a R_a \qquad (3-17)$$

式中　E_a——电枢反动势；

　　　U_a——电枢电压；

　　　I_a——电枢电流；

　　　R_a——电枢电阻。

转子在磁场中以转速 n 切割磁力线时，电枢反电动势 E_a 与转速 n 之间存在关系见式 (3 – 18)：

$$E_a = C_E \Phi n \tag{3 – 18}$$

式中　C_E——电动势常数，仅与电动机结构有关；

　　　Φ——定子磁场中每极的气隙磁通量。

此外，电枢电流切割磁场磁力线所产生的电磁转矩 T_m 可由式 (3 – 19) 表达：

$$T_m = C_T \Phi I_a \tag{3 – 19}$$

式中　C_T——转矩常数，仅与电动机结构有关。

总之，直流电机在稳态时满足 $n = \dfrac{U_a}{C_E \Phi} - \dfrac{R_a}{C_E \Phi} I_a = \dfrac{U_a}{C_E \Phi} - \dfrac{R_a}{C_E C_T \Phi^2} T_m$。

直流伺服电机的机械特性方程见式 (3 – 20)：

$$n = \frac{U_a}{C_E \Phi} - \frac{R_a}{C_E C_T \Phi^2} T_m \tag{3 – 20}$$

式中　U_a——电枢控制电压；

　　　R_a——电枢回路电阻；

　　　Φ——每极磁通；

　C_E，C_T——分别为电机的结构参数。

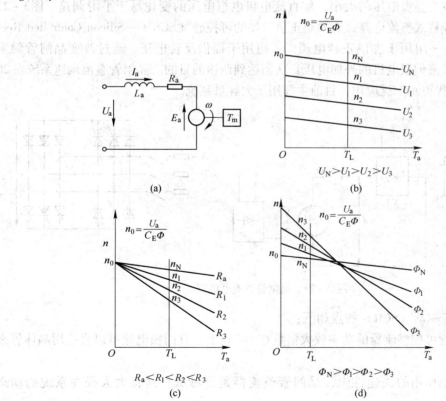

图 3 – 22　直流电机的调速特性

（a）等效电路；（b）调压调速特性曲线；（c）调阻调速特性曲线；（d）调磁调速特性曲线

可见，有以下三种方法调节电机的转速：

（1）调节电枢供电电压 U_a——调压调速（变电枢电压和恒转矩调速）。调速特性：转速下降，机械特性曲线平行下移。

（2）减弱励磁磁通 Φ——调磁调速（变励磁电流和恒功率调速）。转速上升，机械特性曲线变软。

（3）改变电枢回路电阻 R_a——改变电枢回路电阻调速。转速下降，力学特性曲线变软。

对于要求在一定范围内无级平滑调速的系统来说，以调节电枢供电电压的方式为最好。改变电阻只能有级调速；减弱磁通虽然能够平滑调速，但调速范围不大，往往只是配合调压方案，在基速（即电机额定转速）以上作小范围的弱磁升速。因此，常用的是前面两种调速方式。自动控制的直流调速系统往往以调压调速为主。调压调速能在较大的范围内无级平滑调速。

直流伺服电机用直流电供电，实现直流电机转速控制，只要灵活控制加在直流电机电枢上的电压即可。常用的驱动方式有 SCR 驱动和 PWM 驱动。

二、直流伺服电机的驱动——晶闸管直流驱动（SCR）

直流伺服电机的驱动主要通过调节触发装置控制晶闸管的触发延迟角来移动触发脉冲的相位，从而改变整流电压的大小，使直流电机电枢电压的变化易于平滑调速。图3-23所示为三相全控桥式整流电路，有两组正负对接的可控硅（SCR——Silicon Controlled Rectifier）整流器，一组用于提供正转电压，一组用于提供反转电压。通过改变晶闸管触发角，就可改变直流伺服电机的外加电压，从而达到调速的目的。晶闸管直流调速系统在20世纪60～70年代得到广泛应用，目前主要用于大容量系统。

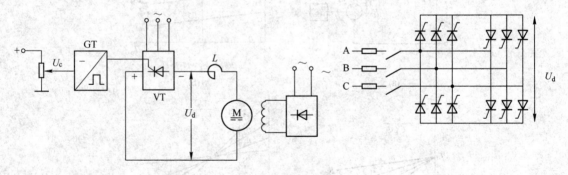

图 3-23　晶闸管直流电机驱动

晶闸管直流驱动（SCR）特点如下：

（1）晶闸管可控整流器的功率放大倍数在 10^4 以上，其门极电流可以直接用晶体管来控制。

（2）在控制作用的快速性上，晶闸管整流器是毫秒级，这将大大提高系统的动态性能。

（3）晶闸管对过电压、过电流和过高的 $\mathrm{d}u/\mathrm{d}t$ 与 $\mathrm{d}i/\mathrm{d}t$ 都十分敏感，若超过允许值会在很短的时间内损坏器件。

三、直流伺服电机的驱动——晶体管脉宽调制驱动（PWM）

利用大功率晶体管的开关作用，可以将恒定的直流电源电压斩成周期为 T 的方波电压，加在直流电机的电枢上，连续改变占空比 a 就可连续改变电枢的平均电压，达到连续改变电动机转速的目的。调速过程中，保持周期 T（或频率）恒定，仅改变脉冲宽度 τ 来调节平均电压，就是通常所说的脉冲宽度调制，即 PWM（Pulse Width Modulation）。

图 3-24（a）所示是 PWM 降压斩波器原理和输出波形。图 3-24（a）中的晶体管 K 工作在"开"和"关"状态，假定 VT 先导通 t_1 秒，此时全部电压加在电机的电枢上（忽略管压降），然后使 VT 关断 t_2 秒，此时电压全部加在 K 上，电枢回路的电压为零。反复导通和关闭晶体管 K，在电机上得到如图 3-24（a）所示的电压波形。实际应用的 PWM 系统，采用大功率晶体管代替开关 K，开关频率一般为 2000Hz。由于功率晶体管比晶闸管具有更优良的特性，而且，目前功率晶体管的功率、耐压等都已有了很大的提高，所以在中小功率直流伺服驱动系统中，晶体管脉宽调制方式（PWM）驱动系统得到了广泛的应用。

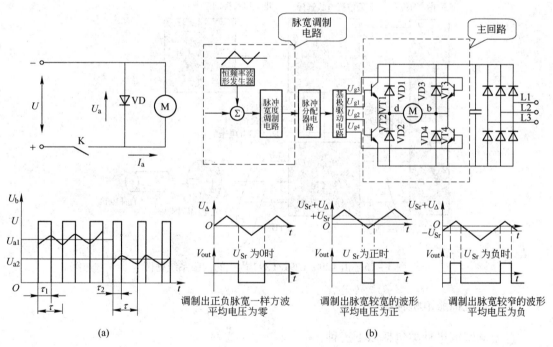

图 3-24 PWM 调速
（a）单极式 PWM 驱动；（b）双极式 PWM 驱动

单极式控制时，在 T 时间内，加在电机电枢回路上的平均电压为：

$$\overline{U}_a = \left(\frac{t_1}{T}\right)U_d = aU_d$$

占空比 $a = \dfrac{t_1}{T}(0 \leqslant a \leqslant 1)$，$U_a$ 的变化范围在 $0 \sim U$ 之间，均为正值，即电机只能在某一个方向调速。

　　双极式控制时，PWM 电路原理框图如图 3 - 24（b）所示。当正脉冲较宽时，$ton > T/2$（黑色控制脉冲），则电枢两端的平均电压为正，在电动运行时电机正转。当正脉冲较窄时，$ton < T/2$（绿色控制脉冲），平均电压为负，电机反转。如果正、负脉冲宽度相等，$ton = T/2$（红色控制脉冲），平均电压为零，则电机停止。当电机停止时电枢电压并不等于零，而是正负脉宽相等的交变脉冲电压，因而电流也是交变的。这个交变电流的平均值为零，不产生平均转矩，陡然增大电机的损耗，这是双极式控制的缺点。但它也有好处，在电机停止时仍有高频微振电流，从而消除了正、反向时的静摩擦死区，起着所谓"动力润滑"的作用。

　　尽管近年来直流电机不断受到交流电机和其他电机的挑战，但至今仍是大多数变速运动控制和闭环位置伺服控制最优先的选择。对于小功率应用，直流电机仍具有广阔的应用空间。为了满足小型直流电机的应用需要，各国半导体厂商纷纷推出大量的直流电机控制专用集成电路。其中 L290/L291/L292 是典型的直流电机驱动电路块。图 3 - 25 所示是由 L290/L291/L292 构成的伺服系统框图。

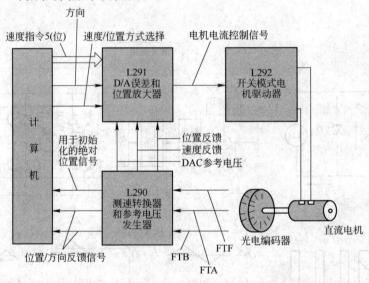

图 3 - 25　由 L290/L291/L292 构成的伺服系统框图

四、直流伺服电机种类与选用

直流伺服电机种类包括以下三种：

（1）小惯量直流伺服电机。电枢无槽，绕组直接黏接固定在电枢铁心上，因而转动惯量小、反应灵敏、动态特性好，适用于高速且负载惯量较小的场合，否则需根据其具体的惯量比设置精密齿轮副才能与负载惯量匹配，增加了成本。

（2）直流印刷电枢电机。一种盘形伺服电机，电枢由导电板的切口成形，裸导体的线圈端部起整流子作用，这种空心式高性能伺服电机大多用于工业机器人、小型 NC 机床及线切割机床上。

（3）大惯量宽调速直流伺服电机。在结构上采取了一些措施，尽量提高转矩改善动态特性，既具有一般直流电机的各项优点，又具有小惯量直流电机的快速响应性能，易与较大的惯性负载匹配，能较好地满足伺服驱动的要求，因此在数控机床、工业机器人等机电一体化产品中得到了广泛应用。

永久磁铁的宽调速直流伺服电机定子（磁钢）采用矫顽力高、不易去磁的永磁材料（如铁氧体永久磁铁）、转子（电枢）直径大并且有槽，因而热容量大，结构上又采用了通常凸极式和隐极式永磁电机磁路的组合，提高了电机气隙磁通密度。同时，在电机尾部装有高精密低纹波的测速发电机并可加装光电编码器或旋转变压器作为闭环伺服系统必不可少的位置（速度）反馈元件，以提高系统性能。

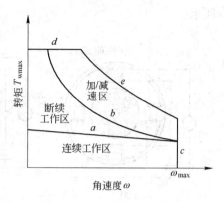

图 3 – 26　宽调速直流伺服电机的
实际转矩 – 转速特性曲线

图 3 – 26 所示为宽调速直流伺服电机的实际转矩 – 转速特性曲线，将电机的工作区域分成了三部分，即连续工作区、断续工作区和加减速区。在连续工作区内，速度和转矩的任何组合都可长时间连续工作；在断续工作区，电机只允许周期间歇性工作，间歇大小因负载而异。在加减速区，电机只进行加减速。图 3 – 26 中的 a 为电机的温度限制曲线，c、d 两条曲线分别代表电机所允许的最高转速和最高转矩。

直流伺服电机的选用：宽调速直流伺服电机应根据负载条件来选择。加在电机轴上的有两种负载，即负载转矩和惯性负载。根据负载情况，所选电机必须能满足下列条件：

（1）在整个调速范围内，其负载转矩应在电机连续额定转矩范围以内。

（2）工作负载与过载时间应在规定的范围以内。

（3）应使加速度与希望的时间常数一致。

（4）等效惯性负载与电机的转子惯量相匹配。

第五节　交流伺服电机

随着生产的发展，直流电机的缺点越来越突出，直流电机具有电刷和整流子，尺寸大且必须经常维修，单机容量、最高转速以及使用的环境都受到一定的限制。于是，人们将目光转向结构简单、运行可靠、维修方便、价格便宜的交流异步电机。但是异步电机的调速特性不如直流电机。从 20 世纪 30 年代开始，人们就致力于研究异步电机的交流调速，收效甚微。直到 20 世纪 70 年代，随着电力电子技术的发展，出现了各种可控电力开关器件（如晶闸管，GTR，GTO，MOSFET，IGBT 等）。从此交流变频技术得到了飞速的发展。

一、交流伺服电机类型

（一）交流异步感应电机（AC induction motor）

定子和转子都由铁芯线圈组成，分为单相和三相。定子产生旋转磁场带动转子旋转。单相感应式交流伺服电机就是两相异步电动机，转子有鼠笼转子和杯形转子。其定子上装有两个绕组：一个励磁绕组和一个控制绕组，它们在空间上相隔90°。转子质量轻、惯性小，因此响应速度非常快，主要用于中等功率以上的伺服系统交流伺服电机如图3-27所示。

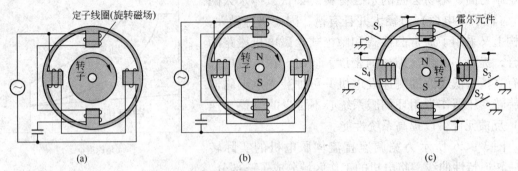

图3-27　交流伺服电机
（a）感应电机；（b）同步电机；（c）无刷直流电机

（二）永磁同步电机（PMSM——Permanent Magent Synchronous Motor）

交流永磁同步伺服电机转子由永久磁钢构成磁极、定子由铁芯线圈构成，有单相同步和三相同步两种。图3-27所示为单相同步电机，而应用更多的是三相交流同步电机，三相交流同步电机定子装有三相绕组，转子为一定极对数的永久磁体。数控脉冲信号通过三相正磁波发生器变换为三相正弦波电压，再由液晶管组成的 PWM 电路转换为三相正弦PWM（SPWM）电压，并送至电机定子绕组，用以产生旋转磁场，使转子作同步旋转，因此又称正弦波永磁同步电机。因为旋转磁场的速度与输入的脉冲信号频率成正比，故只需改变脉冲信号频率即可实现电机调速。交流同步伺服电机的调速范围极宽，在整个调速范围内，电机的转矩和过载能力保持不变；电机的转速不受负载变化的影响，稳定性好。交流同步伺服电机可通过闭环实现速度控制和位置控制，也可以工作于步进方式，而且步距角可自由选择。交流永磁同步电机可以制得很小，响应速度很快。主要用于中等功率以下的机器人和数控伺服系统，作进给控制。

（三）无刷直流电机（BLDCM——Brush Less DC Motor）

严格地说，无刷直流电机实际上也是永磁同步电机的一种，相对直流电机，它没有直流电机中机械式的电刷和换向器，取而代之的是电子式的电刷和换向器，使无刷直流电机定子绕组中的电流换向，使之具有和直流电机相同的运行特性，使定子磁场与永磁体转子的永磁场始终保持90°空间角。转子位置的检测是通过安装在无刷直流电机轴端的位置传感器获取的，主要有电磁式、光电式和霍尔式三种。为使电机转起来，必须使定子绕组各相不断换相通电。使定子磁场随着转子位置不断地变化。

二、交流电机的调速原理和调速类型

（一）交流异步电机调速方法

根据电机学原理，交流异步电机转速见式（3-21）：

$$n = \frac{60f}{p}(1 - s) \tag{3-21}$$

式中　n——电机转速；

　　　p——电机磁极对数；

　　　f——电源频率；

　　　s——转差率。

改变式（3-21）中三个量定子供电频率 f_1、电机磁极对数 p 和转差率 s 中的任何一个都可以达到改变转速的目的。根据上式，改变交流电机的转速有 3 种方法，即变转差率调速、变极调速和变频调速。

（1）变转差率调速。可以通过在转子绕组中串联电阻和改变定子电压两种方法来实现。改变定子电压损耗大、效率低、特性差；转子绕组串接电阻特性很软、低速运行损耗很大。无论是哪种改变转差率的方法，都存在损耗大的缺陷，不是理想的调速方法。

（2）变极调速。通过改变极对数 p 来实现电机的调速，如通常所使用的双速电机和三速电机，这种方法是有级调速且调速范围窄，在一些只需要分档调速的场合经常使用。

（3）变频调速。改变定子供电频率 f_1——变压变频法调速（VVVF）。调速范围宽、平滑性好、效率高、具有优良的静态和动态特性，无级调节电机的同步转速 n_0（变频调速），如果定子电压与频率同步调节，在改变频率的同时，改变定子感应电动势或电压，性能会更好。应用较多，但可能会使电机力学特性曲线变差。

（二）交流同步电机调速方法

交流同步电机转差率恒定为零，调速方法只有变频调速、变极调速两种，因为相同功率的交流同步电机比异步电机成本高，交流同步电机只用在控制精度要求高的场所，变极调速一般不用，而只采用变频调速一种调速方法。

交流电机 $\begin{cases} 异步电机 \begin{cases} 变极——用于笼型电机 \\ 变转差率 \begin{cases} 调压（定子调压） \\ 电磁转差离合器 \\ 调阻（转子电阻）——用于绕线转子电阻 \\ 串极调速（转差电压）——用于绕线转子电阻 \end{cases} \\ 变频 \begin{cases} 交-直-交 \\ 交-交 \end{cases} \end{cases} \\ 同步电机：变频 \begin{cases} 它控式。如：通常所用的正弦波永磁交流同步伺服电机（PMSM） \\ 自控式。如：无刷直流电机（BLDCM） \end{cases} \end{cases}$

三、交流电机的变频调速

（一）交流电机变频调速特性

根据电机学知识，交流电机定子每相绕组的感应电动势见式（3-22）：

$$E_1 = 4.44 f_1 k_1 w_1 \Phi_m \approx u_1 \tag{3-22}$$

式中　u_1——定子相电压；

　　　f_1——定子电源频率；

　　　$k_1 w_1$——定子绕组等效匝数；

　　　Φ_m——每极气隙磁通，Wb。

在电机的变频调速中，希望保持磁通不变。磁通减弱，铁芯材料利用不充分，电机输出转矩下降，导致带负载能力减弱。磁通增强，引起铁芯饱和、励磁电流急剧增加，电机绕组发热，可能烧毁电机。为了保持气隙磁通中 Φ_m 不变，则应满足 E/f 等于常数。但实际上，感应电动势难以直接控制。如果忽略定子漏阻抗压降，则可以近似认为定子相电压和感应电动势相等。即 $U(E) = 4.44fWK\Phi_m$。实现恒磁通调速，则应满足 U/f 等于常数。在交流变频调速装置中，同时兼有调频调压功能。

交流电机电磁转矩见式（3 – 23）：

$$T = C_T\Phi_m I_2\cos\varphi_2 \tag{3-23}$$

式中　I_2——折算到定子上的转子电流。

交流电机每相绕组感应电动势 $E_1 = 4.44f_1 k_1 w_1 \Phi_m \approx u_1$，故磁通见式（3 – 24）：

$$\Phi_m = \frac{u_1}{4.44f_1 k_1 w_1} \tag{3-24}$$

要保持磁通 Φ_m 也不变，需要 $\dfrac{E_1}{f_1} \approx \dfrac{u_1}{f_1}$ 比值不变。

基频以下调速：$\dfrac{E_1}{f_1}$ 比值不变时，恒最大转矩调速；$\dfrac{u_1}{f_1}$ 比值不变时，恒转矩调速（比率调速控制）。

基频以上调速：此时虽可使 f 增大，转速增加，但由于定子的电压不允许超过额定电压，故只能使磁通下降，随着转数的升高，转矩逐渐降低，因此又称恒功率调速。

（二）正弦波脉宽调制方法

脉宽调制（PWM）控制技术可分为等脉宽 PWM 法、正弦波 PWM 法（SPWM）、磁链追踪型 PWM 法和电流跟踪型 PWM 法 4 种，主要应用的是前两种。

等脉宽 PWM 法克服了脉冲幅度调制（PAM）只能输出频率可调的方波电压，在输出的电压中含有较大的谐波成分，是最简单的 PWM 法。

正弦波 PWM 法（SPWM），如图 3 – 28 所示，是克服了等脉宽 PWM 法的缺点而发展起来的新的 PWM 法。SPWM 法可由模拟电路和数字电路等硬件电路来实现，也可以用微机软件和软件及硬件结合的方法来实现。

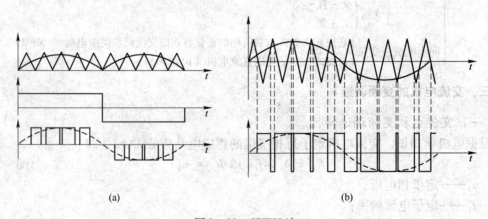

图 3 – 28　SPWM 法
（a）单极性 SPWM 波；（b）双极性 SPWM 波

目前 SPWM 的生成方法有以下 4 种：

（1）分立元件由振荡器分别产生正弦波和三角波信号，通过比较器直接比较，此电路控制精度难以保证，可靠性差。

用硬件电路实现 SPWM 法，就是用一个正弦波发生器产生可以调频调幅的正弦波信号（调制波），用三角波发生器生成幅值恒定的三角波信号（载波），将它们在电压比较器中进行比较，三角波和正弦波相交的交点与横轴包围的面积用幅值相等、脉宽不同的矩形来近似，模拟正弦波，输出 PWM 调制电压脉冲。

（2）专用集成电路脉宽调制集成电路 HEF4752。

（3）微机和专用芯片结合生成 PWM 信号，利用单片机和 HEF4752 组成 SPWM 变频调速系统。

（4）微机生成 PWM 信号用微机生成 SPWM 波。这种方法比专用芯片灵活，还具有自诊断能力，成本相应较高，在高级电梯 VVVF 装置中，采用双 CPU。

变频调速实际应用中，首先分析控制对象的负载特性选择电机的容量，再根据用途选择合适的变频器类型（见图 3 - 29）。

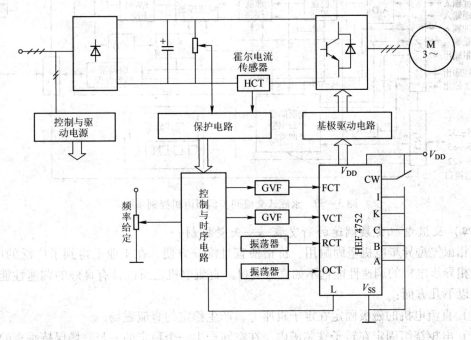

图 3 - 29 交流电机的变频调速

（三）永磁式交流同步电机的控制

当三相绕组通入正弦波驱动电流时，三相交流伺服电机称为永磁同步电机。永磁同步电动机（PMSM——Permanent Magnet Synchronous Motor）利用编码器测量伺服电机的转速、转角，并通过伺服控制系统控制其各种运行参数。在正弦波交流伺服电机中，当定子三相绕组通入三相正弦波电流后，就会在定、转子之间产生一个旋转磁场，由于转子是一个永磁体，因此，转子的转速也就是转子磁场的转速，而电磁转矩只能在定子旋转磁场和转子磁场完全同步时才发挥作用。为了实现同步控制，必须对转子角位移进行即时和精确的测量，在电机上通常同轴安装有光电编码器。通常，电流环包含在驱动装置内部，外部无连接线；而速度环和位置环在驱动装置外部就能表现出来，通过各种接口和连接线得以实现。图 3 - 30 所示为永磁式交流同步伺服电机（PMSM）控制系统典型实例。

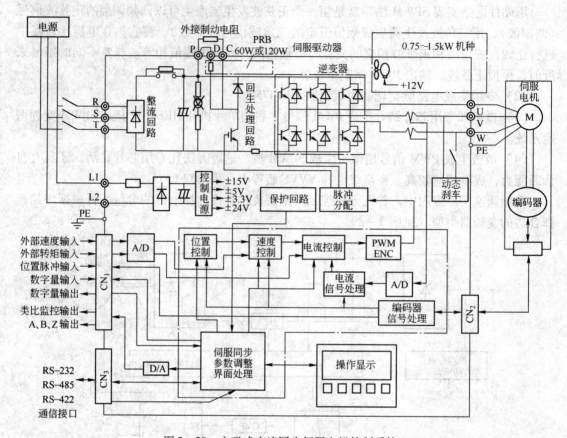

图 3 - 30   永磁式交流同步伺服电机控制系统

（四）交流电机变频调速的新发展——矢量控制

三相鼠笼型异步电机坚固耐用、价格便宜且维修方便，在工业上得到了广泛的应用。但是三相异步电机的调速性能远不如直流电机。直流电机之所以具有良好的调速性能，原因在于以下几方面：

（1）直流电机的磁极固定在定子机座上，产生稳定的直流磁场。

（2）电枢绕组固定在转子铁芯槽内，在空间产生一个稳定的、与磁场保持垂直的电枢磁势，电枢磁势用于产生转矩。

（3）励磁电流和电枢电流可以分别控制。

三相异步电机不具备直流电机上述三个特点，因此调速性能不好。异步电机定子上产生的磁场是旋转、旋转磁场和转子磁势没有互相垂直的关系以及励磁电流和工作电流不能独立控制。

直流电机：两磁场之间互差 90°，只有互相独立的两个变量磁通 Φ 和电枢电流 I_a。电磁转矩 $M = C_M \Phi I_a$，控制简单，性能为线性，通过独立的调节两个磁场进行调速，主磁场通过定子电流控制，电枢磁场通过电枢电流控制。

交流电机：交流电机两磁场之间的夹角与功率因数有关。交流电机主磁场是通过定子电流与转子电流合成电流产生的，没有独立的激磁回路，并且磁通是空间的交变矢量，不能进行简单控制。

1971年，德国科学家 Blaschke 等人提出了矢量控制理论。矢量控制理论的基本思想就是利用产生同样旋转磁场的等效原则将三相交流异步电机等效为三相直流电机来实现转矩的控制，设法在交流电机上模拟直流电机控制转矩的规律，以使交流电机具有同样产生电磁转矩的能力。从而获得和直流电机一样优良的静、动态特性。

交流电机的矢量控制：设法在三相异步电机上模拟直流电机控制转矩的规律。任意多绕组通以平衡交流电流都能产生旋转磁场，随着时间的变化，合成磁场磁感应强度不变，称为圆磁场。这一磁场与电磁铁线圈产生的恒定磁场在机械运动作用下产生的机械旋转磁场是等效的，它们之间可以进行等效转换。如果将用于控制交流调速的给定信号变换成为类似于直流电机磁场系统的控制信号，即两个互相垂直的直流绕组处于同一旋转体中，分别通以励磁电流信号和转矩电流信号，作为基本的控制信号，通过等效变换得到与基本控制信号等效的三相交流控制信号，去控制逆变电路。同样，电机运行过程的三相交流信号又可等效变换成为两个互相垂直的直流信号，反馈到控制端，用来修正基本的控制信号。

图3-31所示是用交流伺服电机作为执行元件的一种矢量控制的交流伺服系统。

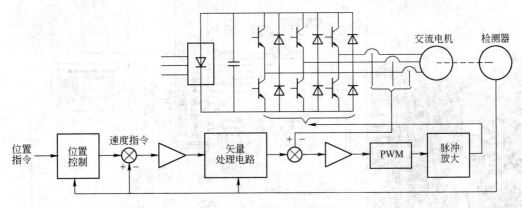

图3-31　矢量控制的交流伺服电机

矢量控制的交流伺服电机的工作原理是：由计算机发出的脉冲经位置控制回路发出速度指令，在比较器中与检测器反馈的信号（经过 D/A 转换）相比较后，再经过放大器送出转矩指令 M，至矢量处理回路，该电路由转角计算回路、乘法器、比较器等组成。

另一方面，检测器的输出信号也送到矢量处理回路中的转角计算回路，将电机的转角位置 θ 变成 $\sin\theta$、$\sin(\theta-120°)$ 及信号 $\sin(\theta-240°)$，分别送到矢量处理电路中的乘法器，由矢量处理电路再输出 $M\sin\theta$、$M\sin(\theta-120°)$ 及 $M\sin(\theta-240°)$ 三种电流信号，经放大并与电机回路的电流检测信号比较后，经脉宽调制回路（PWM）调制及放大，控制三相桥式晶体管电路，使伺服电机按规定转速旋转，并输出要求的转矩值。检测器检测的信号还要送到位置控制回路中，与计算机的脉冲进行比较，完成位置环控制。

矢量控制理论也存在一定的缺陷。主要表现在矢量控制理论采用矢量变换实现交流电机的转速和磁链控制的完全解耦，而在实践中，转子的磁链是很难准确测量的。电机控制系统的特性受电机参数的影响很大，矢量变换比较复杂。1985年，德国科学家 M. Depenbrok 首先提出直接转矩控制理论。其基本思路是将电机和逆变器当作一个整体，在定子坐标系下分析交流电机的数学模型，直接控制电机的磁链和转矩。因此，无需对定子电流进行解耦，免去了矢量变换的复杂计算，控制结构简单，易于实现数字化。同矢量控制技术相比，直接转矩控制技术受电机参数影响小。在某种程度上讲，直接转矩控制克服了矢量控制技术的缺陷。因而具有广阔的发展和应用前景。

（五）交流伺服驱动系统

伺服驱动系统从基本结构来看，伺服系统主要由三部分组成：控制器、功率驱动装置、反馈装置和电机，如图 3－32 所示。控制器按照数控系统的给定值和通过反馈装置检测的实际运行值的差，调节控制量；功率驱动装置作为系统的主回路，一方面按控制量的大小将电网中的电能作用到电机之上，调节电机转矩的大小，另一方面按电机的要求把恒压恒频的电网供电转换为电机所需的交流电或直流电；电机则按供电大小拖动机械运转。

典型的交流伺服驱动系统构成如图 3－32 所示，电机控制系统的模块化设计为实际使用提供了很大方便。

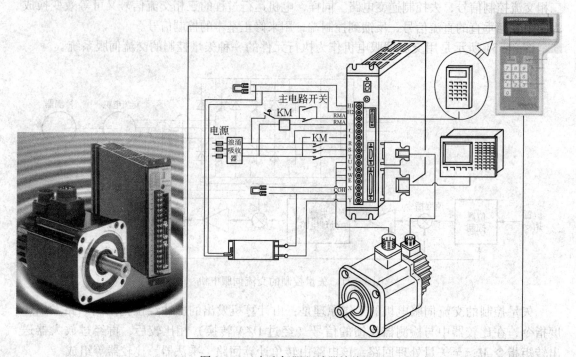

图 3－32　交流伺服驱动器接线图

四、永磁交流同步电机与其他各类电机特点比较

（一）永磁交流同步电机与直流伺服电机及三相交流异步电机比较

永磁交流同步电机和直流伺服电机相比，交流伺服电机没有机械换向器和电刷，避免了换向火花的产生；转子的惯量可以做得很小，动态响应好；在同样体积下，输出功率可比直流电机提高 10% ～70%；同时又可获得和直流伺服电机相同的调速性能。在机电一体化设备的进给伺服系统中，交流伺服电机通常选用三相交流永磁同步电机。主要优点有：

（1）无电刷和换向器，因此工作可靠，对维护和保养要求低。

（2）定子绕组散热比较方便。

（3）惯量小，易于提高系统的快速性。

（4）适应于高速大力矩工作状态。

（5）同功率下有较小的体积和质量。

永磁交流同步电机与三相交流异步电机相比，由于永磁同步电机转子有磁极，在很低的频率下也能运行。因此，在相同的条件下，其调速范围比异步电机更宽。此外，永磁同步电机比异步电机对转矩扰动具有更强的承受力，能做出更快的响应。

（二）永磁交流伺服电机与步进电机的性能比较

步进电机作为一种开环控制的系统，和现代数字控制技术有着本质的联系。在目前国内的数字控制系统中，步进电机的应用十分广泛。随着全数字式交流伺服系统的出现，交流伺服电机也越来越多地应用于数字控制系统中。为了适应数字控制的发展趋势，运动控制系统中大多采用步进电机或全数字式交流伺服电机作为执行电动机。虽然两者在控制方式上相似（脉冲串和方向信号），但在使用性能和应用场合上存在着较大的差异。

（1）控制精度。两相混合式步进电机步距角一般为 1.8°、0.9°，五相混合式步进电机步距角一般为 0.72°、0.36°。也有一些高性能的步进电机通过细分后步距角更小。如两相混合式步进电机的步距角可通过拨码开关设置为 1.8°、0.9°、0.72°、0.36°、0.18°、0.09°、0.072°、0.036°，兼容了两相和五相混合式步进电机的步距角。

交流伺服电机的控制精度由电机轴后端的旋转编码器保证。对于带标准 2000 线编码器的电机而言，如果驱动器内部采用四倍频技术，其脉冲当量为 360°/8000 = 0.045°。对于带 17 位编码器的电机而言，驱动器每接收 131072 个脉冲电机转一圈，即其脉冲当量为 360°/131072 = 0.0027466°，是步距角为 1.8° 的步进电机的脉冲当量的 1/655。

（2）低频特性。步进电机在低速时易出现低频振动现象。振动频率与负载情况和驱动器性能有关，一般认为振动频率为电机空载起跳频率的一半，低频振动现象对于机器的正常运转非常不利。当步进电机工作在低速时，一般应采用阻尼技术来克服低频振动现象，如在电机上加阻尼器，或驱动器上采用细分技术等。

交流伺服电机运转非常平稳，即使在低速时也不会出现振动现象。交流伺服系统具有共振抑制功能，可涵盖机械的刚性不足，并且系统内部具有频率解析机能（FFT），可检测出机械的共振点，便于系统调整。

（3）矩频特性。步进电机的输出力矩随转速升高而下降，且在较高转速时会急剧下降，所以其最高工作转速一般在 300～600RPM。交流伺服电机为恒力矩输出，即在其额定转速（一般为 2000RPM 或 3000RPM）以内，都能输出额定转矩，在额定转速以上为恒功率输出。

（4）过载能力。交流伺服电机具有较强的过载能力，其最大转矩为额定转矩的两到三倍，可用于克服惯性负载在启动瞬间的惯性力矩。步进电机一般不具有过载能力，在选型时为了克服这种惯性力矩，往往需要选取较大转矩的电机，而机器在正常工作期间又不需要那么大的转矩，便出现了力矩浪费的现象。

（5）运行性能。步进电机的控制为开环控制，启动频率过高或负载过大易出现丢步或堵转的现象，停止时转速过高易出现过冲的现象，为保证其控制精度，应处理好升、降速问题。交流伺服驱动系统为闭环控制，驱动器可直接对电机编码器反馈信号进行采样，内部构成位置环和速度环，一般不会出现步进电机的丢步或过冲的现象，控制性能更为可靠。

（6）速度响应性能。步进电机从静止加速到工作转速（一般为每分钟几百转）需要200～400ms。交流伺服系统的加速性能较好，交流伺服电机从静止加速到其额定转速

3000RPM 仅需几毫秒，可用于要求快速启停的控制场合。

交流伺服系统在许多性能方面都优于步进电机。但在一些要求不高的场合也经常用步进电机来做执行电动机。在控制系统的设计过程中要综合考虑控制要求、成本等多方面的因素，选用适当的控制电机。

（三）永磁交流伺服电机与无刷直流电机的比较

永磁交流同步电机（PMSM）和无刷直流电机（BLDCM）两者基本结构相同，转子都是永久磁铁，定子都是线圈绕组，通交流电。两者有很大的相似性，但无刷直流电机（BLDCM）内部有位置传感器，而一般永磁交流同步电机内部没有位置传感器。三相无刷直流电机结构如图 3－33 所示。无刷直流电机（BLDCM）采取方波（梯形波）驱动，将交流电转换为方波供给电机绕组，永磁同步电机是将交流电转换为正弦波供给电机绕组，采用 SPWM 控制。

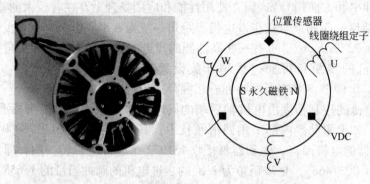

图 3－33　三相无刷直流电机结构

无刷直流电机（BLDCM）是由方波驱动，如图 3－34 所示为三相六状态直流无刷电动机控制电路。工作方式在 360°的电气周期内，三相绕组导通状态分为 6 个，UVW 三相绕组连接到 6 个功率开关管。当绕组为星形接法时（将图 3－34 中 XYZ 三端连接在一起），6 个状态中有两个绕组串联通电，通电方式是采用二相通电模式来控制三相无刷直流电机的运行。一个正相导通，一个反相导通，而另一个不导通。如 V_1 和 V_6 导通时，电流流向为：P 极—V_1—U 相绕组—W 相绕组—V_6—N 极。$V_1 \sim V_6$ 导通、关断的逻辑控制是由三个霍尔开关来实现的。转子每转过 60°，有两相绕组换流。在观察任意导通绕组，一个电气周期内，有 120°正相导通，60°为不导通，再有 120°反相导通，60°为不导通。然而在理想状态下，无刷直流电机设计气隙磁通密度分布使每相绕组反电动势波形为有平坦顶部的梯形波，其平坦宽度尽可能接近 120°。在霍尔元件的作用下，使该相电流导通 120°范围和同相绕组反电动势波形平坦部分 120°范围在相位上完全重合，故为方波驱动。在方波驱动下，该相电流产生的电功率和电磁转矩均为恒值。由于绕组对称，正反相导通对称，所以总合成转矩也为恒值，与转角位置无关。由于齿槽效应和换相过渡过程中电感的作用等原因，电流波形和理想方波有差距，转矩波动必然存在。

永磁交流同步电机（PMSM）为正弦波驱动，因为电机气隙磁通密度分布设计和绕组设计使每相绕组的反电动势波形为正弦波。正弦波驱动的永磁交流同步电动机具有线性的转矩－电流特性。转矩与转角位置也无关，转矩波动是很小，可忽略不计。永磁交流同步电机通常用来作为伺服控制电机，进行精确的位置和速度控制，无刷直流电机一般作调速

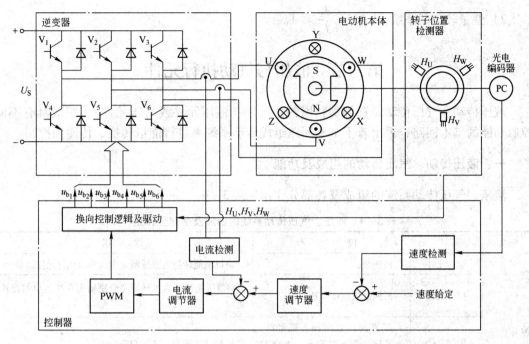

图 3 - 34 直流无刷电动机控制电路

驱动用，不作位置控制。

五、交流伺服电机的选择

实际应用中，首先分析控制对象的负载特性，选择电动机的容量，再根据用途选择合适的变频器类型。具体选择流程如下：

（1）首先考虑电动机能够提供负载所需的转矩和转速，就是能够提供克服峰值负载所需的功率（见式 3 - 25）：

$$P_m = (1.5 \sim 2.5)\frac{T_L P_n L_p}{1.5\eta} \tag{3 - 25}$$

其次，当电动机的工作周期可以与其发热时间常数相比较时，必须考虑电机的热额定问题，通常用负载的均方根功率作为确定电机发热功率的基础。

（2）发热校核见式（3 - 26）：

$$T_N \geqslant T_{Lr} \qquad T_{Lr} = \sqrt{\frac{\int_0^t (T_L + T_{La} + T_{LF})^2 dt}{t}} \tag{3 - 26}$$

（3）转矩过载校核见式（3 - 27）：

$$T_{Lmax} \leqslant T_{mmax} \qquad T_{mmax} = \lambda T_n \tag{3 - 27}$$

式中　T_{mmax}——过载转矩；

　　　T_n——额定力矩。

（4）伺服系统惯量匹配原则。

1）惯量较小的系统：$1 \leqslant \dfrac{J_L}{J_m} \leqslant 3$；

2）惯量较大的系统：$0.25 \leqslant \dfrac{J_L}{J_m} \leqslant 1$。

第六节　液压与气动执行元件

液压传动和气压传动装置都是利用各种元件（液压元件或气压元件），组成具有不同控制功能的基本回路，再由若干基本回路组成传动系统来进行能量转换、传递和控制。

一、液压传动、气压传动的组成及功能

液压、气压传动系统的组成及各部分作用见表 3 – 4。

表 3 – 4　液压、气压传动系统的组成及各部分作用

形式	组 成		作 用
液压传动	动力元件	液压泵	将机械能转换为液压能，用以推动执行元件运动
	执行元件	液压缸、液压马达	将液压能转换为机械能并分别输出直线运动和旋转运动
	控制元件	压力阀、方向阀、流量阀、电液比例阀、逻辑阀、电液数字阀、电液伺服阀等	控制液体压力、流量和流动方向
	辅助元件	油管、接头、油箱、滤油器、密封件等	输送液体、储存液体、对液体进行过滤、密封等
气压传动	气压发生装置	空气压缩机，气源净化装置	将机械能转化为空气的压力能；降低压缩空气温度除去空气中水分、油分
	执行元件	气缸、气马达、摆动马达	将压缩空气的压力能转变为机械能，并分别输出直线运动、连续回转和不连续回转运动
	控制元件	压力阀、方向阀、流量阀、逻辑元件、射流元件行程阀、转换器、传感器等	控制压缩空气压力、流量和流动方向
	辅助元件	分水滤气器、油雾器、消声器及管路附件等	使压缩空气净化、润滑、消除噪声及元件间连接等

二、液压传动——液压执行器

用液压元件组成的伺服系统称为液压伺服系统。液压伺服系统按输出物理量分为位置伺服系统、速度伺服系统、力伺服系统；按信号分为机液伺服系统、电液伺服系统、气液伺服系统；按元件分为阀控系统、泵控系统。

电液伺服系统是由电信号处理部分和液压的功率输出部分组成，系统的输入是电信号。在信号处理部分采用电元件，在功率输出部分使用液压元件，两者之间利用电液伺服阀作为连接的桥梁，有机地结合起来，构成电液伺服系统，具有响应速度快、输出功率大、结构紧凑等优点。

电液伺服系统有位置伺服控制系统、速度伺服控制系统、力或压力伺服控制系统。其中，最基本的、应用最广泛的是电液位置伺服系统。电液位置伺服控制系统常用于机床工

作台的位置控制、机械手的定位控制等。

　　液压伺服系统特点是：泵承载能力大、控制精度高、响应速度快、自动化程度高、体积小；但元件造价高、对油要求高、反应灵敏度高、效率较低（见图3－35）。

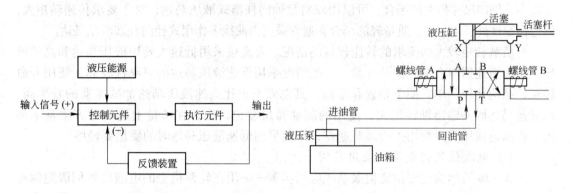

图3－35　液压伺服系统

　　液压机构是以具有压力的液体作为介质来实现能量传递与运动变换的。液压执行器可以输出较大的推力。液压执行器由控制元件和执行元件组成。在液压执行器中，输入量是控制装置的位移，而输出量是执行元件的位移。

　　液压执行器的液压缸中活塞的巨大推力是通过液压电磁阀来控制的，而液压电磁阀是由其内部的螺线管通入电流控制的。液动机构与机械传动的机构相比较，具有无级调速、输出功率大、工作平稳、控制方便，实现过载保护和液压元件具有自润滑特性、机构磨损小、寿命长等优点，其广泛应用于矿山、冶金、建筑、交通运输和轻工等行业。

　　液动执行机构主要由往复运动的液压缸、回转液压缸和各种阀组成。目前，世界上开发了各种数字式液压元件、电液伺服电机和电液步进电机。电液式电机的最大优点是比电动机力矩大，可以直接驱动执行机构，力矩惯量比大，过载能力强，适合于重载下的高加、减速驱动。

　　（一）液压执行器的选择

　　1. 液压缸的选择

　　选择液压缸时，先确定泵的输出压力，接着确定缸径，然后确定泵的流量，再确定行程大小。首先选择泵的输出压力，由于推力＝缸截面积×油压力，再根据推力和泵的输出压力计算缸径，再从缸径标准系列中确定缸径。泵的流量要根据需要的活塞速度选取。小流量的轴向柱塞泵流量系列有：每转10mL、25mL、40mL 等。泵的变量形式要根据需要的工作形式选取（定量泵、变量泵），然后确定油缸的固定形式等问题。

　　2. 液压马达的选择

　　高速小转矩液压马达的共同特点是外形尺寸和转动惯量小，换向灵敏度高，可适用于要求转矩小、转速高、换向频繁以及安装尺寸受到一定限制的机电设备。通常，当负载转矩较小，要求转速较高和压力小于14MPa 时，可选用齿轮式利叶片式液压马达；当压力超过14MPa 时，则选择轴向柱塞式液压马达。低速大转矩液压马达的共同特点是排量大、转速低，可以直接与执行机构相连。

　　目前普遍应用的三种常用低速大转矩液压马达为单作用径向柱塞式液压马达、双斜盘轴向柱塞式液压马达、内曲线多作用式径向柱塞液压马达。一般来说，对于低速稳定性要求不高、外形尺寸不受严格限制的场合，可采用结构简单的单作用径向杆塞式液压马达（曲轴连杆式径向柱塞液压马达和静力平衡式径向柱塞液压马达）；对于要求转速范围较宽、径向尺寸较小、轴向尺寸稍大的场合，可以用双斜盘轴向柱塞式液压马达；对于要求传递转矩大、低速稳定性好、体积小、质量轻的场合，通常采用内曲线多作用式径向柱塞液压马达。

对负载转矩较大而要求的转速较低的情况，有直接采用低速大转矩液压马达和高速液压马达加减速器组合两种驱动方案。一般情况采用低速液压马达的可靠性较高，使用寿命较长，结构比较简单，便于布置和维修，其总效率也比高速液压马达加减速器的效率高，但低速马达因共输出轴转矩大，使用的制动器尺寸也较大，在质量上这两种方案基本相近。若高速液压马达配用少齿差减速器，则比采用低速液压马达时的质量要轻些。

（二）电液位置伺服系统应用实例

图 3 - 36 所示为电液位置伺服系统应用实例——用在轧钢机上的电液位置伺服跑偏控制系统。带材轧制时，最后需要将带材整齐地卷在卷筒上。如图 3 - 36 所示，开卷机构固

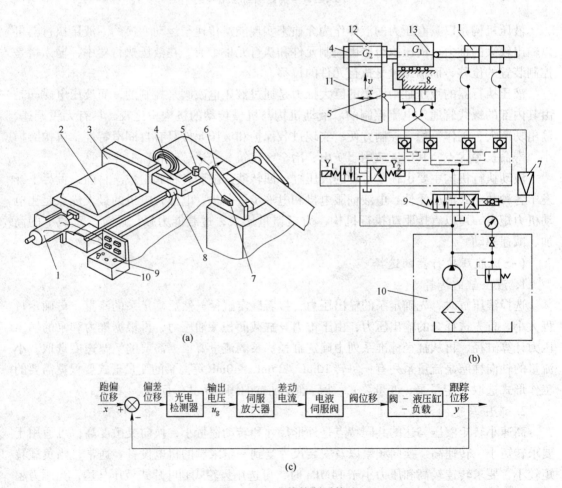

(a)

(b)

(c)

图 3 - 36 跑偏控制系统

（a）工作原理图；（b）液压系统图；（c）系统功能方框图

1—伺服液压缸；2—电动机；3—传动装置；4—卷筒；5—光电检测器；6—跑偏方向；7—伺服放大器；
8—辅助液压缸；9—伺服阀；10—能源装置；11—钢带；12—钢卷；13—卷取机

定在滑台上，滑台和液压缸的活塞连接，在活塞的带动下在机座的导轨上滑动。当开卷机构带动的带材发生偏移时，光电式边缘位置检测器检测出带材的偏移大小和方向，经伺服放大，由比例阀使液压缸活塞推动滑台向带材偏移的反方向运动，以补偿带材的偏移。

当张力不适当或波动太大、辊子偏心或有锥度，带材厚度不均匀或有横向弯曲等都会使带材跑偏。图 3-37 所示为跑偏控制系统电路简图。在光电式边缘位置检测器中，光源 1 发出的光线经扩束透镜 2 和会聚透镜 4，变为平行光束，投向透镜 3，再次被汇聚 ϕ8mm 左右的光斑，落到光电池 E_1 上。在平行光束到达透镜 4 的途中，有部分光线受到被测带材 6 的遮挡，从而使到达光电池的光通量 Φ 减少，光电流 I_Φ 也减少。E_1、E_2 是相同型号的光电池，E_1 作为测量元件装在带材下方，而 E_2 用遮光罩罩住，起温度补偿作用。当带材处于正确位置（中间位置）时，由运算放大器 A_1、A_2 组成的两路"光电池短路电流放大电路"输出相同，即 $U_{o1} = U_{o2}$，则比较电路 A_3 的输出电压 U_{o3} 为零。

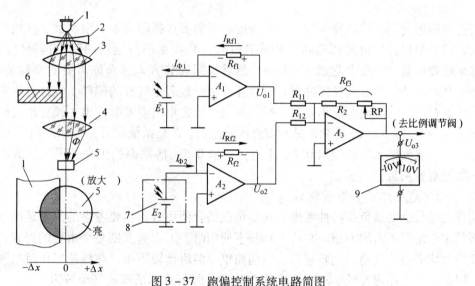

图 3-37　跑偏控制系统电路简图

1—光源；2—扩束透镜；3—平行光束透镜；4—会聚透镜；5—光电池 E_1；

6—带材；7—温度补偿光电池 E_2；8—遮光罩；9—跑偏指示

当带材左偏时，遮光面积减少，光电池 E_1 的受光面积增大，输出电流增加，导致 A_1 的输出电压 U_{o3} 为负值，它反映了带材跑偏的方向及大小。输出电压 U_{o3} 一方面由显示器显示出偏移的方向和大小，另一方面被送到比例液压阀，使液压缸中的活塞向右推动开卷机构，达到纠偏的目的。

三、气动传动——气动执行器

气动执行器是以压缩空气为动力的执行器。主要分为薄膜式与活塞式两大类，薄膜式执行器应用最广。气动执行器广泛应用在化工、炼油生产中，在冶金、电力、纺织等工业部门也得到大量使用。

（一）气动执行器的基本结构和工作原理

1. 气动薄膜执行器

气动薄膜执行器分有弹簧和无弹簧两种。气动薄膜执行器有正作用和反作用两种形式。当输入气压信号增加时推杆向下移动的称为正作用；反之，当输入气压信号增加时推杆向上移动的称为反作用。在工业生产中口径较大的调节阀通常采用正作用方式。

执行器推杆位移和输入气压信号成正比。

2. 气动活塞式执行器

气动活塞式执行器也分有弹簧和无弹簧两种。气动活塞式执行器的输出特性有比例式和两位式两种。两位式是根据输入活塞两侧操作压力的大小，活塞从高压侧被推向低压侧。比例式是在两位式的基础上加有阀门定位器，使推杆的位移和信号压力成比例关系。

3. 电信号气动长行程执行器

电信号气动长行程执行器是一种电–气复合式执行器，它可以将来自计算机的模拟输出信号转换为相对应的位移（角位移或直线位移），用以调节挡板、阀门等。

（二）气动执行器的选择

1. 气缸的选择

首先要根据使用环境选择气缸的种类考虑是否需要选择耐高温、耐腐蚀、抗扭转特性的气缸，接着根据耗气量选择活塞面积或者缸径，其次是根据运动的距离选择气缸的行程，如果需要压紧，一般会吃进 $3\sim5\text{mm}$。然后根据安装方式选择你需要的安装是角座、法兰还是耳环安装。再后选择缓冲形式、磁性开关，最后是气缸的配件。气缸最主要的数据是缸径和行程。气缸活塞面积或者缸径一般是：首先根据需要的输出力换算出气缸的活塞面积 $F = n \times P \times S$，公式中 F 是所需要的输出力，P 是系统压力，S 是活塞面积，n 是安全系数，一般气缸水平使用取 0.7，垂直使用取 0.5，活塞面积出来了再换算成活塞直径，一般气缸使用直径表示。

2. 气动马达另外还需要的选择

选择气动马达要从负载特性考虑，在变负载场合使用时，主要考虑的因素是速度的范围及满足工作情况所需的力矩。在均衡负载下使用时，工作速度则是个重要的因素。叶片式气动马达比活塞式气动马达转速高、结构简单，但启动转矩小，在低速工作时空气消耗量大。因此，当工作速度低于空载速度的 25% 时，最好选用活塞式气动马达。

气动马达的选择计算比较简单，先根据负载所需的转速和最大转矩计算出所需的功率，然后选择相应功率的气动马达，进而可根据马达的气压和耗气量设计气路系统。

（三）气压系统与液压系统的比较

气动机构与液动机构的工作原理基本相同，不同的是气动机构的工作介质是压缩空气，气动机构与液动机构相比，由于工作介质为空气，故易于获取和排放，不污染环境。气动机构还具有压力损失小，易于过载保护，易于标准化、系列化等优点。具体表述如下：

（1）空气可以从大气中取之不竭且不易堵塞；将用过的气体排入大气，无需回气管路处理方便；泄漏不会严重影响工作，不污染环境。

（2）空气黏性很小，在管路中的沿程压力损失为液压系统的千分之一，易于远距离控制。

（3）工作压力低，可降低对气动元件的材料和制造精度要求。

（4）对开环控制系统，它相对液压传动具有动作迅速、响应快的优点。

（5）维护简便，使用安全，没有防火、防爆问题；适用于石油、化工、农药及矿山机械的特殊要求。对于无油的气动控制系统则特别适用于无线电元器件生产过程，也适用于食品和医药的生产过程。

气压系统与电气、液压系统比较有以下缺点：

（1）气功装置的信号传递速度限制在声速范围之内，所以它的工作频率和响应速度远不如电气装置。并且信号产生较大失真和延迟，也不便于构成十分复杂的回路。但这个缺点对生产过程不会造成困难。

（2）空气的压缩性远大于液压油的收缩性，精度较低。

（3）气压传动的效率比液压传动还要低，且噪声较大。

（4）工作压力较低，不易获得大的推力。气压传动出力不如液压传动大。

（四）气动机构应用实例——气动机械手

气压驱动是最简单的一种驱动方式，其中不少气动系统应用于机器人。

图 3 - 38 所示为可移动式气动机械手结构示意图，它由真空吸头、水平气缸、垂直气缸、齿轮齿条副、回转缸及小车等组成，可在 3 个坐标内工作，一般用于装卸轻质、薄片工件，只要更换适当的手指部件，还能完成其他工作。

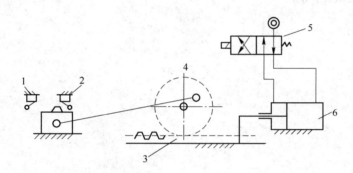

图 3 - 38　气动机构在气动机械手上的应用
1—行程开关 1；2—行程开关 2；3—齿轮齿条机构；
4—曲柄滑块机构；5—二位电磁换向阀；6—气缸

 习　题

3 - 1　机电一体化系统的执行元件分类及特点。

3 - 2　PWM 直流驱动调速、换向的工作原理。

3 - 3　简述步进电动机的种类及其特点。工作原理、环行分配方式、运行特性、步进电动机驱动电源的功率放大电路原理。

3 - 4　如图 3 - 20 所示的电机驱动系统，已知工作台的质量 $m = 50\text{kg}$，负载力 $F_1 = 1000\text{N}$，最大加速度为 10m/s^2，丝杠直径 $d = 20\text{mm}$，导程 $P_h = 4\text{mm}$，齿轮减速比 $i = 5$，总效率 $\eta = 30\%$，忽略丝杠惯量的影响，试计算电机的驱动力矩。

3 - 5　已知某工作台采用直流电机丝杠螺母机构驱动（见图 3 - 20），已知工作台的行程 $L = 250\text{mm}$，丝杠导程 $P_h = 4\text{mm}$，齿轮减速比 $i = 5$，要求工作台位移的测量精度为 0.005mm 忽略齿轮和丝杠的传动误差）。

（1）试采用高速端测量方法，确定旋转编码器的每转脉冲数。

（2）若将传感器与丝杠的端部直接相连，$n_0 = 500$ 脉冲/转的旋转编码器是否合用。

3-6 某开环数控车床的伺服进给系统，已知：工作台质量 $m = 300 \text{kg}$，导轨的摩擦系数 $u = 0.2$，最大轴向载荷 $F_{max} = 500 \text{kgf}$，丝杠的导程 $p = 6 \text{mm}$，公称直径 $d = 45 \text{mm}$，螺旋升角 $\lambda = 2°11'$，摩擦系数 $\mu_s = 0.0025$，丝杠总长度 $L = 2.44 \text{m}$，两端最大支承长度 $l = 1.8 \text{m}$，支承轴向刚度 $K_B = 1.96 \times 10^8 \text{N/m}$，丝杠螺母间的接触刚度为 $K_N = 1.02 \times 10^9 \text{N/m}$；选定四相反应式步进电机，其步距角 $\alpha = 1.5°$，最大静转矩 $T_s = 10 \text{N} \cdot \text{m}$，转子转动惯量 $J_m = 1.8 \times 10^{-3} \text{kg} \cdot \text{m}^2$。要求系统脉冲当量 $\delta = 0.005 \text{mm/pulse}$，空载启动时间 $\Delta t = 0.02 \text{s}$，最大进给速度 $v_{max} = 1.2 \text{m/min}$，试对系统进行以下设计验算：

（1）计算减速传动比 i，并分配传动比。

（2）等效转动惯量计算，并验算惯量匹配（计算齿轮转动惯量时，选定齿轮模数 $m = 2 \text{mm}$，齿宽 $b = 20 \text{mm}$，$\rho = 7.8 \times 10^3 \text{kg/m}^3$）。

（3）快速空载启动时电机轴的力矩和在最大载荷作用下所需的力矩。

（4）传动系统的综合拉压刚度 K_{min}（取弹性模量 $E = 210 \text{GPa}$）。

（5）系统固有频率 ω_n。

（6）丝杠的传动效率 η。

第四章 机电系统的电气控制

任何一台机电设备，都少不了开关、按钮、指示灯等电气元件，而对它们的控制，就涉及电气控制方面的知识。电气控制是机电控制的基础，同时也是学习可编程控制器的基础，在讲解可编程控制器之前，先学习电气控制部分内容，很有必要。

第一节 常用低压电器

工作在交流电压 1200V 或直流电压 1500V 及以下的电路中起通断、保护、控制或调节作用的电器产品都叫做低压电器。如刀开关、熔断器、低压断路器等。

根据不同的控制方法低压电器可以分为不同类型：如果按动作性质，低压电器可以分为非自动电器和自动电器；如果按用途，低压电器可以分为控制电器、主令电器、保护电器、配电电器、执行电器。

按动作性质分为：

（1）非自动电器：无动力机构，靠人力或外力来接通或切断电路，如开关。

（2）自动电器：有电磁铁等动力机构，按照信号指令或参数变化而自动动作，如继电器。

按用途分为：

（1）控制电器：用于各种控制电路和拉制系统的电器，如接触器、继电器等。

（2）主令电器：用于自动拉制系统中发送拉制指令的电器，如按钮、行程开关等。

（3）保护电器：用于保护电路及用电设备的电器，如熔断器、热继电器等。

（4）配电电器：用于电能的输送和分配的电器，如低压断路器。

（5）执行电器：用于完成某种动作或传动功能的电器，如电磁铁、电磁离合器等。

主令电器是用来闭合和断开控制回路，以发出命令改变控制系统工作状态的电器。常用的主令电器有按钮、万能转换开关、行程开关、接近开关等。作用是接通或断开控制电路。

一、刀开关

刀开关又称闸刀，接通或断开长期工作设备的电源。一般用于不需要经常切断与接通的交、直流低压电路中。在机床中，刀开关主要用作电源开关，它一般不用来开断电动机的工作电流。一般刀开关结构如图 4-1 所示。

刀开关分单极、双极和三极。刀开关的额定电流是指长期允许流过的最大负荷电流。其值选取应大于或等于所有可能同时工作负荷电流之和。常用的三极刀开关长期允许通过的电流有 100A、200A、400A、600A 和 1000A 五种。目前生产的产品有 HD（单极）和 HS（双极）等系列。在电气系统中，刀开关用如图 4-1 所示符号表示，其文字符号用 Q 或 QG 表示。

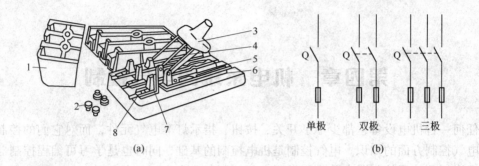

图 4-1　刀开关

(a) HK2 系列瓷底胶盖刀开关；(b) 刀开关的图形及文字符号

1—胶盖；2—胶盖紧固螺钉；3—瓷柄；4—动触头；5—出线座；6—瓷底座；7—静触头；8—进线座

刀开关控制对象为 380V、5.5kW 以下小电机。考虑到电机较大的启动电流，刀闸的额定电流值一般选择 3~5 倍异步电机额定电流。

二、按钮

按钮开关适用于交流电压 500V 或直流电压 440V，电流为 5A 及以下的电路。一般情况下，它不直接操纵主电路的通断，而是在控制电路中发出指令，通过接触器、继电器等电器去控制主电路；也可用于电气连锁等线路中。

按钮开关一般由按钮帽、复位弹簧、桥式动触头、静触头、支柱连杆及外壳等部分组成。复合按钮是把常开按钮和常闭按钮在一起的按钮（见图 4-2）。

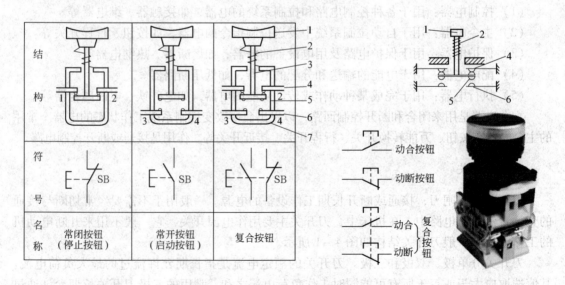

图 4-2　复合按钮

1—按钮帽；2—复位弹簧；3—支柱连杆；4—常闭触头；5—桥式触头；6—常开触头；7—外壳

按钮帽的颜色有红、绿、黑、黄、白、蓝、灰等。红色——"停止"和"急停"；绿色——"启动";黑色——"点动";蓝色——"复位";黑色、白色或灰色——"启动"与"停止"交替动作。

三、行程开关

行程开关又称限位开关，是根据运动部件位置而切换电路的自动控制电器。行程开关用来控制某些机械部件的运动行程和位置或限位保护，用作电路的限位保护、行程控制、自动切换等。行程开关结构与按钮类似，但它的动作要有机械撞击。动作时，由挡块与行程开关的滚轮碰撞，使触头接通或断开，用来控制运动部件的运动方向、行程大小或位置保护。

行程开关包括常开（动合）触头和常闭（动断）触头，如图4-3所示。

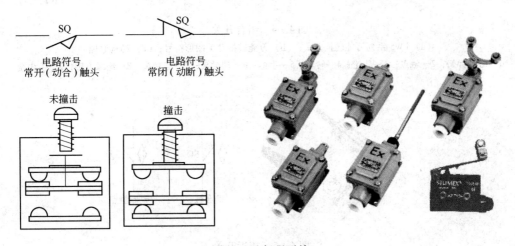

图 4-3 行程开关

四、组合开关

组合开关又称转换开关，常用于交流50Hz/380V以下及直流220V以下的电气线路中，供手动不频繁的接通和断开电路、换接电源和负载，以及控制5kW以下小容量异步电动机的启动、停止和正反转，其结构主要有绝缘杆、静触片和动触片等组成。

组合开关本身不带过载和短路保护装置，在它所控制的电路中，必须另外加装保护设备，才能保证电路和设备安全。如果组合开关控制的用电设备功率因数较低，应按容量等级降低使用，以利于延长其使用寿命。

组合开关实质上是一种刀开关，它主要作为电源引入开关，也可用来直接控制小容量异步电机非频繁启、停控制。组合开关较刀开关更灵巧方便，除通断外，还有转换功能（见图4-4）。

组合开关的选型主要根据电源种类、电压等级、所需触点数和电动机容量等参数。

五、接近开关

接近开关又称无触点行程开关，它是一种非接触型的检测装置，可以代替行程开关完成传动装置的位移控制和限位保护，还广泛用于检测零件尺寸、测速和快速自动计数以及加工程序的自动衔接等（见图 4 - 5）。

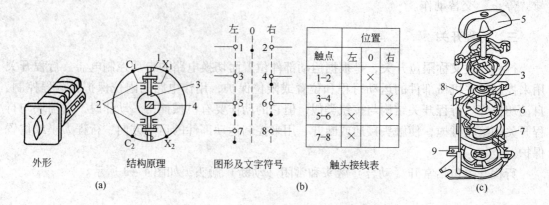

图 4 - 4　组合开关

（a）LW5 系列万能转换开关；（b）万能转换开关图形符号；（c）结构原理

1—触点弹簧；2—触点；3—凸轮；4—转轴；5—手柄；6—动触头；7—静触头；8—绝缘方轴；9—接线端

图 4 - 5　接近开关

六、熔断器

熔断器是主要用作短路保护，串联接入被保护电路中，当电路中电流超过规定值一定时间后，以它本身产生的热量使熔体熔化而分断电路的电器。熔断器串接于被保护电路中，是一种当电流超过规定值一定时间后，广泛应用于低压配电系统及用电设备中作短路和过电流保护的电器。

熔断器主要由熔体（俗称保险丝）和安装熔体的熔管（或熔座）组成。熔断器的熔体与被保护的电路串联，当电路正常工作时，熔体允许通过一定大小的电流而不熔断。当电路发生短路或严重过载时，熔体中流过很大的故障电流，当电流产生的热量使熔体温度升高达到熔点时，熔体熔断并切断电路，从而达到保护的目的（见图 4 - 6）。

熔断器的额定电压必须等于或大于线路的额定电压；熔断器的额定电流必须等于或大于所装熔体的额定电流。熔断器的分断能力应大于电路中可能出现的最大短路电流。

七、继电器

继电器是一种根据某种输入信号的变化，接通或断开控制电路，实现控制目的的自动控制电器。它是一种根据电气（电流，电压等）或非电气量（热、时间、转速、压力等）

熔断器的电气符号

图 4 - 6　熔断器

的变化，接通或断开控制电路，以完成控制或保护任务的电器。继电器可以分为如下几类：（1）电磁式继电器；（2）时间继电器；（3）热继电器；（4）速度继电器；（5）其他继电器，如温度继电器、压力继电器等。

（一）电磁式继电器

低压控制系统中的控制继电器大部分为电磁式结构。电磁式继电器由电磁机构和触头系统两个主要部分组成。电磁机构由线圈、铁芯、衔铁组成。触头系统由于其触点都接在控制电路中，且电流小，故不装设灭弧装置。它的触点一般为桥式触点，有动合和动断两种形式。另外，为了实现继电器动作参数的改变，继电器一般还具有改变弹簧松紧和改变衔铁打开后气隙大小的装置，即反作用调节螺钉。

当通过电流线圈的电流超过某一定值，电磁吸力大于反作用弹簧力，衔铁吸合并带动绝缘支架动作，使动断触点断开，动合触点闭合。通过调节螺钉来调节反作用力的大小，即调节继电器的动作参数值。图4 - 7所示为电磁式继电器的典型结构示意图。

电磁式继电器又可分为中间继电器、电压继电器、电流继电器等。中间继电器本质上是电压继电器，以增加控制电路中的信号数量或将信号放大。其输入信号是线圈的通电和断电，输出信号是触头的动作。由于触头的数量较多，所以可用来控制多个元件或回路。中间继电器通常用于传递信号和同时控制多个电路，也可直接用它来控制小容量电动机或其他电气执行元件。

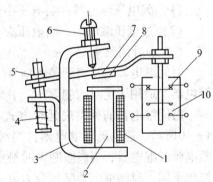

图 4 - 7　电磁式继电器典型结构示意图
1—线圈；2—铁芯；3—磁轭；4—弹簧；
5—调节螺母；6—调节螺钉；7—衔铁；
8—非磁性垫片；9—动断触点；10—动合触点

中间继电器的触头对数多，且没有主辅之分，各对触头允许通过的电流大小相同，多数为5A。一般来说，中间继电器触头容量小，触点数目多，用于控制线路。对于工作电流小于5A的电气控制线路，可用中间继电器代替接触器实施控制。

中间继电器图形、文字符号及外观图如图4 - 8所示。

例如：JZ7系列中间继电器适用于交流50Hz，电压至380V及直流电压220V的控制电器中，用来控制各种电磁线圈，以使讯号得到放大，或将讯号同时传给数个有关的控制元件。

电压继电器根据电压信号而动作，具有保护作用。一般并于电路中，分为过电压、欠电压继电器（见图4 - 9）。

图 4-8　中间继电器图形、文字符号及外观图

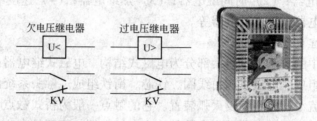

图 4-9　电压继电器

（1）欠电压继电器：当电压小于某值时，衔铁释放。用于电压过小时切断电路。

（2）过电压继电器：当电压大于某值时，衔铁吸合。用于电压过大时切断电路。

（二）时间继电器

时间继电器是从得到输入信号（线圈通电或断电）起，经过一段时间延时后才动作的继电器。适用于定时控制。

时间继电器的种类按延时方式有断电延时时间继电器和断电延时时间继电器，如图4-10所示。通电延时继电器：当线圈通电时触点延时动作，线圈断电时触点瞬时动作。断电延时继电器：当线圈断电时触点延时动作，线圈通电时触点瞬时动作。另外，按工作原理不同，时间继电器又可分为电磁阻尼式、空气阻尼式、晶体管式时间继电器。

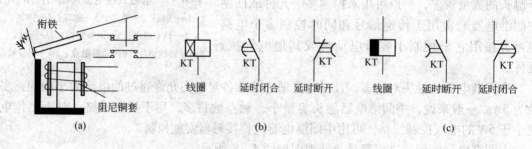

图 4-10　时间继电器

（a）直流电磁式结构图；（b）通电延时；（c）断电延时

时间继电器的工作原理：当衔铁未吸合时，磁路气隙大，线圈电感小，通电后激磁电流很快建立，将衔铁吸合，继电器触点立即改变状态。而当线圈断电时，铁芯中的磁通将衰减，磁通的变化将在铜套中产生感应电动势，并产生感应电流，阻止磁通衰减，当磁通

下降到一定程度时，衔铁才能释放，触头改变状态。因此继电器吸合时是瞬时动作，而释放时是延时的，故称为断电延时。时间继电器的选型主要考虑延时方式、电源、价格、温度、操作频率五个方面。

空气式延时继电器如图4－11所示。

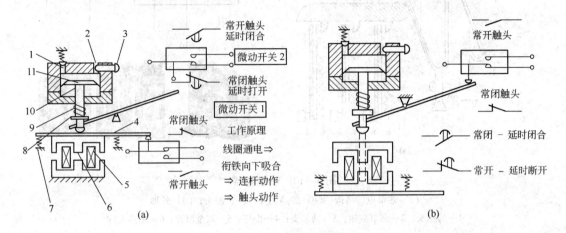

图4－11 空气式延时继电器
（a）通电延时的空气式时间继电器结构示意图；（b）断电延时的空气式时间继电器结构示意图
1—排气孔；2—进气孔；3—调节螺丝；4—托板；5—线圈；6—动铁芯；
7—恢复弹簧；8—挡块；9—释放弹簧；10—活塞杆；11—橡皮膜

空气阻尼式时间继电器主要由电磁系统、工作触头、延时机构和传动机构等四部分组成。当线圈通电后，铁芯将衔铁吸合，活塞杆在宝塔形弹簧的作用下，带动活塞及橡皮膜向上移动，由于橡皮膜下方气室空气稀薄，形成负压，因此活塞杆带动杠杆只能缓慢地移动。经过一段时间，活塞才完成全部行程而压动微动开关，延时时间的长短取决于进气的快慢，旋动调节螺钉可调节进气孔的大小，即可达到调节时间长短的目的。

时间继电器的型号有JS7－A、JJSK2等多种类型。空气式时间继电器的延时范围有0.4~60s和0.4~18s。

（三）热继电器

热继电器是一种利用流过继电器的电流所产生的热效应来切换电路的保护电器。它主要用于电动机的过载保护、断相保护、电流不平衡运行的保护及其他电气设备发热状态的控制。

当电动机绕组因过载引起过载电流时，发热元件所产生的热量足以使主双金属片弯曲，推动导板移动，使推杆绕轴转动，推动动触头连杆使动触头与静触头分开，从而使电动机线路中的接触器线圈断电释放，将电源切断，起到了保护作用。如图4－12所示，热继电器动作后的复位有手动复位和自动复位两种，手动复位的功能由复位按钮来完成。

热继电器的主要参数是热元件的额定电流（热元件能够长期通过而不至于引起热继电器动作的最大电流值）。

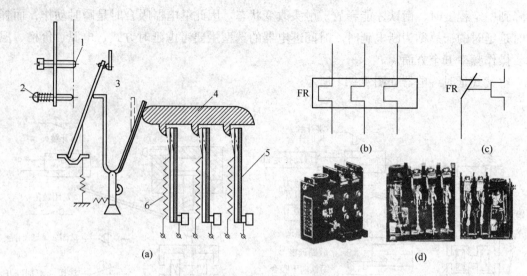

图 4 – 12　热继电器

（a）热继电器结构；（b）加热元件；（c）触头；（d）外形

1—静触头；2—调节旋钮；3—动触头；4—推杆；5—双金属片；6—加热元件

（四）速度继电器

速度继电器是利用转轴的转速来切换电路的自动电器，它主要用作鼠笼式异步电动机的反接制动控制中，故也称为反接制动继电器。它的结构包括定子、转子和触头，原理上与异步电动机类似，套有永久磁铁的轴与被控电动机的轴相连，用以接受转速信号。当转速达到规定值时，动作与接触器配合，可以实现对电动机的反接制动。速度继电器根据电动机的额定转速进行选择。速度继电器的图形符号和文字符号如图 4 – 13 所示。

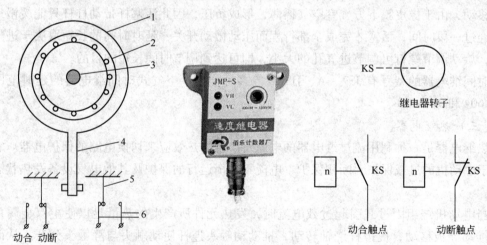

图 4 – 13　速度继电器

1—外环；2—鼠笼绕组；3—永久磁铁；4—顶块；5—动触点；6—静触点

速度继电器的参数动作转速大于 120rpm，复位转速小于 100rpm。

（五）其他继电器

其他继电器还有温度继电器、压力继电器等，它们主要应用在温度、压力等参量的检测与控制中（见图4-14）。

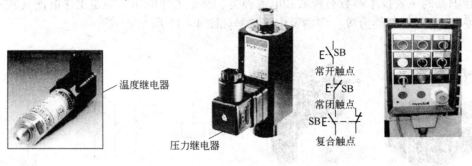

图4-14 其他继电器

八、接触器

接触器是继电器-接触器控制系统中最重要和常用的元件之一，是一种用来频繁地接通或断开有负载的主电路的自动控制器，它是一种在电磁力的作用下，能够自动地接通或断开带有负载的主电路（如电动机）的自动控制电器。

接触器的结构包括以下几个部分（见图4-15）：

（1）电磁机构：产生电磁力，带动触头动作。

（2）触头系统：主触头分断主电路和大电流电路；辅助触头用于控制。

（3）灭弧装置：容量较小时采用电动力吹弧和灭弧罩；容量较大时采用窄缝灭弧和栅片灭弧。

（4）其他辅助部件：反力弹簧、传动机构、支架底座等。

注意：电器元件的各部分，在外观上看是一个整体，但电气原理图中同一电器的各部分是分散的，分散的各部分都用相同的文字符号表示。

接触器的工作原理如下：电磁系统利用电磁线圈的通电或断电，使衔铁和铁芯吸合或释放，从而带动动触头与静触头闭合或分断，实现接通或断开电路的目的。触头系统中的主触头用以通断电流较大的主电路，一般由三对接触面较大的常开触头组成；辅助触头用以通断电流较小的控制电路，一般由两对常开和两对常闭触头组成。

接触器按吸引线圈所通电流性质的不同，电磁铁可分为直流电磁铁和交流电磁铁。直流电磁铁由于通入的是直流电，其铁芯不发热，只有线圈发热，因此线圈与铁芯接触以利散热，线圈做成无骨架、高而薄的瘦高型，以改善线圈自身散热。铁芯和衔铁由软钢和工程纯铁制成。交流电磁铁由于通入的是交流电，铁芯中存在磁滞损耗和涡流损耗，线圈和铁芯都发热，所以交流电磁铁的吸引线圈有骨架，使铁芯与线圈隔离并将线圈制成短而厚的矮胖形，以利于铁芯和线圈的散热。铁芯用硅钢片叠加而成，以减小涡流。当线圈中通以直流电时，气隙磁感应强度不变，直流电磁铁的电磁吸力为恒值。当线圈中通以交流电时，磁感应强度为交变量，交流电磁铁的电磁吸力 F 在0（最小值）~F_m（最大值）之间变化。在一个周期内，当电磁吸力的瞬时值大于反力时，衔铁吸合；当电磁吸力的瞬时值小于反力时，衔铁释放。所以电源电压每变化一个周期，电磁铁吸合两次、释放两次，使电磁机构产生剧烈的振动和噪声，因而不能正常工作。为了消除交流电磁铁产生的振动和噪声，在铁芯的端面开一小槽，在槽内嵌入铜制短路环。

接触器的主要技术参数有极数和电流种类、额定工作电压、额定工作电流（或额定控制功率）、额定通断能力等。实物及电气符号如图4－15所示。

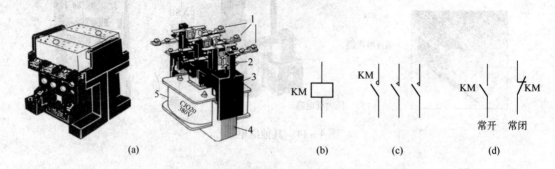

图4－15　接触器

（a）结构示意图；（b）线圈；（c）主触头；（d）辅助触头
1—主触头；2—辅助触头；3—动铁芯；4—静铁芯；5—线圈

选用交流接触器方法如下：

（1）选择接触器主触头的额定电压。接触器的主触头的额定电压应大于或等于控制线路的额定电压。

（2）选择主触头的额定电流。接触器控制电阻性负载时，主触头的额定电流应等于负载的额定电流。接触器控制电动机负载时，主触头的额定电流应大于或稍大于电动机的额定电流。

（3）选择接触器吸引线圈的电压。当控制线路简单，使用电器较少时，为节省变压器，可直接选用380V或220V的电压。当线路复杂，使用电器超过5个时，从人身和设备安全角度考虑，吸引线圈电压要选低一些，可用36V或110V电压的线圈。

（4）选择接触器的触头数量及类型。接触器的触头数量、类型应满足线路的要求。

接触器与继电器的区别有以下两个方面：

（1）继电器触点无主辅之分，一般用于控制小电流的电路，触点额定电流不大于5A，没有灭弧装置，而接触器一般用于控制大电流的电路，主触点额定电流不小于5A，有的加有灭弧装置。

（2）接触器只能对电压作出反应，而继电器可在电量或非电量作用下动作，如时间继电器、速度继电器、压力继电器等。

接触器的主触点可以通过大电流；继电器的体积和触点容量小，触点数目多，且只能通过小电流。所以，继电器一般用于控制电路中。

九、低压断路器

低压断路器又称自动开关或空气开关，相当于刀开关、熔断器、热继电器和欠电压继电器的组合，是一种既有手动开关作用又能自动进行欠压、失压、过载和短路保护的电器。低压断路器主要用于在不频繁操作的低压配电线路或开关控制柜（箱）中作为电源开关使用或用来作电动机的过载与短路保护。它不但能用于正常工作时不频繁地接通和断开电路，而且当电路中发生短路、过载和失压等故障时，能自动切断故障电路，保护线路和电气设备。

（一）作用

低压断路器用于不频繁地接通或断开负载电路，具有过载、短路、失压保护功能。跳闸后，不需更换元件。自动开关不但能用于正常工作时手动通、断电路，而且当电路发生过载、短路或失压等故障时，能自动切断电路，有效地保护串接在后的电器设备。

（二）分类

（1）按用途自动开关可分为保护线路、保护电动机、保护照明电路。

（2）按所含有的脱扣器自动开关可分为失压脱扣器、过载脱扣器、过电流脱扣器等。

（3）按主电路极数自动开关可分为单极、双极、三极。

（4）按结构形式分有 DW15、DW16、CW 系列万能式（又称框架式）和 DZ5 系列、DZ15 系列、DZ20 系列、DZ25 系列塑壳式断路器。图 4 – 16 所示为断路器的型号含义、电气符号和实物。

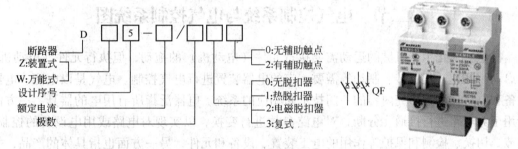

图 4 – 16 断路器的型号含义、电气符号和实物图

自动开关主要选择参数有极数，额定工作电压、额定工作电流（或额定控制功率），欠压脱扣器额定电压。

（三）结构

不论哪种自动开关，从结构看都是由以下三部分组成：

（1）主触点及灭弧系统（执行部分）：接通/分断主电路；由于灭弧能力强，能断开短路电流。具有过载、短路、失压保护作用。

（2）各种脱扣器（感测元件）：接收电路的故障信号。

（3）操作机构（机械传递部件）：由脱扣器接收信号后由实现自动/手动跳闸的任务。

断路器的结构和工作原理（见图 4 – 17）：低压断路器主要由触头、灭弧装置、操动机构和保护装置等组成。断路器的保护装置由各种脱扣器来实现。断路器的脱扣器形式有欠压脱扣器、过电流脱扣器、分励脱扣器等。当电路发生短路或严重过载时，电磁脱扣器会吸引衔铁，使触点分断。当发生一般过载时，电磁脱扣器不动作，但发热元件会使双金属片受热弯曲变大，推动杠杆使触点断开。欠压脱扣器与电磁脱扣器恰恰相反，当电路正常工作时，衔铁吸合；当电源电压降到某一值时，欠压脱扣器的衔铁释放，杠杆被撞击而导致触点分断。选型：断路器既能接通或分断正常工作电流，也能自动分断过载或短路电流，因此选择自动开关时，其额定电压和额定电流应不小于电路正常工作的电压和电流，脱扣器的整定电流与所控的电动机或负载额定电流一致。

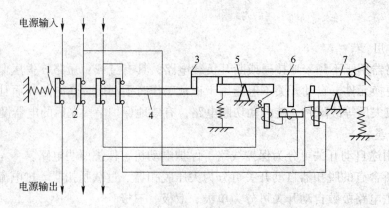

图 4 - 17　低压断路器结构和工作原理

1—释放弹簧；2—主触点手动闭合；3—锁钩；4—连杆装置；

5—过流脱扣器；6—过载脱扣器；7—欠压脱扣器；8—衔铁

第二节　电气控制系统与电气控制系统图

机电一体化生产机械的运动需要执行元件（电动机）的拖动，但执行元件（电动机）的启动、调速、正反转、制动等需要一定的电器装置进行电气控制。电气是以电能、电器设备和电气技术为研究内容的一门技术和相应的系统。电器泛指所有用电的器具。一方面指用于对电路进行接通、分断，对电路参数进行变换，以实现对电路或用电设备的控制、调节、切换、检测和保护等作用的电工装置、设备和元件，另一方面也指具体的产品，如家用电器。

实际的生产机械系统用继电器、接触器、按钮、行程开关等电器元件，按一定的接线方式组织而成的系统称为电气控制系统。电气控制系统的主要元件都安装在电控柜内。

一、电气控制系统图

电气控制系统是由许多电气元件按一定要求连接而成的。电气控制系统中各电气元件及其连接可用一定的图形表达出来，这种图称为电气控制系统图。电气控制系统图是指根据国家电气制图标准，用规定的电气符号、图线来表示系统中各电气设备、装置、元器件的连接关系的电气工程图。电气控制系统图包括：（1）电气原理图；（2）电器安装图；（3）电气接线图。

二、电气控制图的画法规则

（一）电气原理图

电气原理图表示电气控制线路的工作原理及各电器元件的作用和相互关系，而不考虑各元件的实际安装位置和连线情况。这样做的好处是便于阅读和分析控制系统。但电气原理图并不反映电器元件的实际大小和安装位置。

电气原理图使用国家统一规定的电气图形符号和文字符号：如"K"表示继电器、接触器类，"F"表示保护器件类等，单字母符号应优先采用。双字母符号是由一个表示种类的单字母符号与另一字母组成，其组合应以单字母符号在前，另一字母在后的次序列出。

电气原理图用图形和文字符号表示电路中各个电器元件的连接关系和电气工作原理，它并不反映电器元件的实际大小和安装位置，如图4-18所示。电气原理图绘制原则如下：

（1）电气原理图一般分为主电路、控制电路和辅助电路3个部分。主电路用粗实线绘在左侧；控制电路用细线绘在右侧（或上部）；辅助电路用细实线表示，画在右边（或下部）。

（2）电气原理图中所有电器元件的图形和文字符号必须符合国家规定的统一标准。原理图中，各电器元件采用国家规定的图形符号来画，属于同一电器的线圈和触点，都用同一文字符号表示。当使用相同类型电器时，可在文字符号后加数字序号来区分。

（3）在电气原理图中，所有电器的可动部分均按原始状态画出（即未通电或未受外力的状态）。

（4）动力电路的电源线应水平画出；主电路应垂直于电源线画出；控制电路和辅助电路应垂直于两条或几条水平电源线之间；耗能元件（如线圈、电磁阀、照明灯和信号灯等）应接在下面一条电源线一侧，而各种控制触点应接在另一条电源线上。

（5）应尽量减少线条数量，避免线条交叉。同一电器的导电部件可以不画在一起，但文字相同。

（6）在电气原理图上应标出各个电源电路的电压值、极性或频率及相数；对某些元器件还应标注其特性（如电阻、电容的数值等）；不常用的电器（如位置传感器、手动开关等）还要标注其操作方式和功能等。

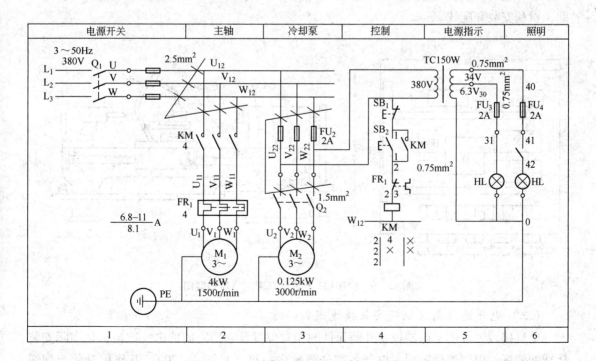

图4-18　CW6132型车床电气原理图

（7）为方便阅图，在电气原理图中可将图幅分成若干个图区，图区行的代号用英文字母表示，一般可省略，列的代号用阿拉伯数字表示，其图区编号写在图的下面，并在图的顶部标明各图区电路的作用。

（8）在继电器、接触器线圈下方均列有触点表以说明线圈和触点的从属关系，即"符号位置索引"。也就是在相应线圈的下方，给出触点的图形符号（有时也可省去），对未使用的触点用"×"表明（或不作表明）。

（二）电气安装图（又称电器元件布置图、电气设备安装图）

电气安装图表明电气设备在机械设备上和电器控制柜中各电器元件的实际安装位置的图，其作用是便于制造、加工、安装。电气安装图中各电器代号应与有关电路和电器清单上所有元器件代号相同。

CW6132 型车床电器安装图示例如图 4-19 所示，方框内器件在电控柜中；圆圈内器件在机床上；电器安装图绘制原则如下：

（1）体积大和较重的电器元件应安装在电器安装板的下方，而发热元件应安装在电器安装板的上面。

（2）强电、弱电应分开，弱电应屏蔽，防止外界干扰。

（3）需要经常维护、检修、调整的电器元件安装位置不宜过高或过低。

（4）电器元件布置不宜过密，应留有一定间距。如用走线槽，应加大各排电器间距，以利布线和维修。

（5）电器元件的布置应考虑整齐、美观、对称。外形尺寸与结构类似的电器安装在一起，以利安装和配线。

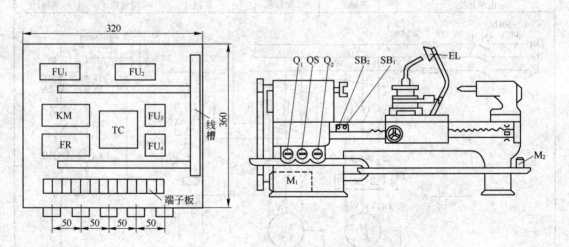

图 4-19　CW6132 型普通车床的电器布置图

（三）电气连接图（电气安装接线图）

电气接线图表明了电器设备外部元件的相对位置及它们之间的电气连接，是实际安装接线的依据。电气连接图同一电器各部分要画在一起（见图 4-20），其作用是便于配线和检修。

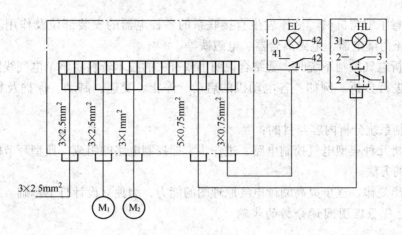

图 4-20　CW6132 型车床电气互连图

电气连接图绘制原则如下：

（1）各电器元件的图形符号、文字符号和回路标记均以电气原理图为准，并保持一致。

（2）各电气元件均按实际安装位置绘出。

（3）一个元件中所有的带电部件均画在一起，并用点画线框起来，即采用集中表示法。

（4）各电气元件上凡是需接线的部件端子都应绘出，并予以编号，各接线端子的编号必须与电气原理图上的导线编号相一致。

（5）绘制安装接线图时，走向相同的相邻导线可以绘成一股线。

（6）对于控制装置的外部连接线应在图上或用接线表表示清楚，并注明电源的引入点。

第三节　继电器接触器控制电路的分析与设计

一、电气控制线路分析

（一）电气控制线路分析的内容

电气控制系统分析的具体内容如下：

（1）设备说明书。

（2）电气控制原理图。

（3）电气设备总装接线图。

（4）电器元件布置图与接线图。

电气控制系统分析注意如下几个问题：

（1）了解系统的主要技术性能及机械传动、液压和气动的工作原理。

（2）弄清各电动机的安装部位、作用、规格和型号。

（3）掌握各种电器的安装部位、作用以及各操纵手柄、开关、控制按钮的功能和操纵方法。

（4）注意了解与机械、液压发生直接联系的各种电器的安装部位及作用。如行程开关、撞块、压力继电器、电磁离合器、电磁铁等。

（5）分析电气控制系统时，要结合说明书或有关的技术资料将整个电气线路划分成几个部分逐一进行分析。例如：各电动机的启动、停止、变速、制动、保护及相互间的联锁等。

电气控制系统分析内容与目的：

（1）分析几种典型电气控制电路，进一步掌握控制电路的组成，典型环节的应用及分析控制电路的方法。

（2）找出规律，逐步提高阅读电气原理图的能力，为独立设计打下基础。

（二）电气原理图阅读分析的步骤

1. 分析主电路

从主电路入手，根据每台电动机和执行电器的控制要求去分析它们的控制内容。控制内容包括启动、转向控制、调速、制动等。

2. 分析控制电路

根据主电路中各电动机和执行电器的控制要求，逐一找出控制电路中的控制环节，利用前面学过的典型控制环节的知识，按功能不同将控制线路"化整为零"来分析。分析控制线路最基本的方法是查线读图法。

3. 分析辅助电路

辅助电路包括电源指示、各执行元件的工作状态显示、参数测定、照明和故障报警等部分，它们大多是由控制电路中的元件来控制的，所以在分析辅助电路时，还要回过头来对照控制电路进行分析。

4. 分析联锁及保护环节

机床对于安全性及可靠性有很高的要求，实现这些要求，除了合理地选择拖动和控制方案外，还在控制线路中设置了一系列电气保护和必要的电气联锁。

5. 总体检查

查线读图法是分析电气原理图的最基本的方法，其应用也最广泛。

（三）电气原理图阅读分析的方法

电气原理图阅读分析的方法如下：

（1）认识符号。

（2）熟悉控制设备的动作情况及触头状态。

（3）弄清控制目的和控制方法。

（4）按操作后的动作流程来分析动作过程。

（5）假设故障分析现象。

（四）基本电路的结构特点

基本电路的结构特点如下：

（1）自锁：接触器常开触点与启动按钮常开触点相并联。

（2）互锁：两个接触器的常闭触点串联在对方线圈的电路中。

（3）点动：无自锁环节。

（4）多地：按钮的常开触点并联、常闭触点串联。

（5）顺序：若启动顺序为：先甲后乙，则在乙线圈电路中串联甲的常开触点；若停止顺序为：先乙后甲，则在甲停止按钮并联乙的常开触点。

二、基本的控制线路

（一）启动、自锁与停止控制电路

生产设备在使用时，一般都必须有启动与停止按钮，用于控制设备的启动与停止。

1. 点动控制电路

点动控制电路是用按钮和接触器控制电动机最简单的控制线路，其原理图如图4-21所示，分为主电路和控制电路两部分。

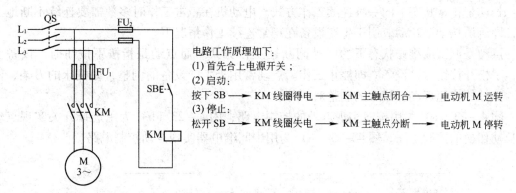

电路工作原理如下：
(1) 首先合上电源开关；
(2) 启动：
按下 SB ⟶ KM 线圈得电 ⟶ KM 主触点闭合 ⟶ 电动机 M 运转
(3) 停止：
松开 SB ⟶ KM 线圈失电 ⟶ KM 主触点分断 ⟶ 电动机 M 停转

图4-21　点动控制电路

这种当按钮按下时电动机就运转，按钮松开后电动机就停止的控制方式，称为点动控制。

2. 自锁控制电路

自锁与互锁的控制统称为电气的联锁控制，在电气控制电路中应用十分广泛，是最基本的控制（见图4-22）。

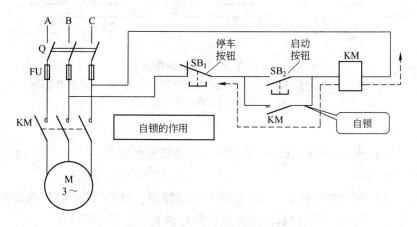

图4-22　自锁控制电路

自锁：依靠接触器自身辅助触点而使其线圈保持通电的现象叫做自锁。利用电器自己的触头使自己的线圈得电从而保持长期工作的线路环节称为自锁环节。这种触头叫自锁触头。按下按钮（SB₂），线圈（KM）通电，电机启动；同时辅助触点（KM）闭合，即使按钮松开，线圈保持通电状态，电机连续运转。

自锁控制电路运行程序如下：

（1）合上开关 Q。

（2）启动：KM 主触点闭点，电动机 M 得电启动和运行。

（3）按下 SB₂，KM 线圈得电，KM 常开辅助触点闭合，实现自保。

（4）停车：KM 主触点复位，电动机 M 断电停车。

（5）按下 SB₁，KM 线圈失电，KM 常开辅助触点复位，自保解除。

（二）长动与点动控制

长动是正常状态下的一种连续工作方式。电动机在正常工作时多数需要连续不断地工作，即所谓长动。长动应用于生产设备在正常连续工作情况下。

点动是调试或维修状态下的一种间断性工作方式。而点动是指按下按钮时，设备工作，手松开按钮时，设备立即停止工作。点动常用于生产设备的调整，如机床的刀架、横梁、立柱的快速移动，机床的调整对刀等。

图 4-23（a）为用按钮实现点动的控制电路；图 4-23（b）为用选择开关实现点动与长动切换的控制电路；图 4-23（c）为用中间继电器实现点动控制电路。

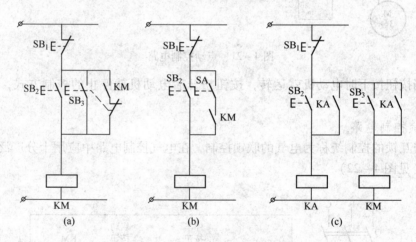

图 4-23　长动与点动控制

（a）按钮实现点动的控制电路；（b）选择开关实现点动与长动切换的控制电路；
（c）中间继电器实现点动控制电路

1. 按钮操作

图 4-23（a）中 SB₃ 常闭触点用来切段自锁电路实现点动。

2. 转换开关控制

图 4-23（b）所示的电路当 SA 闭合时为自锁控制，当 SA 断开时为点动控制。既能进行点动控制，又能进行自锁控制，称为点动和自锁混合控制电路。

3. 中间继电器 KA 控制

图 4-23（c）中按动 SB₂、KA 通电自锁，KM 线圈通电，此状态为长动；按动 SB₃、KM 线圈通电，但无自锁电路，为点动操作。

（三）多点控制

多点控制主要用于大型机械设备，能在不同的位置对运动机构进行控制，如对驱动某一运动机构的电动机在多处进行启动和停止的控制。多点控制电路设置多套启、停按钮，分别安装在设备的多个操作位置（见图4－24）。

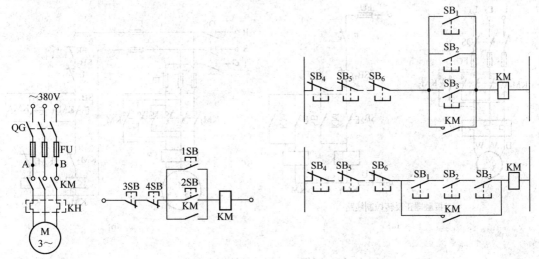

图4－24　多点控制

在大型机床设备中，为了操作方便，常要求能在多个地方进行控制。如图4－24所示把启动按钮并联连接，停止按钮串联连接，分别安置在三个地方，就可三地操作。在大型机床上，为了保证操作安全，要求几个操作者都发出主令信号（按启动按钮），设备才能工作，如图4－24所示。两地都能控制一电动机启动、停止的控制电路。

多点控制电路设计规律如下：由 N 个电器都能控制某接触器通电，则 N 个电器的常开触点应并联连接到该接触器的线圈电路上；由 N 个电器都能控制某接触器断电，则 N 个电器的常闭触点应串联接到该接触器的线圈电路上。

（四）互锁控制

互锁指多组控制电路相互禁止，即一个动作禁止其他动作。

1. 互锁——正反转控制电路之一（正－停－反）

图4－25所示为两个接触器的电动机正反转控制电路。图4－25（a）中，若同时按下 SB_2 和 SB_3，则接触器 KM_1 和 KM_2 线圈同时得电并自锁，它们的主触点都闭合，这时会造成电动机三相电源的相间短路事故，所以该电路不能使用。

为了避免两接触器同时得电而造成电源相间短路，在接触器互锁的正反转控制电路控制电路中，分别将两个接触器 KM_1、KM_2 的辅助动断触点串接在对方的线圈回路里，如图4－25（b）所示。这种利用两个接触器（或继电器）的动断触点互相制约的控制方法叫做互锁（也称联锁），而这两对起互锁作用的触点称为互锁触点。

主电路：

（1） KM_1 主触点接通正相序电源——M 正转。

（2） KM_2 主触点接通反相序电源——M 反转。

控制电路：

（1）SB_1 控制正转，SB_2 控制反转，SB_3 用于停止控制。

（2）KM 的常闭触点用于互锁控制，即使在接触器故障情况下，也可以保证不发生主电路短路现象。

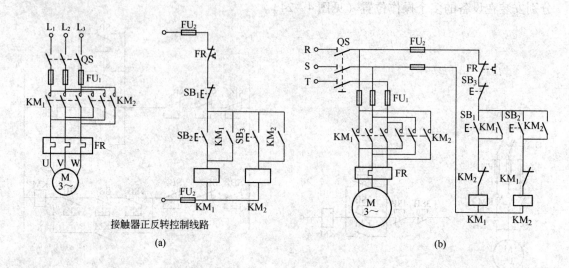

接触器正反转控制线路

(a)　　　　　　　　　　　　(b)

图 4 - 25　互锁——正反转控制电路之一

（a）自锁；（b）互锁

2. 互锁——正反转控制电路之二（正－反－停：按钮联锁功能）

图 4 - 26 所示为使用和常开触点联动的常闭触点的断开对方支路线圈电流，再利用常开触点的闭合接通通电线圈电流。这样，在进行正反转切换时，可以不按停止键，实现切换。

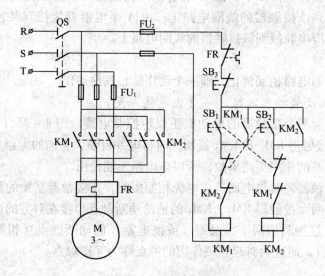

图 4 - 26　互锁——正反转控制电路之二

在工作台的移动机构和固定部件上分别装置的行程开关，当移行机构运动到某一固定位置时，压动行程开关，取代人手按动按钮的功能，实现自动循环控制。SQ_1 用于正转控制，SQ_2 用于反转控制；SQ_3、SQ_4 的常闭触点用于极限位置的保护。

（五）行程控制电路

行程控制就是控制某些机械的行程，当运动部件到达一定行程位置时利用行程开关进行控制。自动往返运动特征有以下两点：（1）能正向运行也能反向运行。（2）到位后能自动返回。

图 4-27（a）所示为被控对象示意图，其工作要求是：当小车停在原位 ST_1 处时，若按下启动按钮 SB，小车前进。到达 ST_2 处时停止，停留 2min 后小车退回到 ST_1 处停止。图 4-27（b）是实现这种要求的控制电路，继电器 K_1 得电使小车前进，K_2 得电使小车后退（暂不考虑实际怎样使小车运动）。

控制电路的工作过程是按下启动按钮 SB 使 K_1 线圈得电，小车前进；为防止松开 SB 会使 K_1 线圈失电，用 K_1 的动合触头与 SB 并联来维持 K_1 线圈自身继续得电。当小车运动到 ST_2 处时，ST_2 的动断触头断开使 K_1 线圈失电，小车停止，同时 ST_2 的动合触头闭合使时间继电器 KT 线圈得电开始计时。2min 后，时间继电器 KT 的延时动合触头闭合使 K_2 线圈得电，小车后退。当小车离开 ST_2 时其动合触头断开，时间继电器 KT 将失电，其延时动合触头的立即断开会使 K_2 线圈失电，使用 K_2 动合触头与 ST_2 并联后就可避免这种情况发生。小车退回到原位 ST_1 处时 ST_1 的动断触头断开，切断 K_2 线圈的供电电路，小车停止。

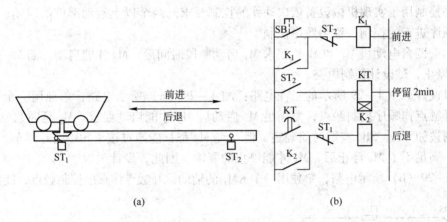

图 4-27 小车进退示意图及其控制电路
（a）被控对象示意图；（b）控制电路

下面给出一送料小车控制系统设计实例，具体要求如下：如图 4-28 所示的送料小车系统，工艺过程要求：（1）在限位开关 SQ_4 处装料，装料时间为 10s。（2）在限位开关 SQ_3 处卸料，卸料时间为 15s。要设计其控制系统。

对于这一项目，可以分两步进行分析设计：

（1）根据工艺确定控制系统工作过程。

1）装料。条件：启动信号及左到位信号；动作：启动时间继电器 KT_1。

2）右行。条件：KT_1 为 10s；动作：电机正转。

3）卸料。条件：右到位信号；动作：启动时间继电器 KT_2。

4）左行。条件：KT_2 为 15s；动作：电机反转。

（2）根据控制系统工作过程选择器件。

1）输入器件。按钮：SB_0 启动、SB_2 停止。

2）执行器件。接触器：KM_1/KM_2（电机的正、反转）。

3）检测器件。限位开关 SQ_3/SQ_4、通电延时时间继电器 KT_1/KT_2、中间继电器 KA。

根据上述分析，可以设计如下控制电路，如图 4－28 所示。

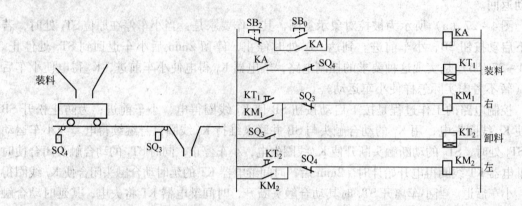

图 4－28　送料小车控制系统设计实例

（六）顺序控制

顺序控制用于实现机械设备依次动作的控制要求。两个以上运动部件的启动、停止需按一定顺序进行的控制，称为顺序控制。

例：有两台电动机 M_1 和 M_2，要求 M_1 启动一段时间后，M_2 才能启动，而 M_2 停止后，M_1 才能停止，试设计控制电路。

可以设计如图 4－29 所示的三种电路：图 4－29（a）所示电路，单独用一个 KM_1 的辅助常开触点作顺序控制触点，能满足 M_1 启动后 M_2 才能启动要求。M_2 延时启动，延时时间由两按钮 SB_1、SB_2 按键时间确定，但 M_1、M_2 都只能通过按下 SB_3 同时停车，不能单独停车，满足不了 M_2 停止后，M_1 才能停止的要求。因此，设计失败。

图 4－29（b）所示电路，单独用一个 KM_1 的辅助常开触点作顺序控制触点，能满足 M_1

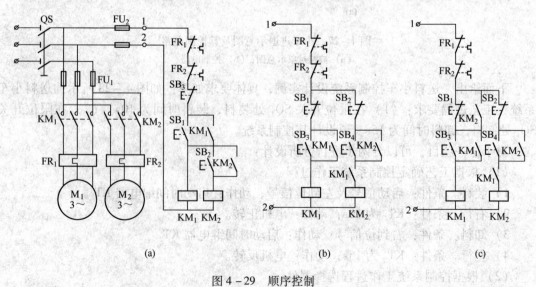

(a)　　　　　　　　　　(b)　　　　　　　　　　(c)

图 4－29　顺序控制

启动后 M_2 才能启动要求。M_2 延时启动，延时时间由两按钮 SB_3、SB_4 按键时间确定，KM_1 的辅助常开触点起自锁和顺控的双重作用，M_2 能单独停车，按下 SB_2 停车 M_2。但当按下 SB_1 时 M_1、M_2 都停车，满足不了 M_2 停止后，M_1 才能停止的要求。因此，设计也存在问题。

图 4-29（c）所示电路，既能满足 M_1 启动后 M_2 才能启动要求，又能满足 M_2 停止后，M_1 才能停止的要求。M_2 启动后，锁住了按钮 SB_1，使 M_1 不能单独停车，M_1 只能在 M_2 停车后才能停止，KM_1 的辅助常开触点起自锁和顺控的双重作用。停车延时时间由两按钮 SB_2、SB_1 按键时间确定。满足设计要求。

这种顺序控制，也可以通过使用时间继电器电路，在减少按键的同时，也保证了延时时间的准确性。

三、异步电动机基本的控制线路

（一）异步电动机的启动控制电路

1. 直接启动停止控制电路

图 4-30（a）所示为主回路，图 4-30（b）所示为控制回路。

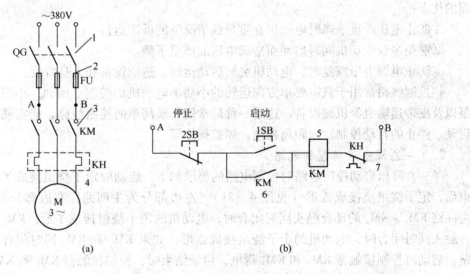

图 4-30　鼠笼式异步电动机直接启动控制线路

（a）主回路；（b）控制回路

1—刀开关；2—熔断器；3—常开主触点；4—热继电器线圈；
5—接触器线圈；6—常开辅助触点；7—热继电器常闭触点

（1）主回路。由电路可知：当 QG 合上后，只有控制接触器 KM 的触头合上或断开时，才能控制电动机接通或断开电源而启动运行或停止运行，即要求控制回路能控制 KM 的动合主触头合上或断开。

（2）控制回路。当 QG 合上后，A、B 两端有电压。初始状态时，接触器 KM 的线圈失电，其动合主触头和动合辅助触头均为断开状态。当按下启动按钮 1SB 时，接触器 KM 的线圈通电，其辅助动合触头自锁（松开按钮 1SB 使其复位后，接触器 KM 的线圈能维持通电状态的一种控制方法），动合主触头合上使电动机接通电源而运转。当按下停止按钮 2SB 后，接触器 KM 的线圈失电，其动合主触头断开使电动机脱离电网而停止运转。

（3）线路保护环节。在电源停电后突然再来电时，电动机不会自行启动，可避免电机自动启动而发生意外事故。主要分以下三种保护形式：

1）短路保护。短路时通过熔断器 FU_1、FU_2 的熔体熔断切开主电路，分别实现主电路与控制电路的短路保护。如果电动机容量小，可省去 FU_2。

2）过载保护。通过热继电器 KR 实现。由于热继电器的热惯性比较大，即使热元件上流过几倍额定电流的电流，热继电器也不会立即动作。因此在电动机启动时间不太长的情况下，热继电器经得起电动机启动电流的冲击而不会动作。只有在电动机长期过载下 KR 才动作，断开控制电路，接触器 KM 失电，切断电动机主电路，电动机停转，实现过载保护。

3）欠压和失压保护。欠压和失压保护是通过接触器 KM 的自锁触点来实现的。在电动机正常运行中，由于某种原因会使电网电压消失或降低。当电压低于接触器线圈的释放电压时，接触器释放，自锁触点断开，同时主触点断开，切断电动机电源，电动机停转。如果电源电压恢复正常，由于自锁解除，避免了意外事故发生。只有操作人员再次按下 S_1、S_2 后，电动机才能启动。控制线路具备了欠压和失压的保护能力以后，有以下三个方面的优点：

①防止电压严重下降时电动机在重负载情况下的低压运行。

②避免多台电动机同时启动而造成电压的严重下降。

③防止电源电压恢复时，电动机突然启动运转，造成设备和人身事故。

该控制线路常用于只需要单方向运转的小功率电动机的控制。例如，小型通风机、水泵以及皮带运输机等机械设备。这是一种最常用、最简单的控制线路，能实现对电动机的启动、停止的自动控制，远距离控制，频繁操作等。

2. Y – △降压启动控制电路

Y – △降压启动控制电路对控制电路的要求如下：启动时定子绕组接成 Y 形，启动结束后，定子绕组换接成 △ 形（见图 4 – 31）。左边部分为主回路，右边部分为控制回路。主回路 KM_1、KM_3 的动合触头同时闭合时，电动机的定子绕组接成 Y 形；KM_1、KM_2 的动合触头同时闭合时，电动机的定子绕组接成 △ 形；如果 KM_2 和 KM_3 同时闭合，则电源短路。启动时控制接触器 KM_1 和 KM_3 得电，启动结束时，控制接触器 KM_1 和 KM_2 得电，在任何时候不能使 KM_2 和 KM_3 同时得电。

（1）控制回路。当电路处于初始状态时，接触器 KM_1、KM_2、KM_3 和时间继电器 KT 的线圈均失电，电动机脱离电网而静止不动。

当操作者按下启动按钮时，KM_1 首先得电自锁，同时 KM_3、KT 得电，KM_1 和 KM_3 的动合触头闭合，电动机接成 Y 形开始启动。启动一段时间后，KT 的延时时间到，其延时断开动断触头断开，使 KM_3 失电，KM_3 的动合触头断开。同时，延时继电器的延时闭合动合触头使 KM_2 得电，KM_2 的动合触头闭合，由于 KM_1 继续得电，故当时间继电器的延时时间到后，控制电路自动控制 KM_1、KM_2 得电，使电动机的定子绕组换接成 △ 形而运行。

（2）保护电路。

1）电流保护：KH、FU，同异步电动机直接启动电路。

2）零压（欠压）保护：同异步电动机直接启动电路。

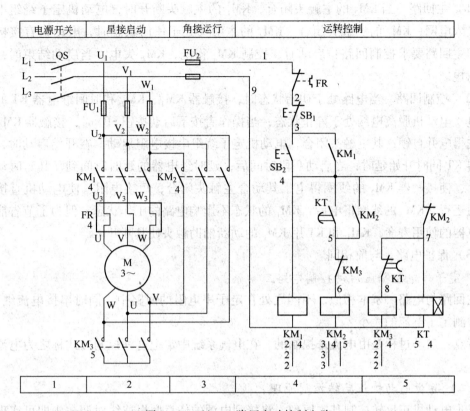

图 4 - 31 丫 - △降压启动控制电路

　3）互锁（连锁）保护：主回路要求 KM_2、KM_3 中任何时候只能有一个得电，所以在控制回路的 KM_2、KM_3 支路中互串对方的动断辅助触头达到保护的目的。

　（3）特点。启动过程是按时间来控制的，时间长短可由时间继电器的延时时间来控制。在控制领域中，常把用时间来控制某一过程的方法称为时间原则控制。

　3. 定子串电阻降压启动控制电路一

　定子串电阻降压启动控制电路一的要求：启动时，电动机的定子绕组串接电阻，启动接触后，电动机定子绕组直接接入电网而运行（见图 4 - 32）。

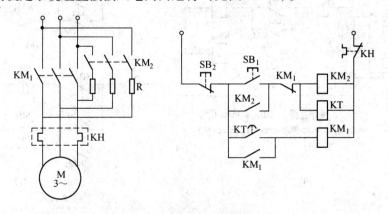

图 4 - 32 定子串电阻降压启动控制电路一

（1）主回路。当 KM_2 的主触头闭合，KM_1 的主触头断开时，电动机定子绕组串接电阻后接入电网；KM_1 的主触头闭合，KM_2 的主触头处于任何状态时，电动机直接接入电网。即主回路要求控制回路：启动时，控制 KM_1 得电，KM_2 失电，当启动结束时，控制 KM_2 得电。

（2）控制回路。当电路处于初始状态时，接触器 KM_1、KM_2 和时间继电器 KT 的线圈都失电，电动机脱离电网处于静止状态；当操作者按下启动按钮 SB_1 时，接触器 KM_2 的线圈首先得电并自锁，其主触头闭合，电动机定子绕组串接电阻启动。在开始启动时，时间继电器 KT 同时开始延时；当启动一段时间后，延时继电器的延时时间到，其延时动合触头闭合，使接触器 KM_2 的线圈得电，其动合主触头闭合，短接电阻，使电动机直接接入电网而运行。KM_2 的线圈得电后，KM_1 的状态不影响电路的工作状态，但为了节省能源和增加电器的使用寿命，KM_1 和 KT 用 KM_1 的动断辅助触头使其断开。

（3）保护电路。与前相同。

4. 定子串电阻降压启动控制电路二

主回路与电路一基本相似，不同之处在定子串电阻的回路中，同时串接电流继电器，用以检测定子电流的大小。

特点：启动过程是由电流来控制的。在电气系统中常把这种控制方式称之为电流控制原则。

（二）异步电动机正反转控制原理

异步电动机正反转控制基本原理：将接到电源的任意两根连线对调一头即可实现电动机的正反转，为此可用两个交流接触器来实现。如图 4−33 所示：KM_F 的主触头闭合，电动机为正转；KM_R 的动合主触头闭合时，电动机反转；但当 KM_F、KM_R 同时闭合时，电源短路。因此，基本的正反转控制回路基本要求是必须保证两个交流接触器不能同时工作。

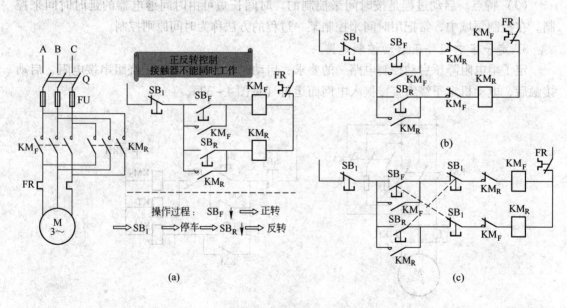

图 4−33 异步电动机正反转控制

（1）图4-33（a）所示电路中，采用了熔断器FU和热继电器FR进行电流保护；但没有设互锁保护，保证不了两个交流接触器不能同时工作的要求，这种电路存在安全隐患。

（2）图4-33（b）所示电路中，采用了熔断器FU和热继电器FR进行电流保护；同时设接触器互锁保护，能保证两个交流接触器不能同时工作的要求，这种电路能工作，但操作不便。

（3）图4-33（c）所示电路中，采用了熔断器FU和热继电器FR进行电流保护；同时设按钮、接触器双重互锁保护，能保证两个交流接触器不能同时工作的要求，将复合按钮动合触点作为启动按钮，而将其动断触点作为互锁触点串接在另一个接触器线圈支路中。这样，要使电动机改变转向，只要直接按反转按钮就可以了，而不必先按停止按钮，简化了操作。

（三）异步电动机的制动控制电路

电动机的制动，就是给正在运行的电动机加上一个与原转动方向相反的制动转矩，迫使电动机迅速停转。电动机常用的制动方法有机械制动和电气制动两大类。

1. 机械制动控制电路

机械制动是利用机械装置使电动机断开电源后通过物理力学方式抑制设备的现有运动，迅速停转。机械制动的优点是：定位准确，制动效果较好；缺点是：产生机械撞击，对设备、结构等损伤较大。

机械制动分为通电制动型和断电制动型两种，应用较多的是断电制动型。断电制动型电磁抱闸的结构示意图如图4-34所示，电磁抱闸制动装置由电磁操作机构和弹簧力机械抱闸机构组成。断电制动型电磁抱闸器电气工作原理如下：

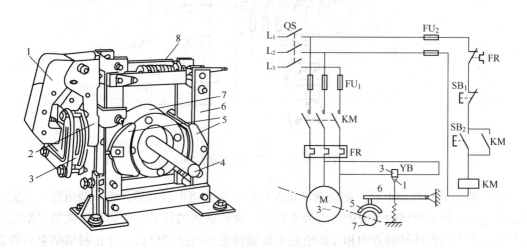

图4-34　断电制动型电磁抱闸

1—衔铁；2—铁芯；3—线圈；4—轴；5—闸瓦；6—杠杆；7—闸轮；8—弹簧

上电源开关QS，按下启动按钮SB_2后，接触器KM线圈得电自锁，主触点闭合，电磁铁线圈YB通电，衔铁吸合，电磁力克服弹簧的作用力，使制动器的闸瓦和闸轮分开，电动机M启动运转。停车时，按下停止按钮SB_1后，接触器KM线圈断电，自锁触点和主触点分断，使电动机和电磁铁线圈 YB 同时断电，电磁力迅速消失，衔铁与铁心分开，在弹簧拉力的作用下闸瓦紧紧抱住闸轮，依靠由此产生的摩擦力和摩擦力矩制动，电动机迅速停转。

　　2. 电气制动控制电路

　　电气制动是电动机停转过种中，产生一个与转向相反的电磁力矩，作为制动力使电动机停止转动。电气制动的方法包括反接制动、能耗制动、电容制动、再生制动（也叫反馈制动、回馈制动、发电回馈制动）等。电气制动的优点是：方法科学，可减小设备损伤；缺点是：产生惯性滑动，因此不适合大功率电机。电气制动用于快速停车的电气制动方法有反接制动和能耗制动等。

　　（1）反接制动控制电路。反接制动依靠改变电动机定子绕组中三相电源的相序，使电动机旋转磁场反转，从而产生一个与转子惯性转动方向相反的电磁转矩，使电动机转速迅速下降，电动机制动到接近零转速时，再将反接电源切除。通常采用速度继电器检测速度的过零点。图 4-35 所示为单向运行的反接制动控制电路。制动过程是由速度来控制的。在电气系统中常反这种控制方式称之为速度控制原则。

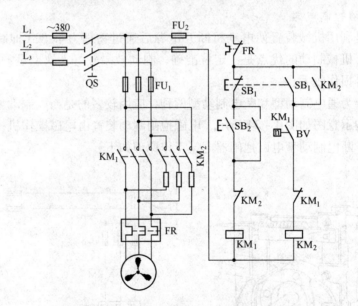

图 4-35　单向运行的反接制动控制电路

　　（2）能耗制动控制电路。能耗制动是在切除三相交流电源之后，定子绕组通入直流电流，在定子、转子之间的气隙中产生静止磁场，惯性转动的转子导体切割该磁场，形成感应电流，产生与惯性转动方向相反的电磁力矩而使电动机迅速停转，并在制动结束后将直流电源切除。

　　图 4-36 所示以手动控制的能耗制动控制电路说明能耗制动控制原理：按下 SB_2，KM_1 线圈得电并自锁，电动机启动；当进行能耗制动时，手一直按住 SB_1，KM_2 线圈得电，将直流电源接入电动机进行能耗制动，延时两秒左右，松开 SB_1，能耗制动结束。

　　按时间原则控制的能耗制动电路及工作原理如图 4-37 所示，合上电源总开关 QS 后：

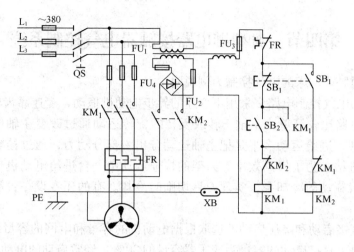

图 4 - 36　手动控制的能耗制动控制电路

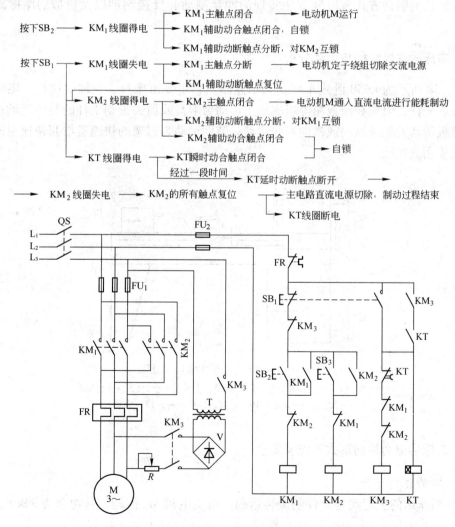

图 4 - 37　时间原则控制的能耗制动电路

第四节　典型继电器接触器电气控制系统

下面以普通卧式车床的电气控制为例说明：

卧式车床的电气控制电路多采用不变速的异步电动机拖动，变速靠齿轮箱的有级调速来实现，控制电路比较简单。主轴正转或反转的旋转运动通过改变主轴电动机的转向或采用离合器实现。进给运动多半是把主轴运动分出一部分动力，通过挂轮箱传给进给箱来实现刀具的进给。为了提高效率，刀架的快速运动由一台进给电动机单独拖动。车床设有交流电动机拖动的冷却泵，实现刀具切削时冷却。有的还专设一台润滑泵对系统进行润滑。

主电动机直接启动和降压启动的选取根据电动机的容量和电网的容量综合选取。不经常启动的电动机可直接启动的容量为变压器容量的30%，经常启动的电动机可直接启动的容量一般要小于变压器容量的20%。

主电动机的制动方式有电气方法实现的能耗制动和反接制动以及机械的摩擦离合器制动。

一、车床的主要结构与运动分析

图4-38所示为C650卧式车床结构示意图。它主要由床身、主轴变速箱、尾座进给箱、丝杆、光杆、刀架和溜板箱等组成。主运动为卡盘或顶尖带动工件的旋转运动；进给运动为溜板带动刀架的纵向或横向直线运动；辅助运动为刀架的快速进给与快速退回。车床的调速采用变速箱。

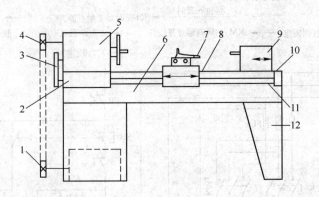

图4-38　C650卧式车床结构示意图

1～4—带轮；2—进给箱；3—挂轮架；5—主轴箱；6—床身；7—刀架；
8—溜板；9—尾架；10—丝杆；11—光杆；12—床腿

二、车床的电力拖动形式及控制要求

1. 主轴的旋转运动

C650型车床的主运动是工件的旋转运动，由主电机 M_1 拖动，其功率为30kW。主电机由接触器控制实现正反转，为提高工作效率，主电机采用反接制动。

2. 刀架的进给运动

溜板带着刀架的直线运动，称为进给运动。刀架的进给运动由主轴电动机带动，并使用走刀箱调节加工时的纵向和横向走刀量。

3. 刀架的快速移动

为了提高工作效率，车床刀架的快速移动由一台单独的快速移动电动机 M_3 拖动，其功率为 2.2kW，并采用点动控制。

4. 冷却系统

车床内装有一台不调速、单向旋转的三相异步电动机 M_2 拖动冷却泵，供给刀具切削时使用的冷却液。

三、车床的电气控制线路分析

1. 主电路

主电动机 M_1：KM_1、KM_2 两个接触器实现正反转，FR_1 作过载保护，R 为限流电阻，电流表 PA 用来监视主电动机的绕组电流，由于主电动机功率很大，故 PA 接入电流互感器 TA 回路。当主电动机启动时，电流表 PA 被短接，只有当正常工作时，电流表 PA 才指示绕组电流。KM_3 用于短接电阻 R。

冷却泵电机 M_2：KM_4 接触器控制冷却泵电动机的启停，FR_2 为 M_2 的过载保护用热继电器。

快速电机 M_3：KM_5 接触器控制快速移动电动机 M_3 的启停，由于 M_3 点动短时运转，故不设置热继电器。

2. 控制电路

控制电路主要包括以下几个方面的内容：

（1）主轴电动机的点动控制。如图 4 - 39 所示，按下点动按钮 SB_2 不松手，接触器 KM_1 线圈通电，KM_1 主触点闭合，主轴电动机把限流电阻 R 串入电路中进行降压启动和低速运转。

（2）主轴电动机的正反转控制。

正转控制：如图 4 - 39 所示，按下正向启动按钮 SB_3，KT 通电，保证电流表只能显示正常运行时的电流，避免启动大电流的冲击，保护电表；同时 KM_3 线圈通电，KM_3 主触点闭合，短接限流电阻 R；同时另有一个常开辅助触点 KM_3 闭合，KA 线圈通电，KA 常开触点闭合，KM_3 线圈自锁保持通电。另有一个 KA 常开触点闭合，KM_2 线圈自锁保持通电，主电动机 M_1 全压正向启动运行。

反转控制：如图 4 - 39 所示，按下正向启动按钮 SB_4，KM_3 线圈通电，KM_3 主触点闭合，短接限流电阻 R；同时另有一个常开辅助触点 KM_3 闭合，KA 线圈通电，KA 常开触点闭合，KM_3 线圈自锁保持通电。另有一个 KA 常开触点闭合，KM_1 线圈自锁保持通电，主电动机 M_1 全压反向启动运行。

（3）主电动机的反接制动控制。C650 车床采用反接方式制动，用速度继电器 KS 进行检测和控制。假设原来主电动机 M_1 正转运行，如图 4 - 39 所示，则 KS - 1 闭合，而反向常开触点 KS - 2 依然断开。

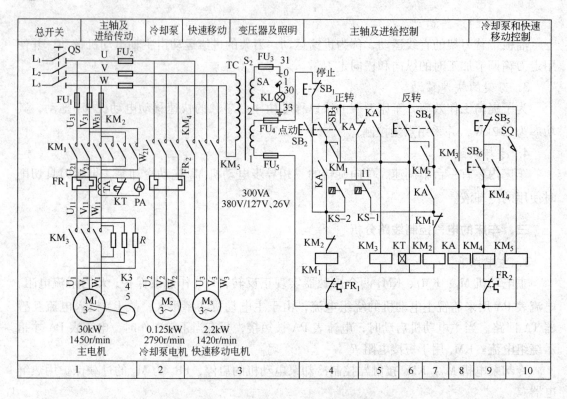

图 4-39 C650 卧式车床的电气控制原理图

当按下总停按钮 SB₁ 后，原来通电的 KM₁、KM₃、KT 和 KA 就随即断电，它们的所有触点均被释放而复位。但这时正转速度仍然较高，正转速度继电器常开触点 KS-1 仍保持闭合。当 SB₁ 松开后，反转接触器 KM₂ 立即通电，开始反接制动。当正转速度下降到零时，正转速度继电器常开触点 KS-1 断开，反转接触器 KM₂ 立即断电。

（4）刀架快速移动控制。转动刀架手柄，限位开关 SQ 被压动而闭合，使得快速移动接触器 KM₅ 线圈得电，快速移动电动机 M₃ 就启动运转，而当刀架手柄复位时，M₃ 随即停转。

（5）冷却泵控制。按 SB₆ 按钮，KM₄ 接触器线圈得电并自锁，KM₄ 主触点闭合，冷却泵电动机 M₂ 启动运转；按下 SB₅，KM₄ 接触器线圈失电，M₂ 停转。

 习 题

4-1 中间继电器和接触器有何异同？在什么条件下可以用继电器来代替接触器启动电动机？

4-2 电动机的启动电流很大，当电动机启动时，热继电器会不会动作？为什么？

4-3 既然在电动机的主电路中装有熔断器，为什么还要装热继电器？装有热继电器是否可以不装熔断器？为什么？

4-4 继电器接触器控制线路中一般应设哪些保护？各有什么作用？短路保护和过载保护有什么区别？零电压保护的目的是什么？

4-5 某机床主轴和润滑油泵各由一台电动机带动，要求主轴必须在油泵开动后才能启动。主轴能正反

转并能单独停车，有短路、零压及过载保护等。试绘出电气控制原理图。

4-6　设计三相异步电动机正、反转控制线路。要求如下：

（1）电路具有正、反转互锁功能；

（2）从正转→反转，或从反转→正转时，可直接转换；

（3）具有短路、长期过载保护。

要求：设计并绘出采用继电器–接触器控制的电机主电路和控制电路；

4-7　某机床有两台三相异步电机，要求第一台电机启动运行 5s 后，第二台电机自行启动，第二台电机运行 10s 后，两台电机停止；两台电机都具有短路、过载保护，设计主电路和控制电路。

4-8　对于 C650 车床，当单独出现如下故障时，请分析故障原因，方便设备检修。

（1）故障现象：主轴电机能够点动，但不能正反转。

（2）故障现象：主轴电机能够正转和反接制动，但不能反转。

（3）故障现象：主轴电机正反转正常，但均不能反接制动。

（4）故障现象：主轴电机正反转正常，但始终转速很低，电阻 R 发烫。

（5）故障现象：主轴电机工作正常，冷却泵电机和进给电机不能工作。

4-9　采用 PLC 设计两台电动机 A、B 工作的系统，要求：

（1）按钮 X_1 为 A 电机启动，按钮 X_2 为 A 电机停止；

（2）按钮 X_3 为 B 电机启动，按钮 X_4 为 B 电机停止；

（3）只有 A 电机在工作中，B 电机才能工作。

请画出电路图，说明其工作过程。

第五章　可编程控制器简介

可编程控制器是一种数字运算操作的电子系统，专门为在工业环境下应用而设计，它采用了可编程序的存储器，用来在其内部存储执行逻辑运算、顺序控制、定时、计数和算术运算等操作，并通过数字式或模拟式的输入/输出，控制各种类型机械或生产过程。可编程控制器及其有关外围设备，都应按易于和工业系统联成一个整体，易于扩充其功能的原则设计。这是国际电工委员会（IEC）对 PLC 作出的定义。

第一节　可编程控制器基础

在可编程控制器出现以前，继电器控制在工业控制领域占主导地位。人们利用电磁继电器来控制顺序型的设备和生产过程。但是，继电器控制对生产工艺多变的系统适应性差，一旦生产任务和工艺发生变化，就必须重新设计，并改变硬件结构。

20 世纪 60 年代，计算机技术开始应用于工业控制领域。人们试图用小型计算机来实现工业控制，但因种种原因，一直未能得到推广应用。1968 年，美国通用汽车公司（GM 公司）为了在每次汽车改型或改变工艺流程时不改动原有继电器柜内的接线，降低成本，缩短开发周期，要求研制新型逻辑顺序控制装置，并提出了 10 项招标技术指标。1969 年，美国数字设备公司（DEC 公司）研制成功了第一台 PDP-14 可编程控制器，用存储的程序控制代替了原来的接线程序控制，并在汽车自动装配线上试用获得成功。目前，德、美、日、法等跨国公司都有先进的可编程控制器，大量应用于现代生产控制领域。

一、可编程控制器名称的演变

可编程控制器最先主要用于顺序控制，只能进行逻辑运算，故称为"可编程逻辑控制器（Programmable Logic Controller，PLC）"。随着微电子技术和计算机技术的迅猛发展，使得可编程控制器逐步形成了具有特色的多种系列产品，系统中不仅使用了大量的开关量，也使用了模拟量，其功能已经远远超出逻辑控制、顺序控制的应用范围，1980 年又被改称为可编程控制器（Programmable Controller，PC）。由于 PC 容易和个人计算机（Personal Computer，PC）混淆，所以人们还沿用 PLC 作为可编程控制器的英文缩写名字 PLC 表示可编程控制器，但此 PLC 并不意味只具有逻辑功能。

二、可编程控制器的工作原理

可编程控制器（PLC）在本质上是一台微型计算机，其工作原理与普通计算机类似，具有计算机的许多特点。早期的 PLC 主要用于替代传统的继电-接触器构成的控制装置，但是这两者的运行方式不同。计算机一般采用等待输入、响应处理的工作方式，而 PLC 对

I/O 操作、数据处理等则采用循环扫描的工作方式。

（一）可编程控制器工作模式

PLC 有两种工作模式，即运行（RUN）模式与停止（STOP）模式。

在运行模式，通过执行反映控制要求的用户程序来实现控制功能。在 CPU 模块的面板上用"RUN" LED 显示当前的工作模式。

在停止模式，CPU 不执行用户程序，可以用编程软件创建和编辑用户程序，设置 PLC 的硬件功能，并将用户程序和硬件设置信息下载到 PLC。如果有致命错误，在消除它之前不允许从停止模式进入运行模式。PLC 操作系统储存非致命错误供用户检查，但是不会从运行模式自动进入停止模式。

（二）可编程控制器的工作过程

可编程控制器（PLC）通电后，首先对硬件和软件作一些初始化操作。为使 PLC 的输出及时地响应各种输入信号，初始化后反复不停地分阶段处理各种不同的任务（见图 5 - 1），这种周而复始的循环工作模式称为扫描工作模式。

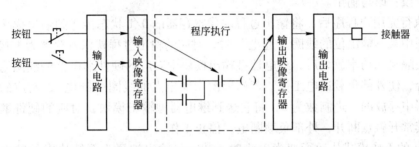

图 5 - 1　PLC 的输入和输出过程

PLC 工作时采用循环扫描的工作方式，一般包括内部处理、与编程器等的通信处理、输入扫描、用户程序执行、输出处理五个阶段。PLC 在运行工作状态时，执行一次扫描操作所需的时间称为扫描周期，其典型值为 1 ~ 100ms。指令执行所需的时间与用户程序的长短、指令的种类和 CPU 执行指令的速度有很大的关系。用户程序较长时，指令执行时间在扫描周期中占的比例相当大。PLC 完成一个周期后，又重新执行上述过程，扫描周而复始地进行。

可编程控制器（PLC）一个扫描周期包括如下五个阶段：

第 1 阶段：读取输入。

在 PLC 的存储器中，设置了一片区域来存放输入信号和输出信号的状态，它们分别称为输入过程映像寄存器和输出过程映像寄存器。CPU 以字节（8 位）为单位来读写输入/输出过程映像寄存器。

第 2 阶段：执行用户程序。

PLC 的用户程序由若干条指令组成，指令在存储器中按顺序排列。在运行工作模式的程序执行阶段，如果没有跳转指令，CPU 从第一条指令开始，逐条顺序地执行用户程序。CPU 在执行指令时，从 I/O 映像寄存器或别的位元件的映像寄存器读出其 I/O 状态，并根据指令的要求执行相应的逻辑运算，运算的结果写入到线圈相应的映像寄存器中，各映像寄存器（只读的输入过程映像寄存器除外）的内容随着程序的执行而变化。在程序执行阶段，即使外部输入信号的状态发生了变化，输入过程映像寄存器的状态也不会随之而变，输入信号变化了的状态只能在下一个扫描周期的读取输入阶段被读入。

执行程序时，对输入输出的存取通常是通过映像寄存器，而不是实际的 I/O 点，这样做有以下几点好处：

（1）程序执行阶段的输入值是固定的，程序执行完后再用输出过程映像寄存器的值更新输出点，使系统的运行稳定。

（2）用户程序读写 I/O 映像寄存器比直接读写 I/O 点快得多，这样可以提高程序的执行速度。

第 3 阶段：通信处理。

在通信处理阶段，CPU 处理从通信接口和智能模块接收到的信息。

第 4 阶段：CPU 自诊断测试。

自诊断测试包括定期检查 CPU 模块的操作和扩展模块的状态是否正常，将监控定时器复位，以及完成一些别的内部工作。

第 5 阶段：改写输出。

CPU 执行完用户程序后，将输出过程映像寄存器的 0/1 状态传送到输出模块并锁存起来。梯形图中某一输出位的线圈"通电"时，对应的输出过程映像寄存器为 1 状态。信号经输出模块隔离和功率放大后，继电器型输出模块中对应的硬件继电器的线圈通电，其常开触点闭合，使外部负载通电工作。若梯形图中输出点的线圈"断电"，对应的输出过程映像寄存器中存放的二进制数为 0，将它送到继电器型输出模块，对应的硬件继电器的线圈断电，其常开触点断开，外部负载断电，停止工作。

当 CPU 的工作模式从运行变为停止时，数字量输出被置为系统块中的输出表定义的状态，或保持当时的状态不变，默认的设置是将数字量输出清零。

可编程控制器用户程序按先后顺序存放。具体执行方式取决于 S7 - 200 是位于停止模式还是运行模式。正常工作时（运行模式）按顺序循环执行下述五步：第一步，输入扫描，读取输入；第二步，执行用户程序；第三步，处理通信请求；第四步，系统自诊断及内部处理；第五步，输出处理，改写输出。如果是停止模式，则不执行前面五个步骤的第二步，共四步。具体地，第一步，输入扫描，读取输入；第二步，处理通信请求；第三步，系统自诊断及内部处理；第四步，输出处理，改写输出。第一步系统自诊断及内部处理，第二步进行通信处理。

中断程序的处理：如果在程序中使用了中断，中断事件发生时，CPU 停止正常的扫描工作模式，立即执行中断程序，中断功能可以提高 PLC 对某些事件的响应速度。

下面以 PLC 控制一台电机的启停过程为例，简单介绍 PLC 工作过程，然后进行详细分析（见图 5 - 2）。

这是一个利用 PLC 控制小功率电机启动停止的简单例子，共使用了两个按钮、一个交流接触器、另外还附加了热继电器和熔断器起保护作用。按钮连接到 PLC 输入口，接触器线圈连接到 PLC 输出口。PLC 中预先写入如图 5 - 2 所示的简单程序，就可以实现电机的启动—保持—停止控制。PLC 工作过程如下：首先，PLC 读入输入按钮的状态，存入其内部输入过程寄存器，然后执行程序，程序执行结果先存入输出过程寄存器，待全部程序执行完毕，将输出过程寄存器内容输出，控制交流接触器动作。当然，使用这样的简单的

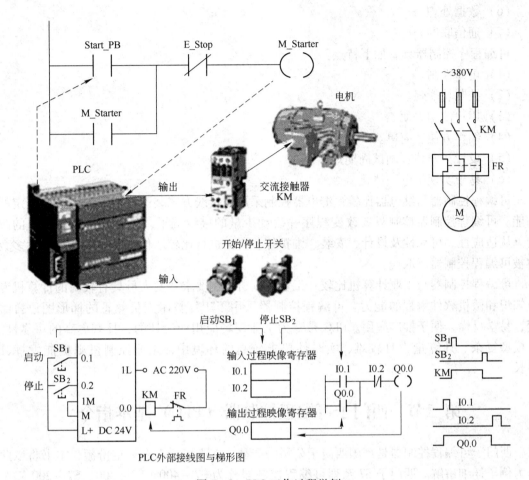

图 5 - 2　PLC 工作过程举例

PLC 控制并不适，这里只是说明 PLC 工作过程。图 5 - 2 所示梯形图对应语句表的详细解释如下：

LD	I0.1	//装载指令，接在左侧"电源线"上的 I0.1 的常开触点
O	Q0.0	//"或"运算指令，与 I0.1 的常开触点并联的 Q0.0 的常开触点
AN	I0.2	//取反后作"与"运算，与并联电路串联的 I0.2 的常闭触点
=	Q0.0	//赋值指令，Q0.0 的线圈

完成的逻辑运算为 $Q0.0 = (I0.1 + Q0.0) \cdot \overline{I0.2}$

三、可编程控制器（PLC）的主要功能和特点

可编程控制器主要功能包括以下几个方面：

（1）开关逻辑和顺序控制。

（2）模拟控制（A/D 和 D/A 控制）。

（3）定时/计数控制。

（4）步进控制。

（5）运动控制。

（6）数据处理。

（7）通信联网。

可编程序控制器具有如下特点：

（1）可靠性高。

（2）控制功能强。

（3）用户使用方便。

（4）编程方便、简单。

（5）设计、安装、调试周期短。

（6）易于实现机电一体化。

可编程控制器与继电器比较：继电器控制采用硬接线方式装配而成，只能完成既定的功能。可编程控制器控制只要改变程序并改动少量的接线端子，就可适应生产工艺的改变。从适应性、可靠性及设计、安装、维护等各方面进行比较。传统的继电器控制大多数将被可编程控制器所取代。

可编程控制器与工业计算机比较：工业控制机控制要求开发人员具有较高的计算机专业知识和微机软件编程的能力。可编程控制器采用了工厂技术人员熟悉的梯形图语言编程，易学易懂，便于推广应用。PLC 是专为工业现场应用而设计的，具有更高的可靠性。在模型复杂、计算量大且较难、实时性要求较高的环境中，工业控制机则更能发挥其专长。

第二节　西门子可编程控制器（PLC）基本指令

西门子可编程控制器是德国西门子公司的产品，在市场上占有一定份额，本书将以此作为例子详细讲解。西门子 S7 系列可编程控制器分为 S7 - 400、S7 - 300、S7 - 200 三个系列，分别为 S7 系列的大、中、小型（超小型）可编程控制器系统。S7 - 200 系列可编程控制器有 CPU21X 系列、CPU22X 系列，其中 CPU22X 型可编程控制器提供了 4 个不同的基本型号，常见的有 CPU221、CPU222、CPU224 和 CPU226 四种基本型号。

一、西门子硬件及模块构成

（一）S7 - 200 PLC 主机外形及硬件资源

S7 - 200 的 CPU 模块包括一个中央处理单元、电源以及数字 I/O 点，这些都被集成在一个紧凑、独立的设备中（见图 5 - 3）。CPU 负责执行程序，输入部分从现场设备中采集信号，输出部分则输出控制信号，驱动外部负载。

S7 - 200 PLC 硬件资源包括如下几个部分：

（1）中央处理单元（CPU）。

（2）存储器。

（3）输入继电器。

（4）输出继电器。

（5）内部继电器：包括通用内部继电器和特殊内部继电器。

（6）定时器。

（7）计数器。

（8）数据寄存器：包括通用数据寄存器和专用数据寄存器。

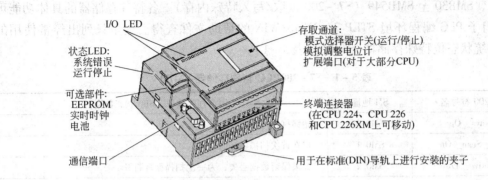

图 5 - 3　西门子 S7 - 200 系列可编程控制器

（二）S7 - 200 可编程控制器的存储单元

1. 输入过程映像寄存器（I）

输入过程映像寄存器是 PLC 接收外部输入的数字量信号的窗口。PLC 将外部信号的状态读入并存储在输入过程映像寄存器中。外部输入电路接通对应映像寄存器为 ON（1 状态），外部输入电路断开对应映像寄存器为 OFF（0 状态）。

2. 输出过程映像寄存器（Q）

在扫描周期的末尾，CPU 将输出过程映像寄存器的数据传送给输出模块，再由后者驱动外部负载。梯形图中 Q×.× 的线圈"通电"，继电器型输出模块中对应的硬件继电器的常开触点闭合，接在标号为 Q×.× 的端子的外部负载工作；反之，外部负载断电。

3. 变量存储区（V）

变量存储区在程序执行过程中存放中间结果，或用来保存与工序或任务有关的其他数据。

4. 位存储区（M）

位存储区作为控制继电器存储中间操作状态或其他控制信息。

5. 定时器存储区（T）

定时器存储区用于存储定时器累计的时基增量值。定时器位用来描述定时器延时动作的触点状态。定时器位为 1 状态：梯形图中对应定时器的常开触点闭合，常闭触点断开；定时器位为 0 状态：触点的状态相反。

6. 计数器存储区（C）

计数器存储区存放计数输入端累计的脉冲数。

7. 高速计数器（HC）

高速计数器用来累计比 CPU 的扫描速率更快的事件。地址由区域标识符 HC 和高速计数器号组成，如 HC_2。

8. 累加器（AC）

累加器可以像存储器那样使用的读/写单元。可以按字节、字和双字来存取累加器中的数据。存取数据的长度由指令决定。

9. 特殊存储器（SM）

特殊存储器用于 CPU 与用户之间交换信息，其中，SMB0 至 SMB29（S7 – 200 只读特殊内存），SMB30 至 SMB549（S7 – 200 读取/写入特殊内存）。各特殊存储器的具体功能可以从西门子 PLC 编程环境 STEP 7 – Micro/WIN 的帮助文件查得。这里只列出经常使用的 SMB0 系统状态位特殊存储器介绍（见表 5 – 1）。

表 5 – 1　S7 – 200PLC 特殊存储器 SMB0

S7 – 200 符号名	SM 地址	用户程序读取 SMB0 状态数据
Always_ On	SM0.0	始终打开
First_ Scan_ On	SM0.1	仅在首次扫描循环时打开
Retentive_ Lost	SM0.2	如果保留数据丢失，为一次扫描循环打开
RUN_ Power_ Up	SM0.3	从通电条件进入运行模式时，为一次扫描循环打开
Clock_ 60s	SM0.4	时钟脉冲打开 30s，关闭 30s，工作循环时间为 1min
Clock_ 1s	SM0.5	时钟脉冲打开 0.5s，关闭 0.5s，工作循环时间为 1s
Clock_ Scan	SM0.6	扫描循环时钟，一个循环时打开，下一个循环时关闭
Mode_ Switch	SM0.7	表示模式开关的当前位置：0 = 终止，1 = 运行

10. 局部存储器（L）

局部变量表中的存储器称为局部存储器，可以作为暂时存储器，或用于子程序传递它的输入、输出参数。局部变量表：S7 – 200 将主程序、子程序和中断程序统称为 POU（程序组织单元），各 POU 都有自己的局部变量表。

11. 模拟量输入（AI）

S7 – 200 用 A/D 转换器将连续变化的模拟量，转换为 1 个字长（16 位）的数字量，用区域标识符 AI、表示数据长度的 W 和起始字节的地址表示模拟量输入的地址。

12. 模拟量输出（AQ）

S7 – 200 将 1 个字长的数字用 D/A 转换器转换为模拟量，用区域标识符 AQ 表示数据长度的 W 和字节的起始地址来表示存储模拟量输出的地址。

13. 顺序控制继电器（S）

顺序控制继电器（SCR）位用于组织设备的顺序操作，SCR 提供控制程序的逻辑分段。

前述存储区中，I、Q、V、M、S、SM、L 均可以按位、字节、字和双字来存取。

（三）S7 – 200 可编程控制器的外端子图

外端子为 PLC 输入、输出、外电源的连接点。PLC 的各类接点的位置分布图就是外端子图（见图 5 – 4）。图中 Relay 为继电器，DC 为晶体管。PLC 各个接口都编有号码，输入输出都是分组安排的。

外部提供给 PLC 的电源，有 24VDC、220VAC 两种，根据型号不同有所变化。S7 – 200 的 CPU 单元有一个内部电源模块，S7 – 200 小型 PLC 的电源模块与 CPU 封装在一起，通过连接总线为 CPU 模块、扩展模块提供 5V 的直流电源。如果容量许可，还可提供给外部 24V 直流的电源，供本机输入点和扩展模块继电器线圈使用。应根据下面的原则来确定

I/O 电源的配置。

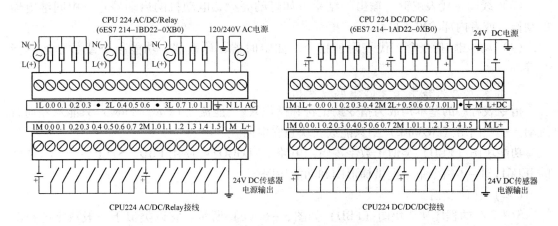

图 5 - 4　西门子 S7 - 200 系列可编程控制器外端子图

（1）有扩展模块连接时，如果扩展模块对 5VDC 电源的需求超过 CPU 的 5V 电源模块的容量，则必须减少扩展模块的数量。

（2）当 + 24V 直流电源的容量不满足要求时，可以增加一个外部 24V 直流电源给扩展模块供电。此时，外部电源不能与 S7 - 200 的传感器电源并联使用，但两个电源的公共端（M）应连接在一起。

二、西门子 S7 - 200PLC 编程指令

指令是 PLC 被告知要做什么，以及怎样去做的代码或符号。指令系统是一个 PLC 所具有的指令的全体，称为该 PLC 的指令系统。

（一）可编程序控制器的编程语言

可编程序控制器的编程语言主要有梯形图（LAD）、指令表（STL）和功能块图（FBD）。完全的编程语言系统如图 5 - 5 所示。

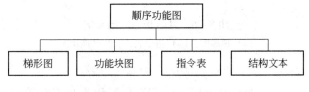

图 5 - 5　PLC 的编程语言

（二）梯形图和指令表

西门子 PLC 基本指令应用举例如图 5 - 6 所示，图 5 - 6（a）为梯形图，图 5 - 6（b）为指令表，它们是同一程序的不同编程表示方式。

1. 梯形图编辑器中指令的组成与使用

梯形图指令中的基本内容如下：

（1）左母线。梯形图左侧的粗竖线，它是为整个梯形图程序提供能量的源头。

（2）触点。代表逻辑"输入"条件。如开关、按钮等闭合或打开动作，或者内部

条件。

（3）线圈。代表逻辑"输出"结果。如灯的亮灭、电动机的启动停止，中间继电器的动作，或者内部输出条件。

（4）功能框/指令盒，代表附加指令。如定时器、计数器、功能指令或数学运算指令等。

2. 指令表编辑器中指令的组成与使用

指令表程序的基本构成为指令助记符和操作数。"能流"（Power Flow）只能从左向右流动。一个网络（Network）中只能放一块独立电路。

功能块图（FBD）类似于数字逻辑门电路，"LOGO!"使用 FBD。STEP7 - Micro/WIN 的 IEC61131 - 3 指令集只提供梯形图和功能块图。

（三）功能块图

S7 - 200 的程序功能块图（FBD）如图 5 - 6（c）所示，它以类似于一般数字电路图的方式出现，方便那些具有电子技术背景的技术人员设计和编写程序。图 5 - 6（c）中，先由 I1.0 和 V10.1 进行与运算，运算结果作为定时器 T37 的时钟脉冲，当脉冲数等于 AC0 所设定的值后，定时器 T37 输出 1，否则，输出 0。功能块图与梯形图和指令表一样，也是程序的不同编程表示方式，它们之间可以相互转化。

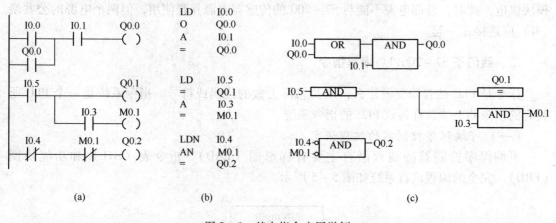

图 5 - 6　基本指令应用举例

（a）梯形图；（b）指令表；（c）功能块图

（四）顺序功能图

顺序功能图（Sequential Function Chart，SFC）又称为状态转移图，它是描述控制系统的控制过程、功能和特性的一种图形，同时也是设计 PLC 顺序控制程序的一种有力工具，具有简单易学，用它设计程序设计周期短，设计出的程序规律性强、清晰、可读性好等特点，因此它是描述开关量控制系统的最佳的图形程序设计方法。

顺序控制功能图设计法是指用转换条件控制代表各步的编程元件，让它们的状态按一定的顺序变化，然后用代表各步的编程元件去控制 PLC 的各输出继电器。

1. 步

将系统的一个周期划分为若干个顺序相连的阶段，这些阶段称为步。"步"是控制过程中的一个特定状态。步又分为初始步和工作步，在每一步中要完成一个或多个特定的动作。初始步表示一个控制系统的初始状态，所以，一个控制系统必须有一个初始步，初始步可以没有具体要完成的动作。步用方框表示，方框内是步的元件号或步的名称，步与步之间要用有向线段连接。其中从上到下和从左到右的箭头可以省去不画，有向线段上的垂直短线和它旁边的圆圈或方框是该步期间的输出信号，如需要也可以对输出元件进行置位或复位。

2. 转换条件

步与步之间用有向连线连接，在有向连线上用一个或多个小短线表示一个或多个转换条件。当条件得到满足时，转换得以实现。即上一步的动作结束而下一步的动作开始，因此不会出现步的动作重叠。当系统正处于某一步时，把该步称为"活动步"。为了确保控制严格地按照顺序执行，步与步之间必须要有转换条件分隔。

转换条件是指与转换相关的逻辑命令，可用文字语言、布尔代数表达式或图形符号在短画线旁边，使用最多的是布尔代数表达。举例说明，如图 5 – 7 所示，当步 S0.1 有效时，输出 Q0.0 接通，程序等待转换条件 I0.1 动作。当 I0.1 满足时，步就由 S0.1 转到 S0.2，这时 Q0.1 接通，Q0.0 断开。

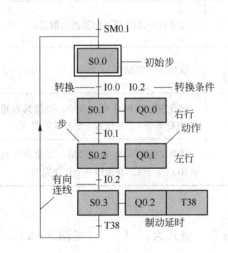

图 5 – 7　顺序功能图说明

三、西门子 PLC 基本指令系统

S7 – 200 的基本指令系统包括常用指令、定时器与计数器指令和数据运算指令，本章主要介绍基本指令系统的特点、编程语言形式以及具体指令应用。

（一）基本逻辑指令及其说明

基本逻辑指令是 PLC 中最基本、最常用的一类指令，主要包括位逻辑指令、堆栈操作指令、置位/复位指令、立即指令以及微分指令等。位逻辑指令主要用来完成基本的位逻辑运算及控制（见表 5 – 2）。

1. 逻辑取（装载）

LD（load）：常开触点逻辑运算的开始。格式为：⊢⊣⊢。

LDN（load not）：常闭触点逻辑运算的开始。格式为：⊢／⊢。

表 5 - 2　位操作指令

指令名称	梯形图	说　明	操作对象
常开触点	I0.3　　I0.1 ┤├　　┤├	以触点为起始引出一行新程序，或者串并在程序中；当触点接通时，若左边的 RLO 为 1，则右边的 RLO 也为 1；若触点不通，则右边的 RLO 为 0。加注 I 表示立即触点输入	位变量，如 I、Q、M、SM、T、C、V、S 和 L 等存储区的位操作
常闭触点	I0.4　　I0.1 ┤/├　　┤/I├		
普通线圈	Q0.5　　Q2.0 ─( )　　─(I)	若普通线圈左侧的 RLO 为 1，则线圈动作（变量为 1），否则不动作（变量为 0）。加注 I 表示立即线圈输出	位变量，如 Q、M、SM、V、S 和 L 等存储区的位操作
线圈置位	Q0.0　　Q0.1 ─(S)　　─(SI)　3　　　　2	从指定线圈开始，依次置位指定个数线圈。加注 I 表示立即置位	位变量，如 Q、M、SM、V、S 和 L 等存储区的位操作
线圈复位	Q0.4　　Q1.2 ─(R)　　─(RI)　5　　　　3	从指定线圈开始，依次复位指定个数线圈。加注 I 表示立即复位	位变量，如 Q、M、SM、V、S 和 L 等存储区的位操作
取反触点	─┤NOT├─	对触点左边的 RLO 结果进行取反	无操作对象
空操作	45 [NOP]	执行 N 步空操作	N 取 0～255
上升沿触发指令	─┤P├─	触点左侧的 RLO 有上升沿，则使其右侧的 RLO 等于 1，并保持一个扫描周期	—
下降沿触发指令	─┤N├─	触点左侧的 RLO 有下降沿，则使其右侧的 RLO 等于 1，并保持一个扫描周期	—

2. 线圈驱动指令

= （OUT）：线圈驱动指令。格式为：─( )（见图 5 - 8）。

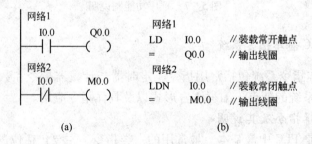

图 5 - 8　线圈驱动指令举例
（a）梯形图；（b）语句表

3. 触点串联指令 A/AN 指令

A（And）：与操作，表示串联连接单个常开触点。

AN（And not）：与非操作，表示串联连接单个常闭触点（见图 5 - 9）。

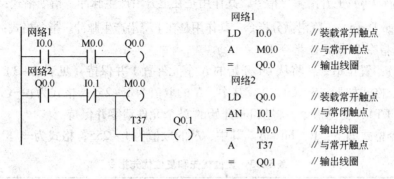

图 5-9　触点串联指令程序举例

4. 触点并联指令 O/ON

O（Or）：或操作，表示并联连接一个常开触点。

ON（Or not）：或非操作，表示并联连接一个常闭触点。

触点并联指令举例如图 5-10 所示。

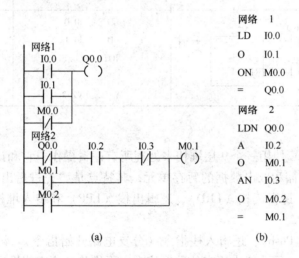

图 5-10　触点并联指令举例

（a）梯形图；（b）语句表

5. 微分指令

微分指令又称为边沿触发指令，分为上升沿微分和下降沿微分指令（见图 5-11）。

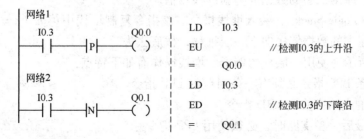

图 5-11　微分指令举例

EU（Edge Up）:上升沿微分指令，其作用是在上升沿产生脉冲。指令格式：—┤P├—。

ED（Edge Down）:下降沿微分指令，其作用是在下降沿产生脉冲。指令格式：—┤N├—。

6. 置位指令 S 和复位指令 R

S（SET）:置位指令，将从 bit 开始的 N 个元件置 1 并保持（见表 5 - 3）。

STL 指令格式如下：S　bit，N。其中，N 的取值为 1～255；格式为：—(S)。

R（RESET）:复位指令，将从 bit 开始的 N 个元件清零并保持。

STL 指令格式如下：R　bit，N。其中，N 的取值为 1～255；格式为—(R)。

表 5 - 3　置位优先和复位优先指令

语句描述	举　　例		
	梯　形　图	语　句　表	
置位优先指令	I0.4　V2.1 —┤ ├—[S1　OUT]—▷ 　　　　[SR] I0.3 —┤ ├—[R]	LDN　I0.4 LD　I0.3 NOT	A　V2.1 OLD =　V2.1
复位优先指令	I0.0　V2.2 —┤ ├—[S　OUT]—▷ 　　　　[RS] I0.1 —┤ ├—[R1]	LD　I0.0 LD　I0.1 NOT LPS A　V2.2	=　V2.2 LPP ALD O　V2.2 =　V2.2

7. 堆栈操作指令

S7 - 200 系列 PLC 使用一个 9 层堆栈来处理所有逻辑操作，它和计算机中的堆栈结构相同，是一组能够存储和取出数据的暂存单元，其特点是"先进后出"。堆栈操作指令包括逻辑入栈（LPS）、逻辑读栈（LRD）、逻辑出栈（LPP）和装入堆栈（LDS）指令。各命令功能描述如下：

（1）LPS（Logic Push）:逻辑入栈指令（分支电路开始指令）。该指令复制栈顶的值并将其压入堆栈的下一层，栈中原来的数据依次向下推移，栈底值推出丢失。

（2）LRD（Logic Read）:逻辑读栈指令。该指令将堆栈中第二层的数据复制到栈顶，2～9 层的数据不变，原栈顶值丢失。

（3）LPP（Logic Pop）:逻辑出栈指令（分支电路结束指令）。该指令使栈中各层的数据向上移一层，原第二层的数据成为新的栈顶值。

（4）LDS（Logic Stack）:装入堆栈指令。该指令复制堆栈中第 n（$n = 1～8$）层的值到栈顶，栈中原来的数据依次向下一层推移，栈底丢失。

图 5 - 12 所示为使用一层栈的例子。堆栈操作有如下特点：

（1）每一条 LPS 指令必须有一条对应的 LPP 指令。

（2）中间的支路都使用 LRD 指令。

（3）处理最后一条支路时，必须使用 LPP 指令。

（4）一个独立电路块中，用入栈指令同时保存在堆栈中的运算结果不能超过 8 个。

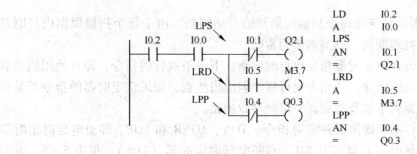

图5-12 堆栈操作举例

（二）定时器指令

定时器是PLC常用的编程元件之一，有三种类型的定时器，共计256个。S7-200系列PLC的定时器是对内部时钟累计时间增量计时的。每个定时器均有一个16位的当前值寄存器用以存放当前值（16位符号整数）；一个16位的预置值寄存器用以存放时间的设定值；还有一位状态位，反映其触点的状态。

定时器的工作原理：使能输入有效后，当前值PT对PLC内部的时基脉冲增1计数，当计数值大于或等于定时器的预置值后，状态位置为1。S7-200定时器的精度（时间增量/时间单位/分辨率）有3个等级：1ms、10ms和100ms，精度等级和定时器号关系见表5-4。

表5-4 S7-200PLC定时器定时精度和定时范围

定时器类型	时基（分辨率）/ms	定时长度（最大值）/s	定时器输出（定时器编号）	
TONR	1	32.767	T0	T64
	10	327.67	T1～T4	T65～T68
	100	3276.7	T5～T31	T69～T95
TON TOF	1	32.767	T32	T96
	10	327.67	T33～T36	T97～T100
	100	3276.7	T37～T63	T101～T255

1. 定时精度和定时范围

定时器最小计时单位为时基脉冲的宽度，又为定时精度；从定时器输入有效，到状态位输出有效，经过的时间为定时时间，即定时时间 = 预置值×时基。

按时基脉冲分，则有1ms、10ms、100ms三种定时器。不同的时基标准，定时精度、定时范围和定时器刷新的方式不同。当前值寄存器为16bit，最大计数值为32767，每一个当前值都是时间基准的倍数。例如，10ms定时器中的数值50表示500ms，由此可推算不同分辨率的定时器的设定时间范围。CPU 22X系列PLC的256个定时器分属TON（TOF）和TONR工作方式，以及3种时基标准。时基越大，定时时间越长，但精度越差。

1ms、10ms、100ms定时器的刷新方式不同，具体如下：

（1）1ms定时器每隔1ms刷新一次，与扫描周期和程序处理无关，即采用中断刷新方式。因此，当扫描周期较长时，在一个周期内可能被多次刷新，其当前值在一个扫描周期内不一定保持一致。

（2）10ms 定时器由系统在每个扫描周期开始自动刷新。由于每个扫描周期内只刷新一次，故而每次程序处理期间，其当前值为常数。

（3）100ms 定时器在该定时器指令执行时刷新。下一条执行的指令，即可使用刷新后的结果，非常符合正常的思路，使用方便可靠。但应当注意，如果该定时器的指令不是每个周期都执行，定时器就不能及时刷新，可能导致出错。

S7－200 系列 PLC 系统提供 3 种定时指令：TON、TONR 和 TOF。即通电延时定时器（TON）、保持型通电延时定时器（TONR）和断电延时定时器（TOF），见表 5－5。可利用定时器执行时间基准计数功能。S7－200 指令集提供三种不同类型的定时器。接通延时定时器（TON），用于单间隔计时保留性接通延时定时器（TONR），用于累计一定数量的定时间隔；断开延时定时器（TOF），用于延长时间以超过关闭（或假条件），例如电机关闭后使电机冷却。

表 5－5　定时器指令

语 句 描 述	举　例	
	语 句 表	梯 形 图
接通延时定时器指令： TON T×××，PT	TON　T38，VW1	T38 IN　　TON VW1-PT　　100ms
断开延时定时器指令： TOF T×××，PT	TOF　T37，VW1	T37 IN　　TOF VW1-PT　　100ms
保持型接通延时定时器指令： TONR T×××，PT	TONR　T20，VW4	T20 IN　　TONR VW4-PT　　100ms

2. 接通延时定时器 TON

接通延时定时器（On－Delay Timer）用于单一时间间隔的定时，其应用如图 5－13 所示。上电周期或首次扫描，定时器状态位 OFF（0），当前值为 0。使能输入接通时，定时器位为 OFF（0），当前值从 0 开始计数时间，当前值达到预置值时，定时器位 ON（1），当前值最大到 32767 并保持。使能输入断开，定时器自动复位，即定时器状态位 OFF（0），当前值为 0。

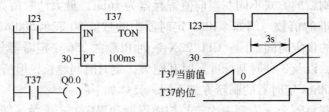

图 5－13　接通延时定时器

3. 记忆接通延时定时器 TONR

记忆接通延时定时器（Retentive On – Delay Timer）具有记忆功能，它用于累计输入信号的接通时间，其应用如图 5 – 14 所示。

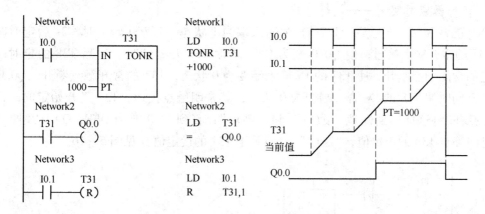

图 5 – 14 记忆接通延时定时器

记忆接通延时定时器用于对许多间隔的累计定时。上电周期或首次扫描，定时器状态位 OFF（0），当前值保持。使能输入接通时，定时器位为 OFF，当前值从 0 开始计数时间。使能输入断开，定时器位和当前值保持最后状态。使能输入再次接通时，当前值从上次的保持值继续计数，当累计当前值达到预设值时，定时器状态位 ON（1），当前值连续计数最大到 32767。

4. 断开延时定时器 TOF

断开延时定时器（Off – Delay Timer）用于输入端断开后的单一时间间隔计时。上电周期或首次扫描，定时器位 OFF，当前值为 0。使能输入接通时，定时器位为 ON，当前值为 0。当使能输入由接通到断开时，定时器开始计数，当前值达到预设值时，定时器位 OFF，当前值等于预设值，停止计数。如果输入关闭的时间短于预设数值，则定时器位仍保持在打开状态。TOF 复位后，如果使能输入再有从 ON 到 OFF 的负跳变，则可实现再次启动。其应用如图 5 – 15 所示。

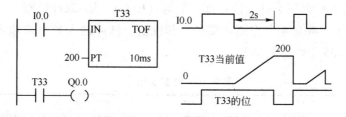

图 5 – 15 断开延时定时器

断电延时型定时器用来在输入断开，延时一段时间后，才断开输出。使能端（IN）输入有效时，定时器输出状态位立即置 1，当前值复位为 0。使能端（IN）断开时，定时器开始计时，当前值从 0 递增，当前值达到预置值时，定时器状态位复位为 0，并停止计时，当前值保持。

以上介绍的 3 种定时器具有不同的功能。接通延时定时器（TON）用于单一间隔的定时；记忆接通延时定时器（TONR）用于累计时间间隔的定时；断开延时定时器（TOF）用于故障事件发生后的时间延时。TOF 和 TON 共享同一组定时器，不能重复使用。即不能把一个定时器同时用作 TOF 和 TON。例如，不能既有 TON　T32，又有 TOF　T32。

5. 定时器应用实例——闪烁电路

I0.0 的常开触点接通后，T37 的 IN 输入端为 1 状态，T37 开始定时。2s 后定时时间到，T37 的常开触点接通，使 Q0.0 变为 ON，同时 T38 开始计时。3s 后 T38 的定时时间到，它的常闭触点断开，使 T37 的 IN 输入端变为 0 状态，T37 的常开触点断开，Q0.0 变为 OFF，同时使 T38 的 IN 输入端变为 0 状态，其常闭触点接通，T37 又开始定时，以后 Q0.0 的线圈将这样周期性地"通电"和"断电"，直到 I0.0 变为 OFF，Q0.0 线圈"通电"时间等于 T38 的设定值，"断电"时间等于 T37 的设定值（见图 5 - 16）。

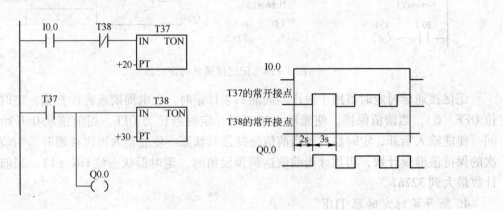

图 5 - 16　闪烁电路

（三）计数器指令

计数器用来累计输入脉冲的次数。计数器也是由集成电路构成，是应用非常广泛的编程元件，经常用来对产品进行计数。计数器指令结构主要由一个 16 位的预置值寄存器、一个 16 位的当前值寄存器和一位状态位组成。当前值寄存器用以累计脉冲个数，计数器当前值大于或等于预置值时，状态位置为 1。

S7 - 200 系列 PLC 有三类计数器：加计数器（CTU），加/减计数器（CTUD），减计数器（CTD）。指令操作数有 4 个方面：编号、预设值、脉冲输入和复位输入。计数器范围是 ××× = C0 ~ C255（见表 5 - 6）。

表 5 - 6　计数器指令

语句描述	举例	
	语句表	梯形图
加计数器指令： CTU　C×××，PV	如：CTU　C1，VW0	C1 CU　CTU R VW0-PV

语 句 描 述	举　例	
	语 句 表	梯 形 图
减计数器指令： CTD　C×××，PV	如：CTD　　C0，VW0	C0 CD　CTD LD VW0-PV
加/减计数器指令： CTUD　C×××，PV	如：CTUD　　C1，VW0	C1 CU　CTUD CD R VW0-PV

1. 加计数器指令（CTU）

当 $R = 0$ 时，计数脉冲有效；当 CU 端有上升沿输入时，计数器当前值加 1。当计数器当前值大于或等于设定值（PV）时，该计数器的状态位 C – bit 置 1，即其常开触点闭合。计数器仍计数，但不影响计数器的状态位。直至计数达到最大值（32767）。当 $R = 1$ 时，计数器复位，即当前值清零，状态位 C – bit 也清零。加计数器计数范围为 0 ~ 32767（见图 5 –17）。

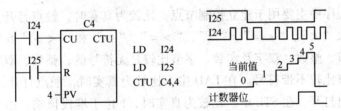

图 5 – 17　加计数器指令

2. 减计数器指令（CTD）

减计数器的当前值需要在计数前进行赋值，即将预置值 PV 赋给当前值，然后当前值递减，直到为 0 时，计数器位闭合。其应用如图 5 – 18 所示。

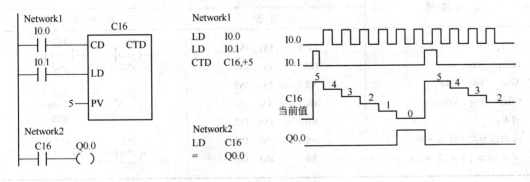

图 5 – 18　减计数器指令

3. 加/减计数器指令（CTUD）

加/减计数器有两个计数脉冲输入端，CU 用于增计数，CD 用于减计数。其当前值既可增加，又可减小，其应用如图 5 - 19 所示。

装载输入（LD）为 ON 时，计数器位被复位，并把设定值装入当前值。减至 0 时，停止计数，计数器位被置 1。

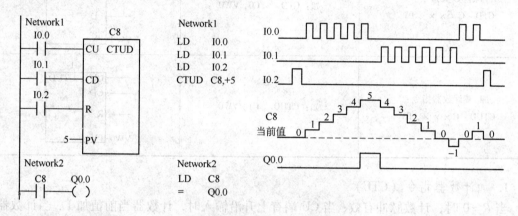

图 5 - 19　加/减计数器指令

因为每台计数器有一个当前值，请勿将相同的号码指定给一台以上计数器（向上计数器、向下计数器和向上/向下计数器存取相同的当前值）。

（四）比较指令

比较指令在程序中主要用于建立控制节点。比较为真实时，触点打开。比较指令中的关系运算符可以取 "<"、"< ="、"="、"> ="、">" 和 "< >" 6 种情况。被比较的数据可以是字节、整数、双字及实数。字节比较是无符号的，整数、双字、实数的比较是有符号的。字节比较不带符号。在 LAD 中，比较为真实时，触点打开。在 FBD 中，比较为真实时，输出打开。在 STL 中，比较为真实时，1 位于堆栈顶端，指令执行载入、与（AND）或或（OR）操作。使用 "IEC 比较" 指令时，您可以变化输入的数据类型。但是，两个输入值必须属于相同的数据类型。比较指令见表 5 - 7。

表 5 - 7　比较指令

语 句 描 述	举　例	
	语 句 表	梯 形 图
字节比较	LDB = 　IN1, IN2	IN1　　　　IN1 ─┤ ==B ├─　─┤ <>B ├─ IN2　　　　IN2
LDBxx　VBy, VBz	OB = 　IN1, IN2	
ABxx　　VBy, VBz	AB = 　IN1, IN2	
OBxx　　VBy, VBz	AB > = 　IN1, IN2	IN1　　　　IN1 ─┤ >=B ├─　─┤ <=B ├─ IN2　　　　IN2
其中：	AB < = 　IN1, IN2	
xx 可以为如下任意一种	AB > 　IN1, IN2	IN1　　　　IN1 ─┤ >B ├─　─┤ <B ├─ IN2　　　　IN2
= =、< >、> =、< =、>、<	AB < 　IN1, IN2	

续表 5 – 7

语句描述	举 例	
	语 句 表	梯 形 图
整数比较 LDWxx　VWy, VWz AWxx　VWy, VWz OWxx　VWy, VWz 其中： xx 可以为如下任意一种 ＝＝、＜＞、＞＝、＜＝、＞、＜	LDW ＝　IN1, IN2 OW ＝　IN1, IN2 AW ＝　IN1, IN2 AW ＜ ＞　IN1, IN2 AW ＞ ＝　IN1, IN2 AW ＜ ＝　IN1, IN2 AW ＞　IN1, IN2 AW ＜　IN1, IN2	IN1 —|==I|— IN2　　IN1 —|<>I|— IN2 IN1 —|>=I|— IN2　　IN1 —|<=I|— IN2 IN1 —|>I|— IN2　　IN1 —|<I|— IN2
双字整数比较 LDDxx　VDy, VDz ADxx　VDy, VDz ODxx　VDy, VDz 其中： xx 可以为如下任意一种 ＝＝、＜＞、＞＝、＜＝、＞、＜	LDD ＝　IN1, IN2 OD ＝　IN1, IN2 AD ＝　IN1, IN2 AD ＜ ＞　IN1, IN2 AD ＞ ＝　IN1, IN2 AD ＜ ＝　IN1, IN2 AD ＞　IN1, IN2 AD ＜　IN1, IN2	IN1 —|==D|— IN2　　IN1 —|<>D|— IN2 IN1 —|>=D|— IN2　　IN1 —|<=D|— IN2 IN1 —|>D|— IN2　　IN1 —|<D|— IN2
实数比较 LDRxx　VDy, VDz ARxx　VDy, VDz ORxx　VDy, VDz 其中： xx 可以为如下任意一种 ＝＝、＜＞、＞＝、＜＝、＞、＜	LDR ＝　IN1, IN2 OR ＝　IN1, IN2 AR ＝　IN1, IN2 AR ＜ ＞　IN1, IN2 AR ＞ ＝　IN1, IN2 AR ＜ ＝　IN1, IN2 AR ＞　IN1, IN2 AR ＜　IN1, IN2	IN1 —|==R|— IN2　　IN1 —|<>R|— IN2 IN1 —|>=R|— IN2　　IN1 —|<=R|— IN2 IN1 —|>R|— IN2　　IN1 —|<R|— IN2

比较指令用于将两个操作数按指定条件进行比较。当条件成立时，触点闭合，否则断开。比较指令也是一种位控制指令，比较触点可以装入，也可以串、并联，对其可以进行 LD、A 和 O 编程。比较指令为上、下限控制提供了极大的方便。比较指令可以应用于字节、整数、双字整数和实数比较。其中，字节比较是无符号的，整数、双字整数和实数比较是有符号的。以字节比较，比较两个数 IN1 与 IN2 的大小为例，说明比较指令具体使用。起始的比较触点，采用指令 LDBx IN1, IN2；串联的比较触点，采用指令 ABx IN1, IN2；并联的比较触点，采用指令 OBx IN1, IN2。如果是字、双字、实数或字符串比较，只需把指令中"B"的分别换成"W"、"D"、"R"、"S"即可，数值比较指令用于比较两个数值，字符串比较指令用于比较两个字符串的 ASCII 码字符。

在梯形图中，比较指令用触点的形式表示，满足比较关系式给出的条件、比较结果为真时，触点接通。在语句表中，满足条件、比较结果为真时，比较指令为上下限控制及事件的比较判断提供了极大的方便。

比较指令举例：一自动仓库存放某种货物，最多 6000 箱，需对所存的货物进出计数。货物多于 1000 箱，灯 L1 亮；货物多于 5000 箱，灯 L2 亮。其中，L1 和 L2 分别受 Q0.0 和

Q0.1 控制，数值 1000 和 5000 分别存储在 VW20 和 VW30 字存储单元中（见图 5-20）。

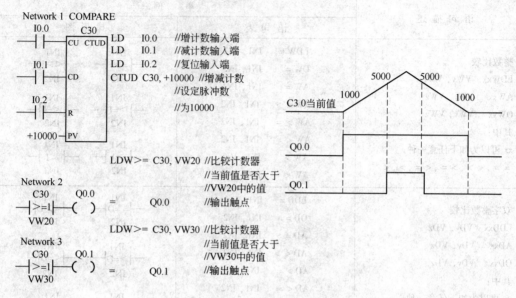

图 5-20　比较触点指令举例

（五）数据传送类指令

数据传送类指令用于各个编程元件之间进行数据传送（见表 5-8）。传送指令在不改变原存储单元值（内容）的情况下，将（输入端存储单元）IN 的值复制到（输出端存储单元）OUT 中。可用于存储单元的清零、程序初始化等场合。

根据每次传送数据的数量多少可分为单个传送和块传送指令。

单个数据传送指令每次传送一个数据，传送数据的类型分为字节传送、字传送、双字传送和实数传送。块传送指令可用来一次传送多个数据，最多可将 255 个数据组成一个数据块，数据块的类型可以是字节块、字块和双字块。

表 5-8　数据传送类指令

语句描述	举 例	
	语 句 表	梯 形 图
字节传送指令 MOVB　IN, OUT	MOVB　VB0, VB1	MOV_B EN　ENO VB0—IN　OUT—VB1
传送字节立即读指令 BIR IN, OUT,	BIR　IB0, VB12	MOV_BIR EN　ENO IB0—IN　OUT—VB12
传送字节立即写指令 BIWR IN, OUT,	BIW　VB1, QB10	MOV_BIW EN　ENO VB1—IN　OUT—QB10

语 句 描 述	举　　例	
	语 句 表	梯 形 图
字传送指令 MOVW IN，OUT	MOVW　VW0，VW1	MOV_W EN　ENO VW0—IN　OUT—VW1
双字传送指令 MOVD IN，OUT	MOVD　VD1，VD2	MOV_DW EN　ENO VD1—IN　OUT—VD2
实数传送指令 MOVR IN，OUT，	MOVR　VD1，VD10	MOV_R EN　ENO VD1—IN　OUT—VD10
字节块传送指令 BMB IN，OUT N	BMB　VB1，VB10，VB0	BLKMOV_B EN　ENO VB1—IN　OUT—VB10 VB0—N
字块传送指令 BMW IN，OUT N	BMW　VW1，VW10，VB0	BLKMOV_W EN　ENO VW1—IN　OUT—VW10 VB0—N
双字块传送指令 BMD IN，OUT N	BMD　VD1，VD10，VB0	BLKMOV_D EN　ENO VD1—IN　OUT—VD10 VB0—N
字节交换指令：SWAP IN 交换字（IN）的最高位字节和最 低位字节	SWAP　VW1	SWAP EN　ENO VW1—IN

数据传送类指令举例如图 5 -21 所示。

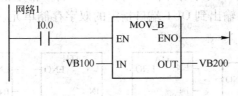

图 5 - 21　数据传送类指令举例

字节传送指令：I0.0 为"1"时，VB100 的内容被传送到 VB200。

（六）数据类型转换指令

1. B_I、I_B 指令

B_I 指令：EN 端口执行条件存在时，将 IN 端口指定的字节值转换为整数类型，并将结果输出到 OUT 端口指定的字存储单元。因为字节不带符号，所以无符号扩展。

I_B 指令：EN 端口执行条件存在时，将 IN 端口指定的整数数据转换为字节类型，输出到 OUT 端口指定的字节存储单元。输入数据范围需在 0 ~ 255 之间，否则会产生溢出错误，输出不受影响。受影响的 SM 位为 SM1.1（溢出）。

2. DI_I、I_DI 指令

DI_I 指令：EN 端口执行条件存在时，将 IN 端口指定的双整数类型数据转换为整数类型，输出到 OUT 端口指定的字存储单元。双整数数据超出整数数据范围则产生溢出错误。

I_DI 指令：EN 端口执行条件存在时，将 IN 端口指定的整数类型数据转换为双整数类型，输出到 OUT 端口指定的双字存储单元。需要进行符号位扩展。

3. BCD_I、I_BCD 指令

BCD_I 指令：EN 端口执行条件存在时，将 IN 端口指定的 BCD 码数据转换为整数类型，输出到 OUT 端口指定的字存储单元。IN 端口指定的 BCD 码数据范围为 0 ~ 9999。

I_BCD 指令：EN 端口执行条件存在时，将 IN 端口指定的整数数据转换为 BCD 码类型，输出到 OUT 端口指定的字存储单元。IN 端口指定的整数数据范围为 0 ~ 9999。

4. DI_R 指令

DI_R 指令：EN 端口执行条件存在时，将 IN 端口指定的双整数类型数据转换为实数，输出到 OUT 端口指定的双字存储单元。值得注意的是：没有直接由整数转换为实数的指令，只能通过整数转换为双整数，再转换为实数。

5. TRUNC 和 ROUND 指令

TRUNC 指令：EN 端口执行条件存在时，将 IN 端口指定的实数转换为双整数类型，小数部分舍去，结果输出到 OUT 端口指定的双字存储单元。

截断指令将 32 位实数（IN）转换成 32 位双整数，并将结果的整数部分置入 OUT 指定的变量中。只有实数的整数部分被转换，小数部分被丢弃。如果您要转换的值为无效实数或值过大，无法在输出中表示，则设置溢出位，输出不受影响。

设置 ENO = 0 的错误条件：

0006　间接地址

SM1.1 溢出或非法值受影响的 SM 位：SM1.1（溢出）

ROUND 指令：EN 端口执行条件存在时，将 IN 端口指定的实数转换为双整数类型，小数部分四舍五入，结果输出到 OUT 端口指定的双字存储单元。

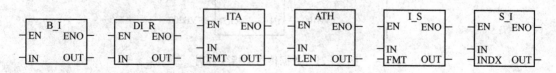

部分数据类型转换指令见表 5 - 9。

表 5 - 9 部分数据类型转换指令

梯形图	语句表	描 述	梯形图	语句表	描 述
I_BCD	IBCD OUT	整数转换成 BCD 码	I_S	ITS IN, OUT, FMT	整数→字符串
BCD_I	BCDI OUT	BCD 码转换成整数	DI_S	DTS IN, OUT, FMT	双整数→字符串
B_I	BTI IN, OUT	字节转换成整数	R_S	RTS IN, OUT, FMT	实数→字符串
I_B	ITB IN, OUT	整数转换成字节	S_I	STI IN, INDX, OUT	子字符串→整数
I_DI	ITD IN, OUT	整数转换成双整数	S_DI	STD IN, INDX, OUT	子字符串→双整码
DI_I	DTI IN, OUT	双整数转换成整数	S_R	STR IN, INDX, OUT	子字符串→实数
DI_R	DTR IN, OUT	双整数转换成实数			
ROUND	ROUND IN, OUT	实数四舍五入为双整数	ATH	ATH IN, OUT, LEN	ASCII 码→16 进制数
TRUNC	TRUNC IN, OUT	实数截位取整为双整数	HTA	HTA IN, OUT, LEN	16 进制数→ASCII 码
SEG	SEG IN, OUT	7 段译码	ITA	ITA IN, OUT, FMT	整数→ASCII 码
DECO	DECO IN, OUT	译码	DTA	DTA IN, OUT, FMT	双整数→ASCII 码
ENCO	ENCO IN, OUT	编码	RTA	RTA IN, OUT, FMT	实数→ASCII 码

（七）数学运算类指令

算术运算指令是运算功能的主体指令，包括四则运算指令（加减乘除指令），递增、递减指令（加 1 减 1 指令），数学功能指令（浮点数函数运算指令）三大类，见表 5 - 10。运算类指令与存储器及标志位的关系密切，使用时需注意。

表 5 - 10 数学运算类指令

加减乘除指令					
梯形图	语句表	描 述	梯形图	语句表	描 述
ADD_I	+ 1 IN1, OUT	整数加法	DIV_DI	/D IN1, OUT	双整数除法
SUB_I	- 1 IN1, OUT	整数减法	ADD_R	+ R IN1, OUT	实数加法
MUL_I	* 1 IN1, OUT	整数乘法	SUB_R	- R IN1, OUT	实数减法
DIV_I	/1 IN1, OUT	整数除法	MUL_R	* R IN1, OUT	实数乘法
ADD_DI	+ D IN1, OUT	双整数加法	DIV_R	/R IN1, OUT	实数除法
SUB_DI	- D IN1, OUT	双整数减法	MUL	MUL IN1, OUT	整数乘法产生双整数
MUL_DI	* D IN1, OUT	双整数乘法	DIV	DIV IN1, OUT	带余数的整数除法

加 1 减 1 指令					
梯形图	语句表	描 述	梯形图	语句表	描 述
INC_B	INCB IN	字节加 1	DEC_W	DECW IN	字减 1
DEC_B	DECB IN	字节减 1	INC_D	INCD IN	双字加 1
INC_W	INCW IN	字加 1	DEC_D	DECD IN	双字减 1

浮点数函数运算指令					
梯形图	语句表	描 述	梯形图	语句表	描 述
SIN	SIN IN1, OUT	正弦	SQRT	SQRT IN, OUT	平方根
COS	COS IN1, OUT	余弦	LN	LN IN1, OUT	自然对数
TAN	TAN IN1, OUT	正切	EXP	EXP IN1, OUT	指数

1. 四则运算指令（加减乘除指令）

在 LAD 中：IN1 + IN2 = OUT，IN1 − IN2 = OUT，IN1 * IN2 = OUT，IN1/IN2 = OUT。在 STL 中：OUT + IN1 = OUT，OUT − IN1 = OUT，OUT * IN1 = OUT，OUT/IN1 = OUT。一般说来，源操作数与目标操作数具有一致性，但也有整数运算产生双整数的指令。

整数四则运算指令：整数的四则运算指令使两个 16 位整数运算后产生一个 16 位结果（OUT）。整数除法不保留余数。

双整数四则运算指令：双整数的四则运算指令使两个 32 位整数运算后产生一个 32 位结果（OUT）。双整数除法不保留余数。

实数四则运算指令：实数的四则运算指令使两个 32 位实数运算后产生一个 32 位实数结果（OUT）。

以加法指令为例说明。加法指令包括 ADD_I、ADD_DI、ADD_R 指令，分别是整数、双整数、实数加法指令。加法操作是对两个有符号数进行相加。

ADD_I：整数加法指令。

指令格式：+I IN1，OUT

例：+I VW0，VW4，编程如图 5 - 22 所示。

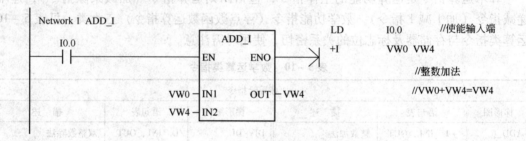

图 5 - 22 整数加法指令举例

当 EN 端口执行条件存在时，将 IN1、IN2 端口指定的单字长符号整数相加，产生一个 16 位整数，输出到 OUT 端口指定的字存储单元。本指令影响的特殊存储器位：SM1.0（零）、SM1.1（溢出）、SM1.2（负）。使能流输出 ENO 断开的出错条件：SM1.1（溢出）；SM4.3（运行时间）；0006（间接寻址）。

2. 递增、递减指令

INC_B、INC_W、INC_DW 及 DEC_B、DEC_W、DEC_DW 指令，又称为自动加 1 和自动减 1 指令。

递增、递减指令把输入字节（IN）加 1 或减 1，结果放入输出单元（OUT）中。受影响的 SM 标志位：SM1.0（结果为零）、SM1.1（溢出）、SM1.2（负）。

INC_B 指令（字节自增 1 指令）：当 EN 端口执行条件存在时，将 IN 端口指定的字节数据加 1，输出到 OUT 端口指定的字节单元。

INC_W 指令（字自增 1 指令）：当 EN 端口执行条件存在时，将 IN 端口指定的字数据加 1，输出到 OUT 端口指定的字单元。

INC_DW 指令（双字自增 1 指令）：当 EN 端口执行条件存在时，将 IN 端口指定的双字数据加1，输出到OUT端口指定的双字单元。

DEC_B指令（字节自减1指令）：当EN端口执行条件存在时，将IN端口指定的字节数据减1，输出到OUT端口指定的字节单元。

DEC_W指令（字自减1指令）：当EN端口执行条件存在时，将IN端口指定的字数据减1，输出到OUT端口指定的字单元。

DEC_DW指令（双字自减1指令）：当EN端口执行条件存在时，将IN端口指定的双字数据减1，输出到OUT端口指定的双字单元。

3. 数学功能指令（浮点数函数运算指令）

数学功能指令包括平方根指令、指数指令、自然对数指令、正弦指令、余弦指令和正切指令等。

SQRT指令（平方根指令）：当EN端口执行条件存在时，将IN端口指定的32位实数开平方，得到32位实数，结果输出到OUT指定的双字存储单元。

EXP指令（指数指令）：当EN端口执行条件存在时，将IN端口指定的32位实数取以e为底的指数，得到32位实数，结果输出到OUT指定的双字存储单元。该指令可与自然对数指令配合，完成以任意数为底、任意数为指数的计算。如：$125 = EXP (5 * LN12)$。

LN指令（自然对数指令）：当EN端口执行条件存在时，将IN端口指定的32位实数取自然对数，得到32位实数，结果输出到OUT指定的双字存储单元。若要求以10为底的常用对数时，可以用实数除法指令（DIV_R）将自然对数除2.302 585（LN10 ≈ 2.302 585）即可。

SIN、COS、TAN指令（正弦指令、余弦指令和正切指令）：当EN端口执行条件存在时，将IN端口指定的32位实数取正弦、余弦、正切，得到32位实数，结果输出到OUT指定的双字存储单元。角度的单位为弧度。IN端口的32位实数应为弧度值。若输入为角度值，需要使用实数乘法指令（MUL_R），将该角度值乘以 π/180 转换为弧度值。

（八）逻辑操作类指令

逻辑运算包括与、或、非、异或以及数据比较等指令（见表5-11）。

表5-11　逻辑操作类指令

梯形图	语句表	描　述	梯形图	语句表	描　述
INV_B	INVB　OUT	字节取反	WAND_W	ANDW　IN1, OUT	字与
INV_W	INVW　OUT	字取反	WOR_W	ORW　IN1, OUT	字或
INV_DW	INVD　OUT	双字取反	WXOR_W	XORW　IN1, OUT	字异或
WAND_B	ANDB　IN1, OUT	字节与	WAND_DW	ANDD　IN1, OUT	双字与
WOR_B	ORB　IN1, OUT	字节或	WOR_DW	ORD　IN1, OUT	双字或
WXOR_B	XORB　IN1, OUT	字节异或	WXOR_DW	XORD　IN1, OUT	双字异或

1. WAND_B、WOR_B、WXOR_B指令

WAND_B指令（字节与运算）。当EN端口执行条件存在时，将IN1、IN2端口指定的字节按位相与，输出到OUT端口指定的字节单元。

WOR_B 指令（字节或运算）。当 EN 端口执行条件存在时，将 IN1、IN2 端口指定的字节按位相或，输出到 OUT 端口指定的字节单元。

WXOR_B 指令（字节异或运算）。当 EN 端口执行条件存在时，将 IN1、IN2 端口指定的字节按位异或，输出到 OUT 端口指定的字节单元。

逻辑操作类指令举例：图 5-23 给出字节逻辑与、逻辑或、逻辑异或运行结果。

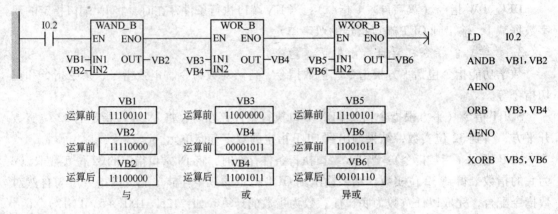

图 5-23　逻辑操作类指令举例

2. WAND_W、WOR_W、WXOR_W 指令

WAND_W、WOR_W、WXOR_W 指令为字与、或、非指令，与前述字节与、或、非指令类似，只是操作数类型变为字。

3. WAND_DW、WOR_DW、WXOR_DW 指令

WAND_DW、WOR_DW、WXOR_DW 指令为双字与、或、非指令，与前述字节与、或、非指令类似，只是操作数类型变为双字。

4. INV_B、INV_W、INV_DW 指令

INV_B、INV_W、INV_DW 指令为字节、字、双字取反运算。当 EN 端口执行条件存在时，将 IN 端口指定的字节、字、双字按位取反，输出到 OUT 端口指定的字节、字、双字单元。

（九）移位和循环移位指令

移位和循环移位指令见表 5-12。

表 5-12　移位和循环移位指令

梯形图	语句表		描　述	梯形图	语句表		描　述
SHR_B	SRB	OUT, N	字节右移位	ROR_B	RRB	OUT, N	字节循环右移
SHL_B	SLB	OUT, N	字节左移位	ROL_B	RLB	OUT, N	字节循环左移
SHR_W	SRW	OUT, N	字右移位	ROR_W	RRW	OUT, N	字循环右移
SHL_W	SLW	OUT, N	字左移位	ROL_W	RLW	OUT, N	字循环左移
SHR_DW	SRD	OUT, N	双字右移位	ROR_DW	RRD	OUT, N	双字循环右移
SHL_DW	SLD	OUT, N	双字左移位	ROL_DW	RLD	OUT, N	双字循环左移
SHRB	SHRB	DATA. S_BIT, N	移位寄存器				

移位和循环移位指令梯形图如图 5-24 所示。

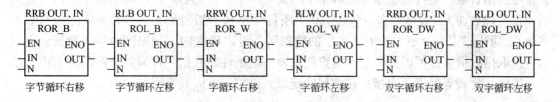

图 5－24　移位和循环移位指令梯形图

移位寄存器指令（SHRB）把输入的 DATA 数值移入移位寄存器，而该移位寄存器是由 S_BIT 和 N 决定的。

S_BIT 指定移位寄存器的最低位，N 指定移位寄存器的长度和移位的方向。（正向移位 = N、反向移位 = $-N$）。

SHRB 指令移出的每一位都相继被放在溢出位（SM1.1）。移位寄存器指令提供一种排列和控制产品流或数据的简单方法。使用该指令时，每个扫描周期整个移位寄存器移动一位（见图 5－25）。

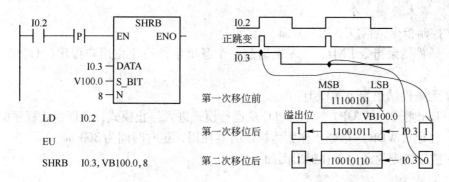

图 5－25　移位和循环移位指令举例

移位寄存器最低位的地址为 S_BIT；最高位地址的计算方法为 MSB = (|N| - 1 + (S_BIT 的位号))/8;最高位的字节号为：MSB 的商 + S_BIT 的字节号；最高位的位号为 MSB 的余数。移位寄存器的移出端与 SM1.1 连接。

使用以下等式计算 "移位寄存器" 最高位地址（MSB.b）：MSB.b = [((S_BIT 字节) + ([N] - 1) + (S_BIT 位)) / 8] · [被 8 除的余数]。

例如：如果 S_BIT 是 V33.4 和 N is 14，以下计算显示 MSB.b 是 V35.1。

$$MSB.b = V33 + ([14] - 1 + 4)/8$$
$$= V33 + 17/8$$
$$= V33 + 2，余数为 1$$
$$= V35.1$$

（十）表功能指令

表功能指令是存储器指定区域中数据的管理指令（见表 5－13）。包含填表、查表、先进先出和后进先出及存储器填充指令，存储器填充指令常见于程序初始化。

表格中的第一个数值是表格的最大长度（TL）。第二个数值是条目计数（EC），指定表格中的条目数。新数据被增加至表格中的最后一个条目之后。每次向表格中增加新数据后，条目计数加1。表格最多可包含100个条目（不包括指定最大条目数和实际条目数的参数）。可以指定一个不大于100个字的数据区，可以依次向该数据区内填入数据，也可以依次取出数据，还可以在数据区内查找符合一定条件的数据，进而对表内的数据进行统计、排序、比较等处理。表指令在数据的记录、监控等方面具有明显的意义。

表5-13　表功能指令

梯形图	指　令	描　述	梯形图	指　令	描　述
AD_T_TBL	ATT　　　DATA, TBL	填表	TBL_FIND	FND >　　TBL, PTN, INDX	查表
TBL_FIND	FND =　　TBL, PTN, INDX	查表	FIFO	FIFO　　TBL, DATA	先入先出
TBL_FIND	FND < >　TBL, PTN, INDX	查表	LIFO	LIFO　　TBL, DATA	后入先出
TBL_FIND	FND <　　TBL, PTN, INDX	查表	FILL_N	FILL　　IN, OUT, N	填充

四、西门子 PLC 控制系统指令

（一）基本控制指令

基本控制指令包括以下几个方面：

（1）条件结束指令 END。指令根据前一个逻辑条件终止主用户程序。只能在主程序中使用。

（2）无条件结束指令 MEND。

（3）停止指令（STOP）。可使 PLC 从运行模式进入停止模式，立即停止程序的执行。

（4）复原（WDR）指令。作为监控定时器使用，定时时间为 300 ms。

基本控制指令的语句表和梯形图如下：

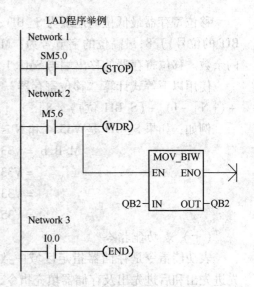

　　　　　　　　　　语句表　　　　　　　　　　　　　　　　　　梯形图

Network 1

//检测到 I/O 错误时，强制转换至 STOP（停止）模式

　　LD SM5.0

　　STOP

Network 2

//M5.6 打开时，重新触发 CPU 监视器复原和输出模块监视器，允许扩展扫描

　　LD M5.6

　　WDR//重新触发 CPU 监视器复原

　　BIW QB2 QB2//重新触发第一个输出模块的监视器

Network 3

//I0.0 打开时，中止当前扫描

　　LD I0.0

　　END

（二）跳转及循环指令

1. 跳转指令（JMP）、标号指令（LBL）

（1）跳转指令（JMP）。使能输入有效时，把程序的执行跳转到同一程序指定的标号（n）处执行。在预置触发信号接通时，使程序跳转到 N 所指定的相应标号处。

（2）标号指令（LBL）。

指定跳转的目标标号。操作数 n 为 0～255。

标记跳转的目的地的位置，由 N 来标记与哪个 JMP 指令对应。

JMP 与 LBL 指令中的操作数 n 为常数 0～255。JMP 和对应的 LBL 指令必须在同一程序块中。

2. 循环指令（FOR）、NEXT 指令

FOR 指令表示循环的开始，NEXT 指令表示循环的结束。

循环指令主要用于反复执行若干次相同功能程序的情况。

当驱动 FOR 指令的逻辑条件满足时，反复执行 FOR 和 NEXT 之间的程序。在 FOR 指令中，需要设置指针或当前循环次数计数器（INDX）、初始值（INIT）和终值（FINAL）（见图 5－26）。

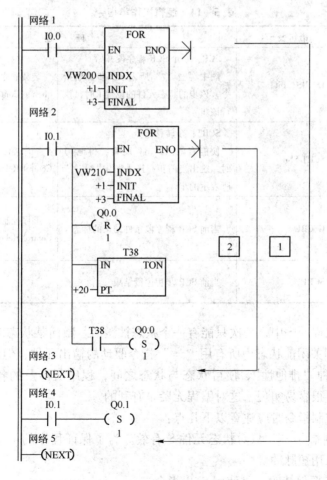

图 5－26　跳转及循环指令

（三）顺序控制继电器指令

对于较复杂的控制过程，可将它分割为一个个的小状态，分别对每个小的状态编程后，再依这些小状态的联系将小状态程序连接起来以实现总的控制任务。顺序控制继电器也称为状态器，用于步进顺控程序的编制。

S7－200 中的顺序控制继电器（S0.0～S31.7）专门用于编制顺序控制程序。顺序控制程序被顺序控制继电器指令（LSCR）划分为 LSCR 与 SCRE 指令之间的若干个 SCR 段，一个 SCR 段对应于顺序功能图中的一步。

状态程序段落具有三个基本要素：

（1）本状态做什么？如 SCR 图中 S0.1 状态的工作任务为第一次前进。

（2）满足什么条件发生状态转移。如 SCR 图中 S0.1 状态转移的条件为输入口 I0.0置 1。

（3）状态转移的下一个状态是什么？如 SCR 图中 S0.1 状态转移的下一个状态为 S0.2。

状态的三要素使编程变得容易操作，更重要的是，状态编程程序段中各状态程序的执行是以状态的激活为前提的（见表 5－14）。

表 5－14　逻辑操作类指令

梯形图 LAD	语句表 STL	描　述	
SCR 　??.? 　SCR	LSCRS_ bit	SCR：一个 SCR 程序段开始 图中 "??.?" 所表示的步开始指令，该步的状态元件的位置 1 时，执行该步	装载顺序控制继电器（Load Sequence Control Relay）指令
SCRT 　??.? —（SCRT）	SCRT Sbit	SCRT：步转移指令 使能有效（SCRT 线圈 "得电"）时，跳出当前步，进入图中 "??.?"所表示的步	顺序控制继电器转换（Sequence Control Relay Transition）指令
SCRE ├（SCRE）	CSCRE	当前 SCR 程序段条件结束的标志	顺序控制继电器结束（Sequence Control Relay End）指令
	SCRE	当前 SCR 步程序段结束	

在一个程序流程顺序中，一次只能有一个状态被激活。激活某状态时，关闭同一分支上的前一状态（即关闭前状态中所有用 "＝" 指令驱动的输出元件，但用 "S" 指令驱动的元件除外）。这种 "排他性"，使得状态与状态之间，程序所涉及的各种器件之间的相互联锁及制约变得很容易实现，这对编程无疑是有利的。

在使用顺序控制指令时应注意以下几点：

（1）步进控制指令 SCR 只对状态元件 S 有效。为了保证程序的可靠运行，驱动状态元件 S 的信号应采用短脉冲。

（2）当输出需要保持时，可使用 S/R 指令。

（3）不能把同一编号的状态元件用在不同的程序中，例如，如果在主程序中使用 S0.1，则不能在子程序中再使用。

（4）在 SCR 段中不能使用 JMP 和 LBL 指令。即不允许跳入或跳出 SCR 段，也不允许在 SCR 段内跳转。可以使用跳转和标号指令在 SCR 段周围跳转。

（5）不能在 SCR 段中使用 FOR、NEXT 和 END 指令。

使用 SCR 的限制：不能在一个以上例行程序中使用相同的 S 位。如果在主程序中使用 S0.1，则不能在子程序中再使用。不能在 SCR 段中使用 JMP 和 LBL 指令，即不允许用跳转的方法跳入或跳出 SCR 段，也不允许在 SCR 段内跳转。不能在 SCR 段中使用 FOR、NEXT 和 END 指令。

例： 使用顺序控制结构，编写出实现红、绿灯循环显示的程序（要求循环间隔时间为 1s）（见图 5 – 27）。

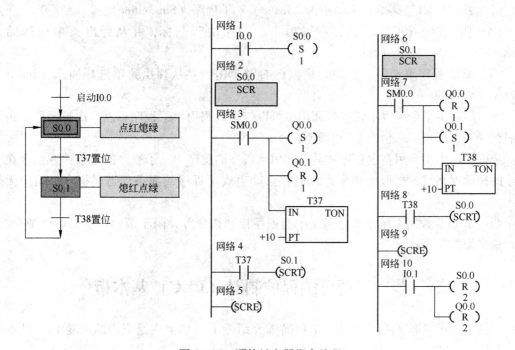

图 5 – 27 顺控继电器指令编程

（四）子程序调用指令

子程序指令包括子程序调用指令 CALL 和子程序条件返回指令 CRET。

子程序调用指令 CALL：在使能输入有效时，主程序把程序控制权交给子程序。格式为 CALL SBR_N。当 EN 端口执行条件存在时，将主程序转到子程序入口开始执行子程序。SBR_N 是子程序名，标志子程序入口地址。在编辑软件中，SBR_N 随着子程序名称的修改而自动改变。

子程序条件返回指令 CRET：在使能输入有效时，结束子程序的执行，返回主程序中。格式为 CRET。在其逻辑条件成立时，结束子程序执行，返回主程序中的子程序调用处继续向下执行。子程序调用及子程序返回指令的指令格式如图 5 – 28 所示。

默认的子程序名是 SBR_n，编号 n 从 0 开始按递增顺序生成，也可以在图标上直接更改子程序的程序名。在指令树窗口双击子程序的图标就可对它进行编辑，编辑方法与主程序完全一样。

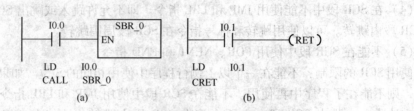

图 5 - 28　子程序调用返回指令
(a) 主程序；(b) 子程序

可采用下列方法建立子程序：

(1) 从"编辑"菜单，选择插入（Insert）／子程序（Subroutine）。

(2) 从"指令树"，用鼠标右键单击"程序块"图标，并从弹出菜单选择插入（Insert）：子程序（Subroutine）。

(3) 从"程序编辑器"窗口，用鼠标右键单击，并从弹出菜单选择插入（Insert）：子程序（Subroutine）。

子程序调用指令可以不带参数调用也可以带参数调用。子程序可以多次被调用，也可以嵌套（最多 8 层），还可以自己调自己。

子程序调用指令用在主程序和其他调用子程序的程序中，子程序的无条件返指令在子程序的最后网络段，梯形图指令系统能够自动生成子程序的无条件返回指令，用户无须输入。

西门子 PLC 控制系统指令还包括中断程序控制指令等，限于篇幅，本书不详细介绍，读者请参阅相应书籍。

第三节　三菱可编程控制器（PLC）基本指令

不同 PLC 有不同的指令系统，下面简单介绍一下市场上广泛应用的三菱 PLC 基本指令（见图 5 - 29）。

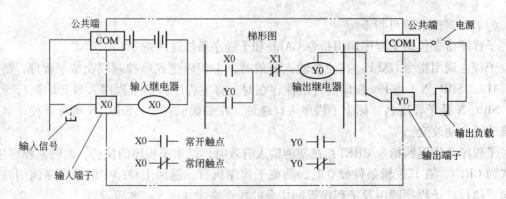

图 5 - 29　三菱 PLC 控制系统示意图

一、三菱 PLC 的基本编程元件

（一）输入继电器（X）

输入继电器（X）相当于西门子 S7 – 200 的 I。

在 PLC 内部，与输入端子相连的输入继电器是光电隔离的电子继电器，采用八进制编号，用无数个常开和常闭触点。输入继电器不能用程序驱动。

（二）输出继电器（Y）

输出继电器（Y）相当于西门子 S7 – 200 的 Q。输出继电器采用八进制编号，有内部触点和外部输出触点（继电器触点、双向可控硅、晶体管等输出元件）之分，由程序驱动。在 PLC 内部，外部输出触点与输出端子相连，向外部负载输出信号，且一个输出继电器只有一个常开型外部输出触点。输出继电器有无数个内部常开和常闭触点，编程时可随意使用。

（三）辅助继电器（M）

由内部软元件的触点驱动，常开和常闭触点使用次数不限，但不能直接驱动外部负载，采用十进制编号。通用辅助继电器 M0 ~ M499（500 点）；掉电保持辅助继电器 M500 ~ M1023（524 点）；特殊辅助继电器 M8000 ~ M8255（256 点）；只能利用其触点的特殊辅助继电器；可驱动线圈的特殊辅助继电器；通用辅助继电器与掉电保持用辅助继电器的比例，可通过外设设定参数进行调整。

只能利用其触点的特殊辅助继电器：M8000 运行监控用，PLC 运行时 M8000 接通；M8002：仅在运行开始瞬间接通的初始脉冲特殊辅助继电器；M8012：产生 100ms 时钟脉冲的特殊辅助继电器；可驱动线圈的特殊辅助继电器 M8030：锂电池电压指示灯特殊继电器；M8033：PLC 停止时输出保持特殊辅助继电器；M8034：指全部输出特殊辅助继电器；M8039：时扫描特殊辅助继电器。

（四）状态（S）

状态是对工序步进型控制进行简易编程的内部软元件，采用十进制编号。与步进指令 STL 配合使用；状态有无数个常开触点与常闭触点，编程时可随意使用；状态不用于步进阶梯指令时，可作辅助继电器使用。状态同样有通用状态和掉电保持用状态，其比例分配可由外设设定。

状态有五种类型：初始状态 S0 ~ S9 共 10 点；回零状态 S10 ~ S19 共 10 点；通用状态 S20 ~ S499 共 480 点；保持状态 S500 ~ S899 共 400 点；报警用状态 S900 ~ S999 共 100 点。

（五）定时器（T）

定时器实际是内部脉冲计数器，可对内部 1ms、10ms 和 100ms 时钟脉冲进行加计数，当达到用户设定值时，触点动作（见图 5 – 30）。

定时器可以用用户程序存储器内的常数 K 或 H 作为设定值，也可以用数据寄存器 D 的内容作为设定值。

普通定时器（T0 ~ T245）：100ms 定时器 T0 ~ T199 共 200 点，设定范围 0.1 ~ 3276.7s；10ms 定时器 T200 ~ T245 共 46 点，设定范围 0.01 ~ 327.67s。

积算定时器（T246 ~ T255）：1ms 定时器 T246 ~ T249 共 4 点，设定范围 0.001 ~ 32.767s；100ms 定时器 T250 ~ T255 共 6 点，设定范围为 0.1 ~ 3276.7s。

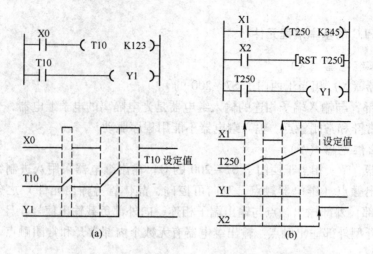

图 5 – 30   定时器

(a) 普通定时器；(b) 积算定时器

（六）计数器（C）

计数器可分为通用计数器和高速计数器（见图 5 – 31）。

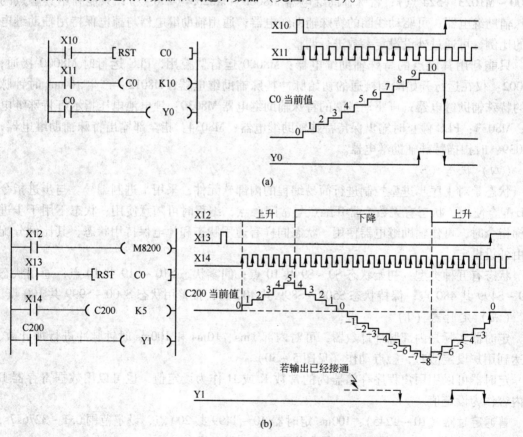

图 5 – 31   计数器

(a) 16 位计数器工作过程示意图；(b) 32 位加/减计数器工作过程示意图

16 位通用加计数器，C0 ~ C199 共 200 点，设定值为 1 ~ 32767。设定值 K0 与 K1 含义相同，即在第一次计数时，其输出触点动作。通用型：C0 ~ C99 共 100 点；断电保持型：C100 ~ C199 共 100 点。

32 位通用加/减计数器，C200 ~ C234 共 135 点，设定值为 −2147483648 ~ +2147483647。通用计数器：C200 ~ C219 共 20 点；保持计数器：C220 ~ C234 共 15 点；计数方向由特殊辅助继电器 M8200 ~ M8234 设定。加减计数方式设定：对于 C△△△，当 M8△△△△ 接通（置 1）时，为减计数器，断开（置 0）时，为加计数器。计数值设定：直接用常数 K 或间接用数据寄存器 D 的内容作为计数值。间接设定时，要用元件号紧连在一起的两个数据寄存器。

高速计数器 C235 ~ C255 共 21 点，共享 PLC 上 6 个高速计数器输入（X000 ~ X005）。高速计数器按中断原则运行。

（七）数据寄存器（D）

通用数据寄存器 D0 ~ D199 共 200 点。只要不写入其他数据，已写入的数据不会变化。但是 PLC 状态由运行到停止时，全部数据均清零。

断电保持数据寄存器 D200 ~ D511 共 312 点，只要不改写，原有数据不会丢失。

特殊数据寄存器 D8000 ~ D8255 共 256 点，这些数据寄存器供监视 PLC 中各种元件的运行方式用。文件寄存器 D1000 ~ D2999 共 2000 点。

（八）变址寄存器（V/Z）

变址寄存器的作用类似于一般微处理器中的变址寄存器（如 Z80 中的 IX、IY），通常用于修改元件的编号。V0 ~ V7、Z0 ~ Z7 共 16 点 16 位变址数据寄存器。进行 32 位运算时，与指定 Z0 ~ Z7 的 V0 ~ V7 组合，分别成为（V0、Z0），（V1、Z1），…，（V7、Z7）。

二、三菱 PLC 基本编程指令简介

三菱 PLC 基本编程指令与西门子 PLC 类似，同样包括触点指令和功能指令。如果按照梯形图设计程序，要清楚三菱 PLC 基本编程元件选择资源，在西门子系统中，输入寄存器为 I，输出寄存器为 Q；在三菱系统中，他们分别变为 X 和 Y，同时位标注方式也发生了变化。

（一）基本逻辑指令

1. LD、LDI 指令

X、Y、M、T、C 逻辑开始：在梯形图中表示一个逻辑行的开始。

LD 指令："取"指令，用于母线、分支电路开始的常开触点。

LDI 指令："取反"指令，用于母线、分支电路开始的常闭触点。

2. OUT 指令

Y、M、T、C 线圈驱动指令。可以驱动 Y、M、T、C 的线圈，不能驱动 X，OUT。

注意：驱动 T 或 C 时，该指令后必须设常数 K 值。

3. AND \ ANI 指令

串联连接指令：地址码为 X、Y、M、T、C。

AND 指令："与"，串联一个常开触点。

ANI 指令："与非"，串联一个常闭触点。

4. OR \ ORI 指令

并联连接指令：地址码为 X、Y、M、T、C。

OR 指令："或"，并联一个常开触点。

ORI 指令："或非"，并联一个常闭触点

5. ORB、ANB 指令

块操作指令，梯形图和语句表见表 5 – 15。

ORB 指令：块电路或指令，两个以上触点串联的支路与前面支路并联。

ANB 指令：块电路与指令，用于并联电路块与前面接点电路或并联电路块的串联。

表 5 – 15　ORB、ANB 指令梯形图和语句表

梯　形　图	语　句　表	
	LD X001	LDI X007
	AND X002	AND X010
	LD X003	ORB
	ANI X004	ANB
	ORB	OR X011
	LD X005	OUT Y030
	AND X006	

6. MPS、MRD、MPP 堆栈指令

MPS 指令：进栈指令（Push）；MRD 指令：读栈指令（Read）；MPP 指令：出栈指令（POP）。梯形图和语句表见表 5 – 16。

表 5 – 16　堆栈指令的梯形图和语句表

梯　形　图	语　句　表	
	LD X000	AND X003
	AND X001	OUT Y001
	MPS	MPP
	AND X002	AND X004
	OUT Y000	OUT Y002
	MRD	LD X005
		OUT Y003

指令的说明如下：

（1）MPS、MRD、MPP 指令无编程元件。

（2）MPS、MPP 指令成对出现，可以嵌套。

（3）MRD 指令可有可无，也可有两个或两个以上。

三菱 PLC 中有 11 个栈空间，也就是说可以压栈的最大深度为 11 级。每使用一次 MPS 将当前结果压入第一段存储，以前压入的结果依次移入下一段。MPP 指令将第一段读出，并且删除它，同时以下的单元依次向前移。MRD 指令读出第一段，但并不删除它。其他单元保持不变。使用这三条指令可以方便多分支的编程。

在进行多分支编程时，MPS 保存前面的计算结果，以后的分支可以利用 MRD、MPP 从栈中读出前面的计算结果，再进行后面的计算。最后一个分支必须用 MPP，保证 MPS、MPP 使用的次数相同。

注意：使用 MPP 以后，就不能再使用 MRD 读出运算结果，也就是 MPP 必须放在最后的分支使用。

MRD 指令可以使用多次，没有限制。MPS 连续使用的最多次数为 11，但是可以多次使用。每个 MPS 指令都有一个 MPP 指令对应，MPP 的个数不能多于 MPS 的个数。

7. S（R）指令：置位（复位）指令（M、Y、S）具有记忆功能。

SET 指令：置位保持指令；RST 指令：复位保持指令。指令梯形图、语句表和时序图见表 5 – 17。

表 5 – 17　置位（复位）指令的梯形图、语句表和时序图

梯　形　图	语句表	时　序　图
X001 —[SET M202]— X002 —[RST M202]—	LD　　X001 SET　　M202 LD　　X002 RST　　M202	X001 X002 M202

软元件为 Y 和一般 M 的程序步为 1，S 和特殊辅助继电器 M、定时器 T、计数器 C 的程序步为 2，数据寄存器 D 以及变址寄存器 V 和 Z 的程序步为 3。

SET 指令在线圈接通的时候就对软元件进行置位，只要置位了，除非用 RST 指令复位，否则将保持为 1 的状态。同样，对 RST 指令只要对软元件复位，将保持为 0 的状态，除非用 SET 指令置位。

对同一软元件，SET、RST 指令可以多次使用，顺序随意，但是程序最后的指令有效。

RST 指令可以对数据寄存器（D）、变址寄存器（V，Z）、定时器（T）和计数器（C），不论是保持还是非保持的都可以复位置零。

8. PLS、PLF 指令

PLS、PLF 指令：脉冲输出指令的作用是将较宽的脉冲输入信号变成脉宽为一个扫描周期的脉冲信号（见表 5 – 18）。

指令的作用：PLS：上升沿微分输出指令；PLF：下降沿微分输出指令。

指令的说明：指令只能用于编程元件 Y 和 M。PLS 为信号上升沿（OFF→ON）接通一个扫描周期。PLF 为信号下降沿（ON→OFF）接通一个扫描周期。

表 5 – 18　PLS、PLF 指令梯形图、语句表和时序图

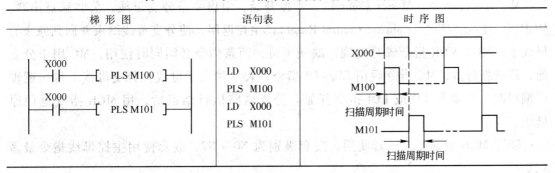

梯　形　图	语句表	时　序　图
X000 —[PLS M100]— X000 —[PLS M101]—	LD　X000 PLS　M100 LD　X000 PLS　M101	X000 M100 扫描周期时间 M101 扫描周期时间

9. SET、RST 置位/复位指令

SET、RST 置位/复位指令用于对计数器、移位寄存器的置位/复位（见表 5 – 19）。

SET：置位指令（接通并保持）；RST：复位指令。

SET 指令的编程元件：Y、M、S；

RST 指令的编程元件：Y、M、S、T、C、D；

RST 指令具有优先级。

表 5 – 19   SET、RST 置位/复位指令梯形图和语句表

梯 形 图	语 句 表
X000 ├┤├──[SET M100] X001 ├┤├──[RST C0]	LD X000 SET M100 LD X001 RST C0

10. NOP 指令

NOP 指令是空操作，用于修改梯形图。指令无编程元件。

程序清除时指令变为 NOP 指令，指令之间加入 NOP 指令，程序对它不做任何事情，继续向下执行，只是增加了程序的步数。

11. END 指令

END 指令是程序结束指令，指令无编程元件。

PLC 执行程序时从 0 步扫描到 END 指令为止，后面的程序跳过不执行。

每个程序必须有且只有一个 END 指令，表示程序的结束。PLC 不断反复进行如下操作：输入处理，从程序的 0 步开始执行直到 END 指令，程序处理结束，接着进行输出刷新。然后开始循环操作。

12. MC、MCR 指令

MC、MCR 指令为主控母线指令。多个继电器同时受一个触点或一组触点控制，这种控制称为主控。MC、MCR 指令的编程元件为 Y 和 M；为 M 时，目标元素为 M100 ~ M177。

MC 为主控指令（Master Control），主控开始，引出一条分支母线，公共触点串联。MCR 为主控复位指令（Master Control Reset），主控返回，使分支母线结束并回到原来的母线上。MC、MCR 指令成对出现，缺一不可，两条指令必须同时使用。MC 用于分支处，形成新母线，MC 指令后用 LD/LDI 指令，表示建立子母线。分支母线上每一逻辑行编程时，都要用 LD 或 LDI 指令开始。分支电路执行结束后，用 MCR 指令返回原母线。

MC、MCR 指令可以嵌套使用，嵌套级别为 N0 ~ N7，嵌套使用主控母线指令最多 8 次。

（二）基本功能指令

基本功能指令见表5－20。

表5－20 基本功能指令

指 令	举 例 说 明
比较指令［CMP］	
当X001"ON"时，D0的内容与常数100进行比较，大小比较是按代数形式进行的（－8＜0）；当D0＞100，M0"ON"，当D0＝100，M1"ON"；当D0＜100，M2"ON"；目标地址指定M0；则M1、M2被自动占用；当X001"OFF"时，M0、M1、M2仍保持以前状态。指令不执行时，想要清除比较结果，可使用复位指令	``` 0 X001 ──┬──────────[CMP D0 K100 M0] 　 │ M0 　 ├──┤├─────────────────(Y000) 　 │ M1 　 ├──┤├─────────────────(Y001) 　 │ M2 　 └──┤├─────────────────(Y002) 17 ────────────────────────────[END] ```
传送指令［MOV］	
功能和动作：使数据原样传送的指令 将源（S·）的内容向目标（D·）传送，X003"OFF"时，目标（D·）的内容不变化	``` 0 X003 ──┬──────────[MOV K100 D10] 　 └──────────[MOV D11 D100] ```
反向传送［CML］	
功能和动作：将数据反向传送的指令； 将D0的内容每位取反后，传送到目标地址，常数K被自动转换成二进制	``` 0 X005 ──┤├────[CML D10 K2Y000] ```
加法运算［ADD］	
功能和动作： 两个源数据进行加法后传送到目标处，各数据的最高位是符号位（正数为0，负数为1），数据以代数形式进行加法运算。 运算结果为0时，0标志位M8020动作；运算结果超出32767（16位运算）或2147483647（32位运算）时，进位标志位M8022动作；运算结果小于－32768（16位运算）或－2147483648（32位运算）时，借位标志位M8021动作； 进行32位运算时，字软元件的低16位侧的软元件被指定，紧接着上述软元件编号后的软元件作为高位，为了防止编号重复，建议将软元件指定为偶数编号。 对于脉冲型指令，每出现一次OFF到ON的变化，操作数做一次运算	``` 11 X000 ──┤├────[ADD D0 D2 D4] 19 M8020 ────┤├─────────────────(Y000) 21 M8021 ────┤├─────────────────(Y001) 23 M8022 ────┤├─────────────────(Y002) 25 ─────────────────────────────[END] ``` | 标志位		
---	---	---
	零	M8020
	借位	M8021
	进位	M8022	

续表 5 – 20

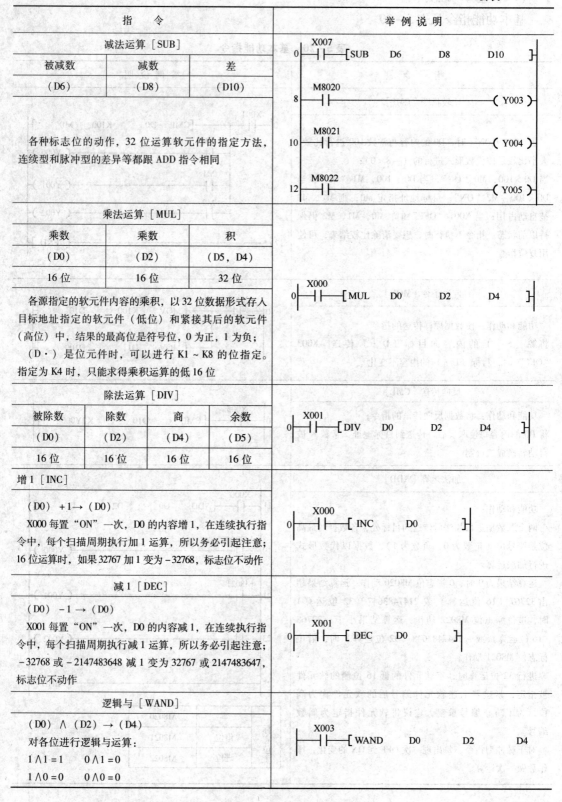

指　　令			举 例 说 明

减法运算［SUB］

被减数	减数	差
(D6)	(D8)	(D10)

　　各种标志位的动作，32 位运算软元件的指定方法，连续型和脉冲型的差异等都跟 ADD 指令相同

乘法运算［MUL］

乘数	乘数	积
(D0)	(D2)	(D5，D4)
16 位	16 位	32 位

　　各源指定的软元件内容的乘积，以 32 位数据形式存入目标地址指定的软元件（低位）和紧接其后的软元件（高位）中，结果的最高位是符号位，0 为正，1 为负；

　　(D·) 是位元件时，可以进行 K1 ~ K8 的位指定。指定为 K4 时，只能求得乘积运算的低 16 位

除法运算［DIV］

被除数	除数	商	余数
(D0)	(D2)	(D4)	(D5)
16 位	16 位	16 位	16 位

增 1 ［INC］

　　(D0) + 1→ (D0)

　　X000 每置"ON"一次，D0 的内容增1，在连续执行指令中，每个扫描周期执行加 1 运算，所以务必引起注意；16 位运算时，如果 32767 加 1 变为 – 32768，标志位不动作

减 1 ［DEC］

　　(D0) – 1 → (D0)

　　X001 每置"ON"一次，D0 的内容减1，在连续执行指令中，每个扫描周期执行减 1 运算，所以务必引起注意；– 32768 或 2147483648 减 1 变为 32767 或 2147483647，标志位不动作

逻辑与［WAND］

　　(D0) ∧ (D2) → (D4)

　　对各位进行逻辑与运算：

　　1 ∧ 1 = 1　　　0 ∧ 1 = 0

　　1 ∧ 0 = 0　　　0 ∧ 0 = 0

续表 5 - 20

指　令	举例说明
逻辑或〔WOR〕	
（D0）∨（D2）→（D4） 对各位进行逻辑或运算： 1∨1=1　0∨1=1 1∨0=1　0∨0=0	X004 ├─┤├─〔WOR　　D0　　　D2　　　D4
逻辑异或〔WXOR〕	
（D0）∀（D2）→（D4） 对各位进行逻辑异或运算： 1∀1=0　0∀1=1 1∀0=1　0∀0=0 如果将这个指令与 CML 组合使用，将进行异或非运算	X005 ├─┤├─〔WXOR　　D0　　　D2　　　D4
求补〔NEG〕	
（$\overline{D10}$）+1→（D10） 将（D·）指定的软元件内容中各位先取反（0变1，1变0），然后再加1，将其结果存入原先的软元件中； 使用连续执行指令则在每一个扫描周期执行一次，务必引起注意	X000 ├─┤├─〔NEGP　　D10　　┤├
专家指令 PID 运算	
D0：要达到的目标值为 S1 D1：测定值，反馈回的值为 S2 D100：参数为 S3 S3 +0：KP 参考值：2000 S3 +1：KI 参考值：500 S3 +2：KD 参考值：0 S3 +3：E（T） S3 +4：E（T-1） S3 +5：e（t）-e（t-1） S3 +6：e（t-1）-e（t-2） S3 +7：e（t）-2e（t-1）+e（t-2） S3 +8：增量 S3 +9：输出，限制为 12 位 Max = 2048（旧版 8 位 DA 的为 255）	X000　　　　　S1　　S2　　S3　　D ├─┤├─〔PID　D0　　D1　　D100　D150 ┤├ 　　　　　　　目标值　测定值　参数　输出值 　　　　　　　（SV）　（PV）　　　（MV）

触点比较指令见表 5 - 21。

表 5 - 21　触点比较指令

指　令	导通条件	举例说明
LD =	（S1·）=（S2·）	如：当 D0 的内容大于 -100，且 X000 处于"ON"时，驱动 Y1
LD >	（S1·）>（S2·）	
LD <	（S1·）<（S2·）	
LD < >	（S1·）≠（S2·）	X000 ├〔> 　D0　　K-100 ┤─┤├─（Y001）
LD ≦	（S1·）≦（S2·）	
LD ≧	（S1·）≧（S2·）	

接点比较指令［AND※］见表5－22。

表5－22　接点比较指令［AND※］

指　令	导通条件	举　例　说　明
AND =	$(S1\cdot) = (S2\cdot)$	如：当X001处于"ON"时，且D0的内容不等于10时，置位Y4
AND >	$(S1\cdot) > (S2\cdot)$	
AND <	$(S1\cdot) < (S2\cdot)$	
AND < >	$(S1\cdot) \neq (S2\cdot)$	X001
AND ≦	$(S1\cdot) \leqq (S2\cdot)$	─┤├──┤<> D0 K10 ├─[SET Y004]─
AND ≧	$(S1\cdot) \geqq (S2\cdot)$	

接点比较指令［OR※］见表5－23。

表5－23　接点比较指令［OR※］

指　令	导通条件	举　例　说　明
OR =	$(S1\cdot) = (S2\cdot)$	如：当X001处于"ON"，或计数器C10的当前值等于100时，驱动Y1
OR >	$(S1\cdot) > (S2\cdot)$	
OR <	$(S1\cdot) < (S2\cdot)$	X001
OR < >	$(S1\cdot) \neq (S2\cdot)$	─┤├────────(Y001)─
OR ≦	$(S1\cdot) \leqq (S2\cdot)$	─┤= C10 K100 ├─
OR ≧	$(S1\cdot) \geqq (S2\cdot)$	

（三）程序流程指令

程序流程指令包括以下几个方面：

（1）子程序指令：CALL：子程序调用；SRET：子程序返回。

CJ、CALL指针编号可作变址修改；嵌套最多可为5层；对子程序返回无适用软元件。

（2）主程序结束指令：FEND 主程序结束。

当程序使用多个FEND指令时，子程序请在最后的FEND指令与END指令之间编写。

（3）循环控制指令：FOR：循环范围开始；NEXT：循环范围结束。

FOR ~NEXT嵌套最多5层。

（4）条件跳转指令：CJ、CJP：条件跳转。

CJ指令：条件成立（=1）时，跳转至对应标号的程序段。CJP指令：执行条件跳转的脉冲指令，在条件的上升沿，跳转至对应标号的程序段。

条件跳转指令的操作数为一个标号（见表5－24中的P8），代表目的地址，要跳转的位置。表5－24中，当X000＝1成立时，程序跳转至标号P8所示的程序段执行。

由于主控指令和跳转指令一起使用较为复杂，建议初学者最好不同时使用。

表 5 – 24 条件跳转指令示例

梯 形 图	语 句 表
X000 ─┤├─ ─[CJ P8] X001 ─┤├─ ─(Y000) X002 ─┤├─ ─(T0 K20) X003 ─┤├─ ─[RST C0] X004 ─┤├─ ─(C0 K0) P8 X005 ─┤├─ ─(Y001)	LD X000　　RST C0 CJ P8　　　LD X004 LD X001　　OUT C0 K10 P8 OUT Y000　LD X005 LD X002　　OUT Y001 OUT T0 K20 LD X003

（四）步进指令

步进控制方式的特点是将复杂控制分步后，分别考虑好每一步的控制，从而降低了各步的关联，降低编程的复杂程度。各状态内执行的动作由梯形图其他指令编写。

当前状态（S0）向下一个状态（S1）转移时，该扫描周期两个状态内的动作均得到执行；下一扫描周期执行时，当前状态（S0）被下一状态（S1）所复位，当前状态（S0）内的所有动作不被执行，所有 OUT 元件的输入均被断开。

1. 状态转移图

状态转移图又称为功能图，它是用状态元件描述工步状态的工艺流程图。它通常由初始状态、一系列一般状态、转移线和转移条件组成。每个状态提供三个功能：驱动有关负载、指定转移条件和指定转移目标。图 5 – 32 （a）所示是一个状态转移图的例子。

2. 步进指令

（1）STL：步进开始指令，是一个步序动作的开始指令。

STL 利用内部软元件（状态 S）在顺控程序上进行工序步进式控制的指令。

（2）RET：步进返回指令是一个步序动作的结束指令，其后指令返回母线。

RET 用于状态（S）流程的结束，实现返回主程序（母线）的指令。步序与步序之间一般省去 RET，因此看起来是多个 STL 可共用一个 RET。有 STL 而没有 RET，程序检查出错。

3. 步进梯形图

步进梯形指令具有以下特点：

（1）转移源自动复位功能。

（2）允许双重输出。

（3）主控功能。

图 5 – 32 所示是状态转移图和步进梯形图。图 5 – 32 （a）给出的状态转移图可以转换成如图 5 – 32 （b）所示步进梯形图。

用步进指令可以将顺序功能图转换为步进梯形图，也可以直接编写步进梯形图。对梯形图和顺序功能图应注意以下几点：

（1）状态编号不可重复使用。

（2）如果状态触点接通，则与其相连的电路动作；如果状态触点断开，则与其相连的电路停止工作。

（3）在不同状态之间，允许对输出元件重复输出，但对同一状态内不允许双重输出。

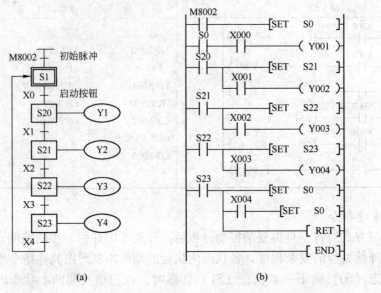

图 5 - 32　状态转移图和步进梯形图

（a）状态转移图；（b）步进梯形图

第四节　PLC 程序设计方法

一、PLC 梯形图的规则

PLC 梯形图的规则具体如下：

（1）梯形图的左边为起始母线，右边为结束母线。梯形图按从左到右、从上到下的顺序书写。

（2）梯形图中的接点（对应触头）有两种：常开（┤├）和常闭（┤/├）。

（3）输出用（ ）表示，如 - -（R0）、- -（Y0）。一个输出变量只能输出一次。输出前面必须有接点。

（4）梯形图中，接点可串可并，但输出只能并不能串。

（5）程序结束时有结束符 - - -（END）。

二、梯形图程序编制技巧

梯形图程序编制技巧具体如下：

（1）并联电路上下位置可调，应将单个触点的支路放下面。

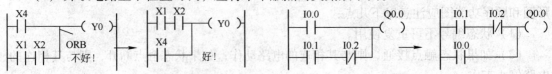

（2）串联电路左右位置可调，应将单个触点放在右边。

（3）避免多线圈输出。

（4）线圈并联电路中，应将单个线圈放在上边。

（5）考虑指令的能实现性，桥形电路的化简方法为找出每条输出路径进行并联。

三、PLC 程序结构

S7-200 的程序由主程序、子程序和中断程序组成，具体如下：

（1）主程序：每次扫描都要执行主程序。每个项目都必须且只能有一个主程序（OB1）。

（2）子程序：可以多次调用，简化程序代码、减少扫描时间、容易移植到别的项目。

（3）中断程序：在中断事件发生时由 PLC 的操作系统调用。

对于特定的应用系统，可以根据现有条件，灵活的设计应用程序。常用方法主要有三种：翻译法、经验法和顺序功能图法。如果要改造的设备原来是完全由接触器－继电器系统构成的系统，在改用可编程控制器控制时，可以采用翻译法改造。

四、传统 PLC 程序设计方法

传统 PLC 程序设计方法比较适应于具有电气控制背景的设计人员，是一种经验设计法。经验法设计 PLC 程序主要有两种方法，一是直接从原有电气控制图直接翻译成 PLC 梯形图程序，二是根据电气控制经验，用相似的方法设计 PLC 程序，在一些典型电路的基础上，根据被控对象对控制系统的具体要求和逻辑关系设计梯形图并不断地修改和完善。这两者之间没有太多差别，根据电气控制经验设计 PLC 梯形图实际上跟设计电气控制图非常类似。直接翻译电气图，有些地方不能直译，往往还需要进行小的修改才能真正使用，所以有时又称改造法。

在设计 PLC 程序时，首先需要进行以下准备工作：

（1）了解和熟悉被控设备的工艺过程和机械的动作情况，根据继电器电路图分析和掌握控制系统的工作原理。

（2）确定 PLC 的输入信号和输出负载，以及与它们对应的梯形图中的输入和输出地址，画出 PLC 的外部接线图。

（3）确定与继电器电路图的中间继电器、时间继电器对应的梯形图中的位存储器（M）和定时器（T）的地址。这两步建立了继电器电路图中的元件和梯形图中编程元件的地址之间的对应关系。

完成上述工作后，才能进行梯形图设计。

举例说明：对于星形－三角形启动电路的 PLC 控制改造，原系统如图 5－33 所示：可以利用翻译法直接进行改造。图 5－33 为三相交流电动机原有星形－三角形启动电路，进行上述三步准备工作，在翻译前，先设计好新的 PLC 控制系统的电路图，并定义和分配具体硬件资源。新的电路图如图 5－34 所示，SB$_1$、SB$_2$、FR、KM$_1$、KM$_2$、KM$_3$ 与原电路图保持一致，梯形图中，则定义对应资源如下：STOP_ SB$_3$　I0.1：停止按钮；START_ SB$_1$—I0.0：启动按钮；FR—I0.2：热继电器；KM$_3$—Q0.3：三角形连接；KM$_2$—Q0.2：星形连接；KM$_1$—Q0.1：主接触器。

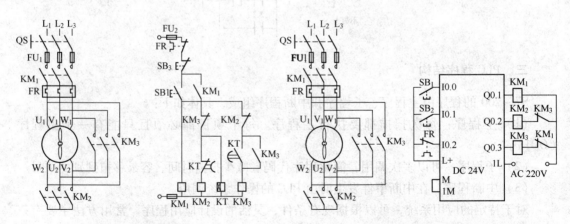

图 5－33　原有星形－三角形启动电路　　　　图 5－34　PLC 控制的星形－三角形启动电路

从电气电路翻译成 PLC 梯形图时，首先简单地直接翻译，然后再根据本章第二节最后的编程注意事项及编程技巧尽可能满足 PLC 程序设计要求，进行多次修改，逐渐形成最终程序如图 5 – 35 所示。

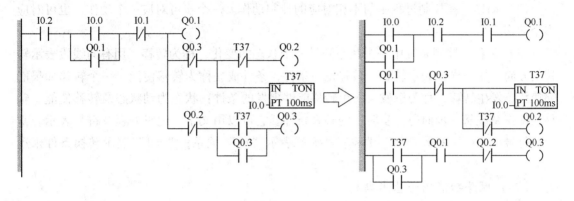

图 5 – 35　翻译法设计 PLC 梯形图

五、新型 PLC 程序设计方法

新型 PLC 程序设计方法就是顺序功能图程序设计方法，先设计顺序功能图，然后根据它设计程序，这种设计法不但可以用来设计 PLC 梯形图程序，也可以直接设计语句表程序，程序设计灵活，可设计大型程序，可方便的检查和修改已设计的程序，因此，成为了当前 PLC 程序设计方法的首选。

PLC 控制系统所采用的控制通常是顺序控制，按照生产工艺预先规定的顺序，在各个输入信号的作用下，根据内部状态和时间的顺序，在生产过程中各个执行机构自动地有秩序地进行操作。使用顺序控制设计法时首先根据系统的工艺过程，画出顺序功能图，然后根据顺序功能图设计出梯形图。有的 PLC 为用户提供了顺序功能图（简称 SFC）语言，在编程软件中生成顺序功能图后便完成了编程工作。

（一）顺序功能图的基本概念

顺序功能图的基本概念包括以下几个方面（见图 5 – 36）：

（1）步（状态）：将控制系统工作循环过程分解成若干个顺序相连的阶段，这些阶段称为"步"。用方框表示，并用辅助继电器的编号作为步的顺序编号。

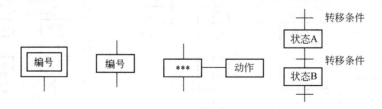

图 5 – 36　顺序功能图单元元件

1）初始步（初始状态）：一个顺序功能图中至少有一个初始步，用双方框表示。它是系统运行的起点，与系统的初始状态相对应，系统初始步是等待启动命令的静止状态。

2）工作步（工作状态）：控制系统正常运行时的状态。

动步（动状态）：当前正在运行的状态。

静步（静状态）：没有运行的状态。

（2）动作：在控制过程中与不相对应的控制动作。一个步可对应一个动作，也可对应多个动作。

（3）转移：控制系统中一个状态到另一个状态的变化，称为转移。用有向线段表示转移的方向，用一横线表示转移。转移是一条件，条件成立称为转移使能。一个转移如果能够使状态发生转移，称为触发。一个转移能够出发的条件：状态为动状态及转移使能。转移条件：系统从一步向另一步转换的必要条件。它可以用文字、逻辑方程及符号表示。常用的符号："∗"表示"与"关系；"+"表示"或"关系；"=1"表示转换条件永远成立。

（二）顺序功能图的基本结构

1. 单流程结构

单流程结构由一系列相继激活的步组成，从头到尾只有一条路可走，每一步的后面仅接有一个转换，每一个转换的后面只有一个步。如红绿灯控制程序，虽然是循环控制，但都以一定顺序逐步执行且没有分支，所以属于单一顺序流程。

2. 选择分支流程结构

从多个分支流程中选择某一个单支流程，称为选择性分支。虽然有多条分支路径，但一次仅能选择一个单一序列来执行。可以通过对每一个单一序列的进入转换条件加约束条件并对每一个单一序列被选择规定优先权，来实现保证每一次仅选择一个单一序列进入。

如图 5 – 37 所示，当 S0 执行后，若 X1 先有效，则跳到 S21 执行，此后即使 X2 有效，S22 也无法执行，此后若 X3 有效，则脱离 S21 而跳到 S23 执行，当 X5 有效后，则结束流程。当 S0 执行后，若 X2 先有效，则跳到 S22 执行，此后即使 X1 有效，S21 也无法执行。选择分支流程不能交叉。

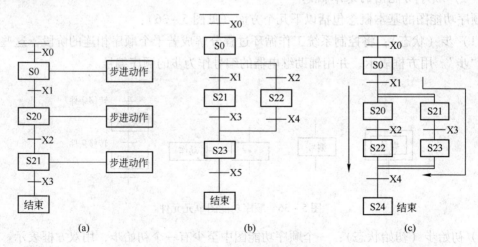

图 5 – 37　单流程结构图

（a）单流程结构；（b）选择分支流程结构；（c）并进分支流程结构

3. 并进分支流程结构

同时并行处理多个分支流程，称为并行性分支与汇合。若有多条分支路径，但必须同时执行，或者说，在某一转换条件触发下，同时启动若干个序列，这种分支的方式称为并进分支流程。在各条路径都执行后，才会继续往下指令，像这种有等待功能的方式称为并进汇合。当 S0 执行后，若 X1 有效，则 S20 及 S21 同时执行。当 S22 及 S23 都已执行后，若 X4 有效，则脱离 S22 及 S23 而跳到 S24 执行，程序结束。当左边路径已执行到 S22，而右边路径尚停留在 S21 时，此时即使 X4 有效，也不会跳到 S24 执行。如图 5-38（a）所示的流程都是可能的程序。B 流程没有问题，但 A 流程在并进汇合处有等待动作的状态，请务必注意。如在并进分支与汇合点处不允许符号 * 或符号 ※ 的转移条件，应按图5-38（b）修改。

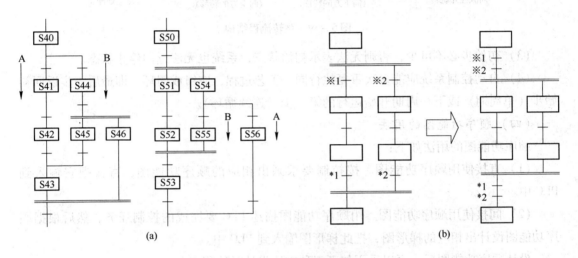

图 5-38 并进分支流程

（a）可能的程序；（b）并进分支与汇合点处不允许符号 * 或符号 ※ 的转移条件

4. 跳转流程结构

向下面状态的直接转移或向系列外的状态转移称为跳转，用符号 ↓ 指向转移的目标状态（见图 5-39）。

5. 重复流程结构

向前面状态进行转移的流程称为重复。用 ↓ 指向转移的目标状态。使用重复流程可以实现一般的重复，也可以对当前状态复位。程序设计中的关键是：找出每一步的启动条件和停止条件；根据转换实现的基本规则。要使转换得以实现的条件是被激活的当前步为动步，相应的转换条件为真。

在顺序控制梯形图程序设计方法中，运用普通位逻辑指令设计应用程序具有通用性强的明显优点，设计的应用程序可以在任意一个厂家生产的 PLC 中容易地得到实现。

（三）绘制顺序功能图应注意事项

绘制顺序功能图应注意事项如下：

（1）两个步绝对不能直接相连，必须用一个转换将它们隔开。

（2）两个转换绝对不能直接相连，必须用一个步将它们隔开。

178

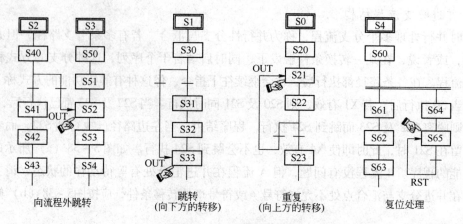

图 5 - 39 跳转流程结构

（3）初始步必不可少，否则无法表示初始状态，系统也无法返回停止状态。

（4）自动控制系统应能多次重复执行同一工艺过程，应组成闭环，即最后一步返回初始步（单周期）或下一周期开始运行的第一步（连续循环）。

（四）顺序功能图的用法

顺序功能图的用法如下：

（1）直接使用顺序功能图。按控制要求画出相应的顺序功能图，直接把它输入到PLC中。

（2）间接使用顺序功能图。用顺序功能图描述PLC要完成的控制任务，然后根据顺序功能图设计出相应的梯形图，把此梯形图输入到PLC中。

设计顺序功能图后，可以采用如下三种方法设计具体程序：

（1）使用启保停电路的顺序控制梯形图设计方法。

（2）以转换为中心的顺序控制梯形图设计方法。

（3）使用顺序控制继电器指令的顺序控制梯形图设计方法。

（五）西门子 S7 - 200 系列 PLC 顺序功能图程序设计举例

西门子 S7 - 200 系列 PLC 的顺序控制继电器指令就是 SCR 指令，在设计梯形图时，用 LSCR（梯形图中为 SCR）和 SCRE 指令表示 SCR 段的开始和结束。在 SCR 段中用 SM0.0 的常开触点来驱动在该步中应为 1 状态的输出点（Q）的线圈，并用转换条件对应的触点或电路来驱动转换到后续步的 XCRT 指令。

注意：不能在 SCR 段之间使用 JMP 及 LBL 指令，即不允许用跳转的方法跳入或跳出 SCR 段；不能在 SCR 段中使用 FOR、NEXT 和 END 指令。该指令在本章第二节已经进行了详细介绍，下面给出两个例子供读者参考。

1. 单序列的编程方法

单序列的编程方法如图 5 - 40 所示。

2. 选择序列与并行序列的编程方法

选择序列与并行序列的编程方法如图 5 - 41 所示。

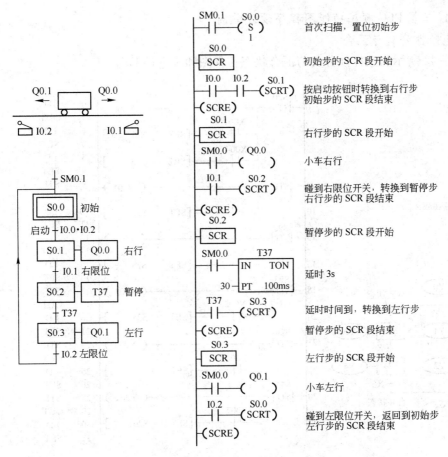

图 5-40　单序列的编程方法

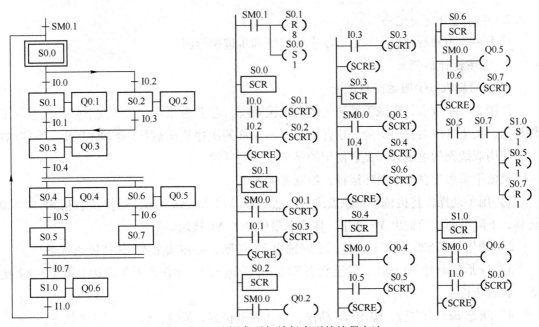

图 5-41　选择序列与并行序列的编程方法

（六）三菱 PLC 顺序功能图程序设计举例

1. 选择性分支与汇合

图 5-42 所示为选择性分支与汇合状态转移图和步进梯形图。

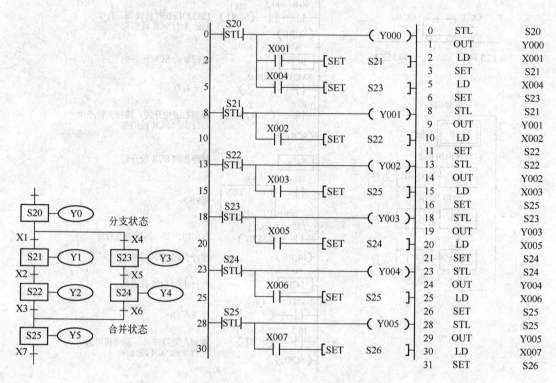

图 5-42　选择性分支与汇合状态转移图和步进梯形图

2. 并行性分支与汇合

图 5-43 为并行性分支与汇合状态转移图和步进梯形图。

3. 程序设计举例

（1）简易机械手搬运控制系统。

如图 5-44 所示，机械手移送工件的机械系统，左上为原点，工件按下降—夹紧—工件移送。按上升—右移—下降—松开—上升—左移的次序依次运行。下降/上升，左移/右移中使用双线圈的电磁阀。夹紧使用的是单线圈电磁阀。

机械手采用半自动单循环运行，控制要求如下：

1）用手动操作将机械移至原点位置，然后按动启动按钮 X26，动作状态从 S5 向 S20 转移，下降电磁阀的输出 Y0 动作，接着下限位开关 X1 接通。

2）动作状态 S20 向 S21 转移，下降输出 Y0 切断，夹钳输出 Y1 保持接通状态。

3）1s 后定时器 T0 动作，转至状态 S22，上升输出 Y2 动作，不久到达上限位，X2 接通，状态转移。

4）状态 S23 为右行，输出 Y3 动作，到达右限位置，X3 接通，转为 S24 状态。

5）转至状态 S24，下降输出 Y0 再次动作，到达下限位置，X1 立即接通，接着动作

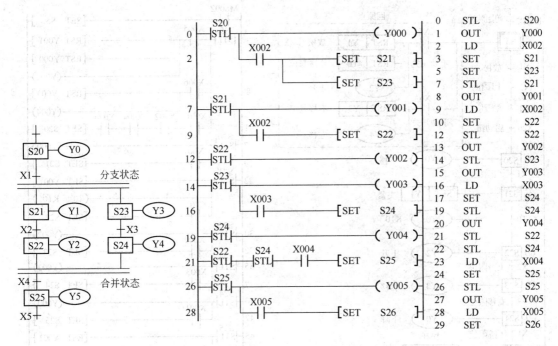

图 5 - 43　并行性分支与汇合状态转移图和步进梯形图

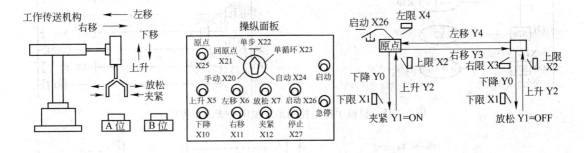

图 5 - 44　机械手搬运控制系统

状态由 S24 向 S25 转移。

6）在 S25 状态，先将保持夹钳输出 Y1 复位，并启动定时器 T1。

7）夹钳输出复位 1s 后状态转移到 S26，上升输出 Y2 动作。

8）到达上限位置 X2 接通，动作状态向 S27 转移，左行输出 Y4 动作。一旦到达左限位置，X4 接通，动作状态返回 S5，成为等待再启动的状态。

根据前面控制要求所编制的顺序功能图如图 5 -45 所示。

根据上述顺序功能图就可以编制详细程序，如图 5 -45 所示。

（2）简易保安密码管理系统，一个简易保安系统，在规定次数（如 5 次）的范围内，若密码不正确将启动报警系统，并关闭安全通道。若规定的次数内密码正确，进入密级操作。

根据题意设计流程图，并且编写相应程序如图 5 -46 所示，一看就明白，不再详细解释。

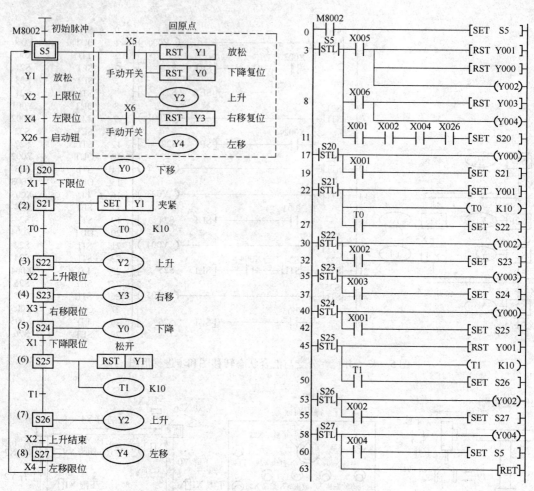

图5-45 机械手搬运控制系统顺序功能图及程序

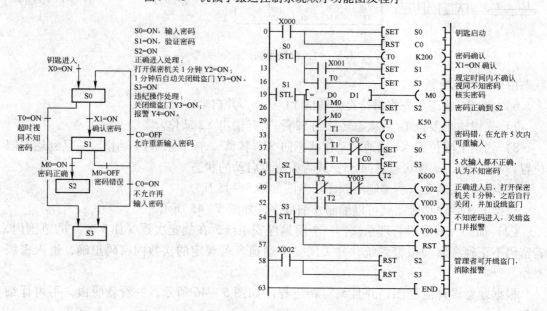

图5-46 简易保安密码管理系统顺序功能图及程序

习　题

5-1　PLC 有哪些主要特点？构成 PLC 的主要部件有哪几个？各部分的主要作用是什么？

5-2　试设计满足如图 5-47 所示波形的梯形图。

5-3　用 SCR 指令设计图 5-48 所示的顺序功能图的梯形图程序。

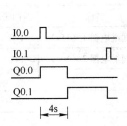

图 5-47　习题 5-2 附图

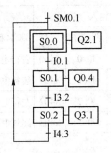

图 5-48　习题 5-3 附图

5-4　图 5-49 中的两条运输带顺序相连，按下启动按钮 I0.0，Q0.0 变为 ON，2 号运输带开始运行，10s 后 Q0.1 变为 ON，1 号运输带自动启动。按下停止按钮 I0.1，停机的顺序与启动的顺序刚好相反，间隔时间为 8s。画出顺序功能图，设计出梯形图程序。

5-5　某组合机床动力头进给运动示意图如图 5-50 所示，设动力头在初始状态时停在左边，限位开关 I0.1 为 ON。按下启动按钮 I0.0 后，Q0.0 和 Q0.2 为 1，动力头向右快速进给（简称快进），碰到限位开关 I0.2 后变为工作进给（简称工进），Q0.0 为 1，碰到限位开关 I0.3 后，暂停 5s，5s 后 Q0.2 和 Q0.1 为 1，工作台快速退回（简称快退），返回初始位置后停止运动。画出控制系统的顺序功能图和梯形图。

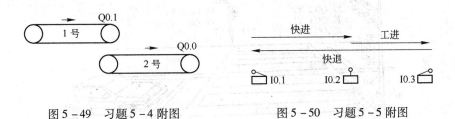

图 5-49　习题 5-4 附图　　　　　　　　图 5-50　习题 5-5 附图

5-6　设计三相异步电动机正、反转控制线路。要求电路具有 1. 正、反转互锁功能；2. 从正转→反转，或从反转→正转时，可直接转换；3. 具有短路、长期过载保护。

　　设计要求：（1）设计并绘出采用 s7-200 系列 PLC 控制的安装接线图；绘出顺序功能图，在此基础上设计梯形图程序。（2）设计并绘出采用 FX2N 系列 PLC 控制的安装接线图；绘出顺序功能图，在此基础上设计梯形图程序。

5-7　图 5-51 所示为小车送料过程示意图。现采用可编程控制器控制，写出小车 PLC 控制的梯形图。

　　小车的送料过程为：当小车处于左限位开关 ST₁ 处时，按下启动按钮，小车向右运行；碰到右限位开关 ST₂ 后，小车开始装料，装料时间为 15s；然后小车向左运行，碰到左限位开关 ST₁ 后，小车开始卸料，卸料时间为 10s；至此完成一次动作，任何时候压下停止按钮，小车将停止动作。根据上述描述写出用 PLC 控制的梯形图。

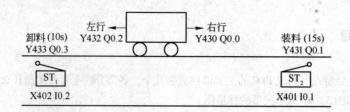

输入/输出点的分配

输入			输出			其他		
名称	西门子	三菱	名称	西门子	三菱	名称	西门子	三菱
启动按钮	I0.0	X400	右行电磁阀	Q0.0	Y430	时间继电器1（15s）	T40	T450
ST2	I0.1	X401	装料电磁阀	Q0.1	Y431	时间继电器2（10s）	T41	T451
ST1	I0.2	X402	左行电磁阀	Q0.2	Y432			
停止按钮	I0.3	X403	卸料电磁阀	Q0.3	Y433			

图 5 - 51　习题 5 - 7 附图

5 - 8　图 5 - 52 是按钮式人行横道控制系统示意图，详细要求如下：PLC 在停机转入运行时，初始状态
　　　S0.0（或 S0）动作，通常为车道 = 绿，人行道 = 红。若按人行横道按钮 I0.0（或 X0）或者 I0.1
　　　（或 X1），则状态 S2.1（或 S21）为车道 = 绿，S3.0（或 S30）为人行道 = 红，红绿灯状态不变化。
　　　30s 后车道 = 黄，再过 10s 车道 = 绿。然后定时（5s）启动，5s 后，人行道 = 绿。15s 后人行道绿
　　　灯开始闪烁，S3.2 = 灭，S3.3 = 亮（或者 S32 = 灭，S33 = 亮）。闪烁中 S3.2（或 S32）、S3.3（或
　　　S33）的动作反复进行，计数器 C0（设定值为 5 次）触点一接通，状态向 S3.4（或 S34）转移，
　　　人行道 = 红，5s 后，返回初始状态。在状态转移过程中，即使按动人行横道按钮 I0.0（或 X0）、
　　　I0.1（或 X1）也无效。请根据要求，编写步进指令的应用按钮式人行道控制 PLC 控制程序。

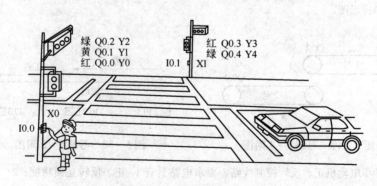

图 5 - 52　习题 5 - 8 附图

第六章 机电控制系统接口技术

机电系统普遍采用计算机控制，应用于这种控制系统的计算机，都称为嵌入式计算机。计算机控制系统的类型有如下几种方式：（1）操作指导控制系统；（2）直接数字控制系统（DDC）；（3）监督控制系统（SCC）；（4）分布式控制系统（DCS）。接口技术是研究计算机主机与外围设备信息交换的技术，它在计算机控制系统中占有相当重要的地位。

第一节 嵌入式系统简介

一、嵌入式系统

嵌入式系统（Embedded Systems）是计算机的一种应用形式，通常指埋藏在宿主设备中的微处理器系统，微处理器从属于另一个大得多的生产过程或系统，它是信息技术 IT 的最终产品。嵌入式系统和通用计算机不同，嵌入式系统运行固定程序，且程序通常较小，主要信息来源是其所控制的机器或设备上的传感器，系统的输出信号驱动执行器以控制机器或设备。嵌入式技术的发展以及对未来工业革命将产生的巨大影响已经引起世界各国的高度关注。欧洲目前在航空、汽车、电子、工业、通信和消费电子方面的嵌入式技术占有领先位置。本书前面所介绍的可编程控制器控制的机电系统其实就是一种嵌入式系统。

嵌入式微处理器主要数据来源是它所控制的机器或设备上的传感器，系统的输出信号驱动执行器以控制机器或设备，其最基本的界面是机－机界面。通用计算机反复调用各种不同程序，程序通常很大，输入输出设备是键盘和显示器，影响系统工作的主要是人的操作，基本界面是人－机界面。

嵌入式系统具有如下特点：

（1）专用性：属于特定设备，完成特定任务。

（2）可封装性：隐藏于目标系统内部而不被操作者察觉。

（3）外来性：一般自成一个子系统，与目标系统的其他子系统保持一定的独立性。

（4）实时性：能够在可预知的极短时间里对事件或用户的干预作出响应。

（5）可靠性：运行稳定，有较强的抗干扰能力。

二、嵌入式处理器

嵌入式处理器（Embedded Microprocessor）是嵌入式系统的核心，所提供的功能强弱直接决定了嵌入式应用的适应范围和开发复杂程度。全世界嵌入式处理器品种已超过 1000 多种。流行产品有 30 多个系列，其中 MCS－51 占多半。嵌入式系统大体分为 4 类：（1）嵌入式微处理器 EMPU；（2）微控制器 MCU（单片机——旧称 SCM——Singe Chip Microcomputer）；（3）数字信号处理器 DSP；（4）ARM 架构。

（一）嵌入式微处理器 EMPU

嵌入式处理器（Embedded Microprocessor Unit）是由通用微处理器简化而来。典型产品是单板机。目前流行的 EMPU 是 Am186/88、386EX、PowerPC、MC68360 等。采用冯·诺依曼结构，程序和数据的存储空间合二为一。嵌入式处理器寻址空间一般 0.064 ~ 16Mb，处理速度 0.1 ~ 200MIPS，引脚 8 ~ 144 脚。8 - bit Apple（6502），NEC PC - 8000（Z80）；8086/286/386/486/Pentium/Pentium II/ Pentium III；PowerPc 64 - bit CPU（SUN Sparc，DEC Alpha，HP）；CISC 复杂指令计算机；RISC 精简指令计算机：采取各种方法提高计算速度，提高时钟频率，高速总线。

（二）微控制器 MCU

微控制器（Microcontroller Unit）又称单片机，早期称单片计算机（SCMC），把计算机的主要部件（中央处理单元 CPU、存储器、定时器/计数器以及 I/O 接口电路等）集成在一片芯片上。现在称为 MCU（微控制器），突破了传统微机内容，在 SCMC 基础上着力扩展了各种控制功能（如 A/D、PWM），因此称为微控制器（MCU）。MCU 目前占嵌入式系统 70% 左右的市场份额。为适应不同的应用要求，一般一个系列具有多种衍生产品，多数是 8 位或 16 位，如 INTEL MCS/48/51/96（98）MOTOROLA HCS05/011；也有 32 位 MCU，如：EPSON SIC33 系列。目前市场单片机以 51 单片机为主，其他单片机兼有，比较有特色的其他单片机有 PIC 单片机、AVR 单片机、MSP430 单片机、196 单片机，另外类似功能的还有 ARM、DSP 等。AVR 和 PIC 都是跟 8051 结构不同的 8 位单片机，因为结构不同，所以汇编指令也有所不同，而且区别于使用 CISC 指令集的 8051，他们都是 RISC 指令集的，只有几十条指令，大部分指令都是单指令周期的指令，所以在同样晶振频率下，较 8051 速度要快。另 PIC 的 8 位单片机前几年是世界上出货量最大的单片机。

（三）数字信号处理器 DSP

数字信号处理器（Digital Signal Processing）也称 DSP 芯片，是一种具有特殊结构的微处理器。数字信号处理器利用计算机或专用处理设备、以数字形式对信号进行采集、变换、滤波、估值、增强、压缩、识别等处理。以得到符合人们需要的信号形式。

数字信号处理器（DSP）芯片的内部采用程序和数据分开的哈佛结构，具有专门的硬件乘法器，广泛采用流水线操作，提供特殊的 DSP 指令，可以用来快速地实现各种数字信号处理算法。与通用微处理器相比，DSP 芯片的其他通用功能相对较弱些。

DSP 其实也是一种特殊的单片机，它从 8 位到 32 位的都有。它是专门用来计算数字信号的。在某些公式运算上，它比现行家用计算机最快的 CPU 还要快。比如说一般 32 位的 DSP 能在一个指令周期内运算完一个 32 位数乘 32 位数积再加一个 32 位数。应用于某些对实时处理要求较高的场合。

（四）ARM 架构嵌入式系统

ARM 架构（过去称作进阶精简指令集机器（Advanced RISC Machine），更早称作 Acorn RISC Machine）是一个 32 位元精简指令集（RISC）中央处理器（Processor）架构，广泛地使用在许多嵌入式系统（Embedded）设计。ARM 的设计是 Acorn 的电脑公司（Acorn Computers Ltd）于 1983 年开始的开发计划。在 20 世纪 80 年代晚期，苹果电脑开始与 Acorn 合作开发新版的 ARM 核心，由于这专案非常重要，Acorn 甚至于 1990 年将设计团队另组成一间名为安谋国际科技（Advanced RISC Machines Ltd.）的新公司，使得

ARM 有时候反而称作 Advanced RISC Machine 而不是 Acorn RISC Machine。1991 年，苹果电脑使用 ARM6 架构的 ARM 610 来当作他们 Apple Newton PDA 的基础。

ARM 公司本身并不靠自有的设计来制造或贩售 CPU 装置，反而是将处理器架构授权给有兴趣的厂家。ARM 提供了多样的授权条款，包括售价与散播性等项目。许多半导体公司持有 ARM 授权：Atmel、Broadcom、Cirrus Logic、Freescale（2004 从摩托罗拉公司独立出来的飞思卡尔）、富士通、英特尔（借由和迪吉多的控诉调停）、IBM、英飞凌科技、任天堂、恩智浦半导体（2006 年从飞利浦独立出来的）、OKI 电气工业、三星电子、Sharp、STMicroelectronics、德州仪器和 VLSI 等许多公司均拥有各个不同形式的 ARM 授权。虽然 ARM 的授权项目由保密合约所涵盖，在智慧财产权工业，ARM 是广为人知最昂贵的 CPU 内核之一。单一的客户产品包含一个基本的 ARM 内核可能就需索取一次高达 20 万美金的授权费用。而若是涉及大量架构上修改，则费用就可能超过千万美元。

目前市场流行的 ARM 系列芯片包括：ARM 7 系列、ARM 9 系列、ARM9E 系列、ARM10E 系列、SecurCore 系列、STM32 系列。Intel 的 XscaleIntel 的 StrongARM ARM11 系列。其中，ARM 7、ARM 9、ARM9E 和 ARM10 为 4 个通用处理器系列，每一个系列提供一套相对独特的性能来满足不同应用领域的需求。SecurCore 系列专门为安全要求较高的应用而设计。STM32 系列又称 STM32 单片机，市场占有率高的有 STM32F103 子系列和 STM32F407 子系列，是一种应用范围非常广的 32 位高端单片机。ARM 家族占了所有 32 位元嵌入式处理器 75% 的比例，为占全世界最多数的 32 位元架构。适用于多种领域，如嵌入控制、消费/教育类多媒体、DSP 和移动式应用等。甚至在导弹的弹载计算机等军用设施中都有它的存在。

ARM 架构与 8 位单片机区别：

（1）硬件方面。现在的 8 位单片机技术硬件发展的也非常快，出现了许多功能非常强大的单片机，但是与 32ARM 相比差距还很大。ARM 芯片大多把 SDRAM、LCD 等控制器集成到片子当中。在 8 位机，大多要进行外扩。总的来说，单片机是个微控制器，ARM 显然已经是个微处理器了。

（2）软件方面。软件方面是它们最大的区别。ARM 引入了操作系统，具有以下特点：

1）方便。主要体现在后期的开发，即在操作系统上直接开发应用程序。不像单片机一样一切都要重新写。前期的操作系统移植工作，还是要专业人士来做。

2）安全。这是 LINUX 的一个特点。LINUX 的内核与用户空间的内存管理分开，不会因为用户的单个程序错误而引起系统死掉。这在单片机的软件开发中没见到过。

3）高效。引入进程的管理调度系统，使系统运行更加高效。

在传统的单片机开发中大多是基于中断的前后台技术，对多任务的管理有局限性。ARM 引入嵌入式操作系统之后，可以实现许多单片机系统不能完成的功能。比如：嵌入式 web 服务器、java 虚拟机等。也就是说，有很多免费的资源可以利用，上述两种服务就是例子。如果在单片机上开发这些功能可以想象其中的难度。但目前 ARM 还取代不了单片机，因为 8 位单片机与嵌入式系统的 ARM 在功能结构和单价的差异，故应用层次上就有很大的不同，各有各自应用层次。ARM 适用于系统复杂度较大的高级产品，如 PDA、手机等应用。而 8 位单片机因架构简单，硬件资源相对较少，适用于一般的工业控制、消费性家电等等。

嵌入式系统嵌入到对象体系中，并在对象环境下运行。与对象领域相关的操作主要是对外界物理参数进行采集、处理，对外界对象实现控制，并与操作者进行人机交互等。而对象领域中的物理参数的采集与处理、外部对象的控制以及人机交互所要求的响应速度有限，而且不会随时间变化。在 8 位单片机能基本满足其响应速度要求后，数据宽度不成为技术发展的主要矛盾。因此，8 位单片机会稳定下来，其技术发展方向转为最大限度地满足对象的采集、控制、可靠性和低功耗等品质要求。

与从 8 位机迅速向 16 位、32 位、64 位过渡的通用计算机相比，8 位单片机从 20 世纪 70 年代初期诞生至今，虽历经从单片微型计算机到微控制器、MCU 和 SoC 的变迁，8 位机始终是嵌入式低端应用的主要机型，而且在未来相当长的时间里，仍会保持这个势头。这是因为嵌入式系统和通用计算机系统有完全不同的应用特性，从而走向完全不同的技术发展道路。嵌入式应用中，由于应用对象及环境的特点，8 位机一直占据低端应用的主流地位。下面重点介绍 8 位单片机在机电控制中的应用和接口技术。

三、嵌入式系统开发中编程语言的选择

在嵌入式系统开发中，编程语言的选择有以下方式：（1）选用编程语言编程；（2）选用相应嵌入式处理器配套的 C 语言编程；（3）嵌入式处理器 C 语言和汇编语言混合编程。它们在开发单片机中各有特点。

这里所说的 C 语言实质上是指相应嵌入式处理器配套的 C 语言（如对于 51 单片机对应的 C 语言位 C51，不同嵌入式处理器配套不同的 C 语言系统，但彼此之间相差不大）。C 语言是一种结构化程序设计语言。属于编译型程序设计语言，它兼顾了多种高级语言的特点，并具备汇编语言的功能。有功能丰富的库函数、运算速度快、编译效率高，用 C 编写程序比汇编更符合人们的思考习惯，开发者可以摆脱与硬件无必要的接触，更专心的考虑功能和算法而不是考虑一些细节问题，这样就减少了开发和调试的时间，有良好的可移植性，而且可以直接实现对系统硬件的控制，常常被优选作为嵌入式系统的编程语言。C 语言程序具有完善的模块程序结构，用 C 语言来编写目标系统软件，会大大缩短开发周期，且明显地增加软件的可读性，便于改进和扩充，从而研制出规模更大、性能更完备的系统，使用 C 语言进行程序设计已成为软件开发的一个主流。但 C 语言设计的单片机程序占用资源较多，执行效率没有汇编高。C 语言具有良好的程序结构，适用于模块化程序设计，因此采用 C 语言设计单片机应用系统程序时，首先要尽可能地采用结构化的程序设计方法，将功能模块化，由不同的模块完成不同的功能，这样可使整个应用系统程序结构清晰，易于调试和维护。不同的功能模块，分别指定相应的入口参数和出口参数，对于一些要重复调用的程序一般把其编成函数，这样可以减少程序代码的长度，又便于整个程序的管理，还可增强可读性和移植性。

用 C 语言编程虽然具有许多的优点，但是生成的代码相对要长，要是编程技术不好，生成的代码甚至有可能比汇编语言生成的代码长几倍，单片机系统是一种资源十分有限的系统，程序存储器资源不足，因此在程序设计时如何使用好这些有限的资源就显得十分重要，对编程者来说，应该注意到单片机 C 语言和一般意义上的标准 C 语言的区别，对程序进行适当的优化。

汇编语言是一种用文字助记符来表示机器指令的符号语言，是最接近机器码的语言。每种嵌入式处理器都配套有自己的指令系统，不同嵌入式处理器汇编语言相差很大。汇编

语言主要优点是占用资源少、程序执行效率高。但是不同的 CPU，其汇编语言可能有所差异，所以不易移植。对于目前普遍使用的 RISC 架构的 8bit MCU 来说，其内部 ROM、RAM、STACK 等资源都有限，如果使用 C 语言编写，一条 C 语言指令编译后，会变成很多条机器码，很容易出现 ROM 空间不够、堆栈溢出等问题。而且一些单片机厂家也不一定能提供 C 编译器。而汇编语言，一条指令就对应一个机器码，每一步执行什么动作都很清楚，并且程序大小和堆栈调用情况都容易控制，调试起来也比较方便。

单片机 C 语言编程要和程序存储器资源结合起来，虽然其提供的数据类型十分丰富，但不同的数据类型所生成的机器代码长度相差很多，相同类型的数据类型有无符号对机器代码长度也有影响，只有 bit 和 char 等数据类型是机器语言直接支持的数据类型，用此类数据类型的语句所生成的代码较短；在程序编译时生成机器代码长的数据类型的优先级越高，不同的数据类型在进行程序运算时要转化为高优先级的数据类型，相应的代码长度也会增长。有些 C 语言程序表面上看起来十分的简单，但在实际编译时，生成的代码却相当长。因此我们要按照实际需要，合理地选用数据，应尽可能地使用 bit、char 等机器语言直接支持的数据类型，无符号数的变量应声明为无符号数，减少所生成的代码长度。

汇编语言具有直接和硬件打交道、执行代码的效率高等特点，可以做到 C 语言所不能做到的一些事情，虽然绝大多数场合采用 C 语言编程可以完成预期工作，但对实时时钟系统、要求执行效率高的系统就不适合采用 C 语言编程。对这些特殊情况进行编程时要结合汇编语言，时钟要求很严格时，使用汇编语言成了唯一的选择。这种情况下应该将 C 语言和汇编语言的优点结合起来，特别推荐进行单片机的 C 语言和汇编语言混合编程。

四、三种常用的 8 位单片机介绍及性能比较

8 位单片机由于内部构造简单、体积小、成本低廉，在一些较简单的控制器中应用很广。即便到了 21 世纪，在单片机应用中，仍占有相当的份额。由于 8 位单片机种类繁多，下面将常用的几种在性能上作一个简单的比较，供使用时作参考。图 6 - 1 所示为三种常用的 8 位单片机的引脚图。封装上既有图 6 - 1 所示的双列直插式，也有各种贴片式，满足各种应用的要求。

（一）51 系列

1. 51 单片机系统硬件介绍

应用最广泛的 8 位单片机首推 Intel 的 51 系列。51 系列的基本结构：一个 8 位算术逻辑单元；32 个 I/O 口 4 组 8 位端口可单独寻址；两个 16 位定时计数器；全双工串行通信；6 个中断源两个中断优先级；128 字节内置 RAM7 独立的 64K 字节可寻址数据和代码区。

Intel 公司 51 系列的典型产品是 8051，片内有 4K 字节的一次性程序存储器（OTP）。Atmel 公司就将其改为可改写的闪速存储器（Flash），容许改写 1000 次以上，这给编程和调试带来极大的便利，其产品 AT89C51、AT89C52 等成为了当今最流行的 8 位单片机。

图 6 - 2 所示为 51 单片机最小应用系统（去掉图 6 - 2 中的 R2 和 D1，就是所谓单片机最小系统），该系统能根据存储在单片机内部的程序，控制发光二极管 D1 的显示。由图 6 - 2 所示，51 单片机硬件资源可以简述如下：4 个 I/O 口，其中，P1 口为 8 位通用 I/O 口，其他三个口除具有通用 I/O 口功能外，P0 口在外接存储器时，作为数据地址复用口，输出低 8 位地址，P2 口在外接存储器时，作为地址口，输出高 8 位地址。P3 口具有第二

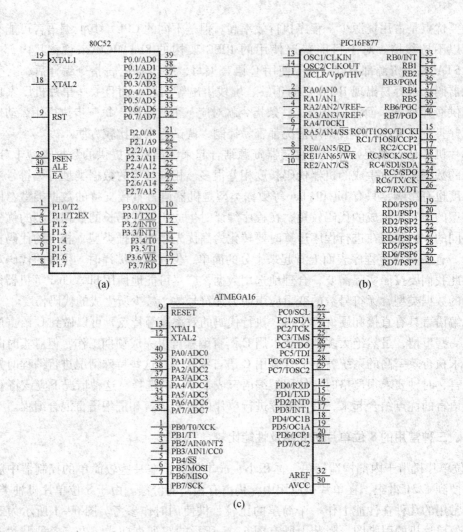

图 6 - 1　三种常用的 8 位单片机引脚及实物图

(a) 51 单片机；(b) PIC 单片机；(c) AVR 单片机

功能，分别作为串行通信口（P3.0—RXD、P3.1—TXD）、外中断输入口（P3.2—INT0、P3.3—INT1）、定时器/计数器输入口（P3.4—T0、P3.5—T1）、外部存储器读写控制口（P3.6—WR、P3.7—RD）。其他口线还有电源口（VCC、GND）、晶振口（XTAL1、XTAL2）、复位口（RESET，采用高电平复位方式）、地址锁存允许口（ALE）、内外存储器选择口（EA）、外部 ROM 读选通口（PSEN）。51 系列的 I/O 脚的设置和使用非常简单，当该脚作输入脚使用时，只需将该脚设置为高电平（复位时，各 I/O 口均置高电平）。当该脚作输出脚使用时，则为高电平或低电平均可。低电平时，吸入电流可达 20mA，具有一定的驱动能力；高电平时，输出电流仅数十微安甚至更小（电流实际上是由脚的上拉电流形成的），基本上没有驱动能力。

51 系列 I/O 脚使用简单，但高电平时无输出能力，故其他系列的单片机（如 PIC 系列、AVR 系列等）对 I/O 口进行了改进，增加了方向寄存器以确定输入或输出，但使用也变得复杂。

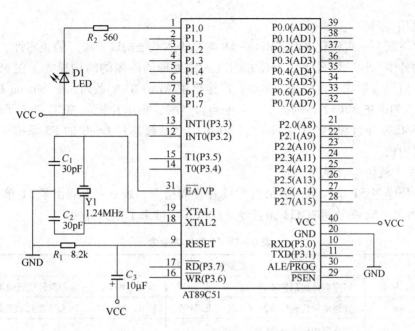

图 6-2　51 单片机最小应用系统

下面介绍 8 位单片机中的 80C51 现象。在 8 位单片机中，80C51 系列形成了一道独特的风景线。历史最长，长盛不衰，众星捧月，不断更新，形成了既具有经典性，又不乏生命力的一个单片机系列。当前，Silicon Lab 公司推出的 C8051F 又将 8051 兼容单片机推上了 8 位机的先进行列。总结 80C51 系列的发展历史，可以看出单片机的 3 次技术飞跃。

第 1 次飞跃——从 MCS-51 到 MCU。Intel 公司于 1980 年推出的 MCS-51 奠定了嵌入式应用的单片微型计算机的经典体系结构，并实施了 8051 的技术开放政策。全球有许多著名的芯片公司都购买了 51 芯片的核心专利技术，并在其基础上进行性能上的扩充，进一步完善了芯片，形成了一个庞大的体系。PHILIPS 等著名大电器商以自己在电子应用技术方面的优势，与 Intel 公司技术互补，发展了 MCS-51，有的单片机还附有 A/D、D/A 转换、片内 EEPROM 数据存储器、PWM 输出、I2C 总线、上电复位检测、欠压复位检测等等，迅速将单片微型计算机带入了微控制器（MCU）时代，创造了许多优异的单片机产品，这些新系列的单片机，它们都兼容 8051 的指令系统。增强功能的实现，大都是由片内新增的特殊功能寄存器来进行设置，形成了独特的、包含许多公司兼容产品可满足大量嵌入式应用的单片机系列产品的 80C51 系列。

第 2 次飞跃——引领 Flash ROM 潮流。当前，嵌入式系统普遍采用 Flash ROM 技术。Flash ROM 的使用加速了单片机技术的发展。基于 Flash ROM 的 ISP/IAP 技术，极大地改变了单片机应用系统的结构模式以及开发和运行条件。ISP 功能能实现在系统可编程，可以省去通用的编程器，单片机在用户板上即可下载和记录用户程序，而无需将单片机从生产好的产品上取下。未定型的程序还可以边生产边完善，加快了产品的开发速度，减少了新产品因软件缺陷带来的风险。而在单片机中最早实现 Flash ROM 技术的是 ATMEL 公司的 AT89Cxx 系列。一些简装的 51 产品也相应出现，如 ATMEL 公司的 AT89C1051、AT89C2051、AT89C4051 等（闪速存储器分别为 1K、2K、4K 等，但不能外接数据存储器），指令系统与 AT89C51 完全兼容，但引脚均为 20 脚，体积小，价格低廉，这使得其他的公司竞相仿照。

第3次飞跃——内核化 SoC。MCS-51 典型的体系结构以及极好的兼容性，对于 MCU 不断扩展的外围来说，形成了一个良好的嵌入式处理器内核的结构模式。在 MCU 向 SoC 过渡的数、模混合集成的过程中，ADI 公司推出了 ADµC8XX 系列，而 Silicon Lab 公司推出 C8051F 系列，把 80C51 系列推上了一个崭新高度，将单片机从 MCU 带入了 SoC 时代。在 PLD 向 SoC 发展过程中，Triscend 公司在可配制系统芯片 CSoC 的 E5 系列中便以 8052 作为处理器内核。

2. 51 单片机指令系统

为了方便学过 51 单片机汇编语言的读者查询指令，表 6-1 列出了 51 单片机指令。由表 6-1 可见，51 单片机有 111 条指令，这给编程带来了很大方便。

表 6-1　51 单片机指令

数据传递类指令					
MOV	A，Rn	寄存器传送到累加器	MOV	@Ri，#data	立即数传送到间接 RAM
MOV	A，direct	直接地址传送到累加器	MOV	DPTR，#data16	16 位常数加载到数据指针
MOV	A，@Ri	寄存器中内部 RAM 地址传送到累加器（间接传送）	MOVC	A，@A+DPTR	代码字节传送到累加器
MOV	A，#data	立即数传送到累加器	MOVC	A，@A+PC	代码字节传送到累加器
MOV	Rn，A	累加器传送到寄存器	MOVX	A，@Ri	外部 RAM(8 地址)传送到累加器
MOV	Rn，direct	直接地址传送到寄存器	MOVX	A，@DPTR	外部 RAM（16 地址）传送到累加器
MOV	Rn，#data	直接地址传送到寄存器	MOVX	@Ri，A	累加器传送到外部 RAM(8 地址)
MOV	direct，Rn	传送到直接地址	MOVX	@DPTR，A	累加器传送到外部 RAM（16 地址）
MOV	direct，direct	直接地址传送到直接地址	PUSH	direct	直接地址压入堆栈
MOV	direct，A	累加器传送到直接地址	POP	direct	直接地址弹出堆栈
MOV	direct，@Ri	寄存器中内部 RAM 地址传送到直接地址（间接传送）	XCH	A，Rn	寄存器和累加器交换
MOV	direct，#data	立即数传送到直接地址	XCH	A，direct	直接地址和累加器交换
MOV	@Ri，A	累加器传送到寄存器中内部 RAM 地址（间接传送）	XCH	A，@Ri	间接 RAM 和累加器交换
MOV	@Ri，direct	直接地址传送到寄存器中内部 RAM 地址（间接传送）	XCHD	A，@Ri	间接 RAM 和累加器交换低 4 位字节
算术运算类指令					
INC	A	累加器加 1	DEC	A	累加器减 1
INC	Rn	寄存器加 1	DEC	Rn	寄存器减 1
INC	direct	直接地址加 1	DEC	direct	直接地址减 1
INC	@Ri	间接 RAM 加 1	DEC	@Ri	间接 RAM 减 1
INC	DPTR	数据指针加 1	MUL	AB	累加器和 B 寄存器相乘

		算术运算类指令			
DIV	AB	累加器除以 B 寄存器	ADDC	A，direct	直接地址与累加器求和（带进位）
DA	A	累加器十进制调整	ADDC	A，@Ri	间接 RAM 与累加器求和（带进位）
ADD	A，Rn	寄存器与累加器求和	ADDC	A，#data	立即数与累加器求和（带进位）
ADD	A，direct	直接地址与累加器求和	SUBB	A，Rn	累加器减去寄存器（带借位）
ADD	A，@Ri	间接 RAM 与累加器求和	SUBB	A，direct	累加器减去直接地址（带借位）
ADD	A，#data	立即数与累加器求和	SUBB	A，@Ri	累加器减去间接 RAM（带借位）
ADDC	A，Rn	寄存器与累加器求和（带进位）	SUBB	A，#data	累加器减去立即数（带借位）

		逻辑运算类指令			
ANL	A，Rn	寄存器"与"到累加器	XRL	A，direct	直接地址"异或"到累加器
ANL	A，direct	直接地址"与"到累加器	XRL	A，@Ri	间接 RAM "异或"到累加器
ANL	A，@Ri	间接 RAM "与"到累加器	XRL	A，#data	立即数"异或"到累加器
ANL	A，#data	立即数"与"到累加器	XRL	direct，A	累加器"异或"到直接地址
ANL	direct，A	累加器"与"到直接地址	XRL	direct，#data	立即数"异或"到直接地址
ANL	direct，#data	立即数"与"到直接地址	CLR	A	累加器清零
ORL	A，Rn	寄存器"或"到累加器	CPL	A	累加器求反
ORL	A，direct	直接地址"或"到累加器	RL	A	累加器循环左移
ORL	A，@Ri	间接 RAM "或"到累加器	RLC	A	带进位累加器循环左移
ORL	A，#data	立即数"或"到累加器	RR	A	累加器循环右移
ORL	direct，A	累加器"或"到直接地址	RRC	A	带进位累加器循环右移
ORL	direct，#data	立即数"或"到直接地址	SWAP	A	累加器高、低 4 位交换
XRL	A，Rn	寄存器"异或"到累加器			

		控制转移类指令			
JMP	@A + DPTR	相对 DPTR 的无条件间接转移	NOP		空操作，用于短暂延时
JZ	rel	累加器为 0 则转移	ACALL	add11	绝对调用子程序
JNZ	rel	累加器为 1 则转移	LCALL	add16	长调用子程序
CJNE	A，direct，rel	比较直接地址和累加器，不相等转移	RET		从子程序返回
CJNE	A，#data，rel	比较立即数和累加器，不相等转移	RETI		从中断服务子程序返回
CJNE	Rn，#data，rel	比较寄存器和立即数，不相等转移	AJMP	add11	无条件绝对转移
CJNE	@Ri，#data，rel	比较立即数和间接 RAM，不相等转移	LJMP	add16	无条件长转移
DJNZ	Rn，rel	寄存器减 1，不为 0 则转移	SJMP	rel	无条件相对转移
DJNZ	direct，rel	直接地址减 1，不为 0 则转移			

续表 6－1

布 尔 指 令

CLR	C	清进位位	ORL	C，/bit	直接寻址位的反码"或"到进位位
CLR	bit	清直接寻址位	MOV	C，bit	直接寻址位传送到进位位
SETB	C	置位进位位	MOV	bit，C	进位位传送到直接寻址
SETB	bit	置位直接寻址位	JC	rel	如果进位位为 1 则转移
CPL	C	取反进位位	JNC	rel	如果进位位为 0 则转移
CPL	bit	取反直接寻址位	JB	bit，rel	如果直接寻址位为 1 则转移
ANL	C，bit	直接寻址位"与"到进位位	JNB	bit，rel	如果直接寻址位为 0 则转移
ANL	C，/bit	直接寻址位的反码"与"到进位位	JBC	bit，rel	直接寻址位为 1 则转移并清除该位
ORL	C，bit	直接寻址位"或"到进位位			

指令中的符号标识

Rn	工作寄存器 R0 – R7	addr11	11 位目标地址，在下条指令的 2K 范围内转移或调用
Ri	工作寄存器 R0 和 R1	Rel	8 位偏移量，用于 SJMP 和所有条件转移指令，范围 – 128 ~ + 127
@ Ri	间接寻址的 8 位 RAM 单元地址（00H – FFH）	Bit	片内 RAM 中的可寻址位和 SFR 的可寻址位
#data8	8 位常数	Direct	直接地址，范围片内 RAM 单元（00H – 7FH）和 80H – FFH
#data16	16 位常数	$	指本条指令的起始位置
addr16	16 位目标地址，能转移或调用到 64KROM 的任何地方		

伪 指 令

ORG	指明程序的开始位置	DATA	给一个 8 位的内部 RAM 起名
DB	定义数据表	XDATA	给一个 8 位的外部 RAM 起名
DW	定义 16 位的地址表	BIT	给一个可位寻址的位单元起名
EQU	给一个表达式或一个字符串起名	END	指出源程序到此为止

　　51 系列从内部的硬件到软件有一套完整的按位操作系统，51 芯片是事实上的标准 MCU 芯片，它不仅能对片内某些特殊功能寄存器的某位进行处理，如传送、置位、清零、测试等，还能进行位的逻辑运算。51 系列在片内 RAM 区间还特别开辟了一个双重功能的地址区间，16 个字节，单元地址 20H ~2FH，它既可作字节处理，也可作位处理（作位处理时，共 128 个位，相应位地址为 00H ~7FH），使用极为灵活。这一功能无疑给使用者提供了极大的方便，因为一个较复杂的程序在运行过程中会遇到很多分支，因而需建立很多标志位，在运行过程中，需要对有关的标志位进行置位、清零或检测，以确定程序的运行方向。而实施这一处理（包括前面所有的位功能），只需用一条位操作指令即可。51 系列

的另一个优点是乘法和除法指令，这给编程也带来了便利。很多的8位单片机都不具备乘法功能，作乘法时还得编上一段子程序调用，十分不便。在51系列中，还有一条二进制 – 十进制调整指令 DA，能将二进制变为 BCD 码，这对于十进制的计量十分方便。而在其他的单片机中，则也需调用专用的子程序才行。

3. 51 单片机的 C 语言编程

由于 C 语言程序结构清晰，易于调试和维护，并且易于移植，目前开发单片机系统大都使用 C 语言编程。对于51系列单片机来说，编程环境主要是 Keil，如图 6 – 3 所示。

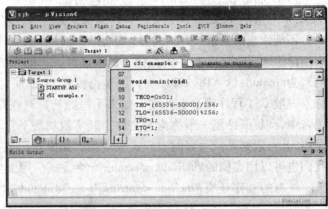

图 6 – 3　51 单片机集成编程开发环境 Keil

在实际单片机 C 语言程序设计中，程序结构一般均采用如下结构（以51单片机为例说明），见表 6 – 2。

表 6 – 2　C 语言程序设计中采用的程序结构

程 序 块	程 序 例 程	说　明
加载文件	#include < reg52. h >	加载头文件
全局变量申报	sbit Dec　　= P3^5； unsigned char count； unsigned char code table ［ ］ = ｛0x3F，0x06，0x5B，0x4F，0x66，0x6D，0x7D，0x07，0x7F，0x6F｝；	如果加载文件中没有申报定义好的全局变量，都必须在这个位置申报
子程序申报	void delay10ms（void）；	若子程序出现在主程序后，都必须先申报
主程序	void main（void） ｛ 　　…………//程序体 ｝	主程序
详细子程序	void delay10ms（void）｛ unsigned char i，j；//局部变量申报 　for（i＝20；i＞0；i－－）//程序体 　　for（j＝248；j＞0；j－－）； ｝	

续表 6 – 2

程 序 块	程 序 例 程	说 明
中断服务程序	void t0（void）interrupt 1 using 0 | …………//程序体 |	中断服务程序即使出现在主程序后，也不必先申报

（1）加载文件。C51 程序通常包括如下头文件：#include < reg52. h > 或 #include reg52. h；指把 reg52. h 这个文件包含进来。加“< >”和不加“< >”的区别：加“< >”不搜索当前目录下的头文件；不加“< >”搜索当前目录下的头文件，当然两者都搜索编译器选项中 include 中的路径下的头文件。不同系统所使用的文件名有些微不同。如有的写为#include < AT89x52. h >，都是指按照 51 单片机特殊功能寄存器地址定义寄存器名称。一般 C51 程序都会有此句。如果不写此句，则在全局变量申报栏中自己详细列出。C 语言中，以 . h 结尾一般称为头文件，其实跟我们平常写的以 . c 结尾的文件一样，只不过是以 . h 一般是系统写好的，只需要调用，如果我们把一些操作写在专门的文件里，那么，我们也可以用类似的#include < sample. c >方式引用文件。

有的程序还有#include < intrins. h >；#include < stdio. h >；#include < math. h >；#include < string. h >；这些须根据程序内容决定，不是每个程序都需要。

#include < intrins. h >在 C51 单片机编程中，头文件 INTRINS. H 的函数使用起来，就会让你像在用汇编时一样简便，该头文件包括如下函数定义：

1）与 8051 “RLA”指令相关的函数：_crol_：字符循环左移、_irol_：整数循环左移、_lrol_ 长整数循环左移。

2）与 8051 “RLA”指令相关的函数：_cror_：字符循环右移、_iror_：整数循环右移、_lror_：长整数循环右移。

3）_nop_：空操作，即 8051 NOP 指令。

4）_testbit_：测试一个位，当置位时返回 1，否则返回 0。如果该位置为 1，则将该位复位为 0。相当于 JBC bitvar 测试该位变量并跳转同时清除。_testbit_ 只能用于可直接寻址的位；在表达式中使用是不允许的。

5）_chkfloat_：测试并返回源点数状态。

#include < stdio. h >：stdio 是“standard input & output”的缩写，即有关标准输入输出的信息。stdio. h 包含输入输出的操作，如 printf（）、scanf（）、getchar（）等。

#include < math. h >：math. h 里面包含的是一些关于数据方面的计算，如 abs（）、sqrt（）等。

#include < string. h >：string. h 包含操作字符串的操作，如 strlen（）（求长度）等。

（2）全局变量申报。如果加载文件中没有申报定义好的全局变量，包括位变量和寄存器变量、数组变量等都必须在这个位置申报。如：#define DATA_PORT P0//定义 P0 口的别名为 DATA_PORT，或定义 DATA_PORT 代表 P0。又如：#define NOP（）_nop_（）//定义 NOP（）代表_nop_（）。

大多数 C 语言编程人员在程序前面这个位置都会添加这两句：#define uchar unsigned

char 以及#define uint unsigned int。这样，在以后的程序中，就可以用 uchar 代替 unsigned char 表示无符号字符型变量；可以用 uint 代替 unsigned int 表示无符号整型变量，方便编程。建议读者采用。

sbit K8 = P2^4；// sbit 位变量名＝特殊功能寄存器名^位位置；定义 K8 代表 P2^4 管脚（位地址）。

sbit P1_1 = 0x91；//sbit 位变量名＝位地址，这样是把位的绝对地址赋给位变量。sbit 的位地址必须位于 80H－FFH 之间。

bit Maichong；// 定义位变量 Maichong 。

sfr P1 = 0x90；//定义特殊功能寄存器 P1 地址为 90H。sfr 的位地址必须位于 80H－FFH 之间。

sfr16 T2 = 0xCC；//定义 8052 定时器 2，地址为 T2L＝CCH，T2H＝CDH 用 sfr16 定义 16 位特殊功能寄存器时，等号后面是它的低位地址，高位地址一定要位于物理低位地址之上。注意的是不能用于定时器 0 和 1 的定义。

sfr 是定义 8 位的特殊功能寄存器，而 sfr16 则是用来定义 16 位特殊功能寄存器。如果程序最前边有#include＜reg52. h＞语句，则大多数特殊功能寄存器都在 reg52. h 定义好了，用户程序中不需要再定义，如果需要另外取名或该寄存器名不在 reg52. h 文件出现，则需要重新定义。如：sfr WDTRST = 0xA6；

char jiange＝0x45；// 定义字符变量 jiange 并赋初值 0x45 。

……

在进行全局变量申报时，一定要了解单片机的硬件资源、寄存器影像、数据类型才能进行资源分配。

（3）中断服务子程序。根据单片机的中断源和中断号设置，当相应的中断被允许时，若发生中断，程序自动执行该子程序。

中断服务子程序都必须以此格式出现："void 中断子程序（void）interrupt 中断号 using 寄存器区号"。如：void t0（void）interrupt 1 using 0，中断子程序名为 t0，中断号为 1（也就是定时器 0 中断），寄存器区号为 0（51 单片机有 4 个寄存器区间可供 R0～R7 选择）。

其他部分与一般 C 语言基本相同，本书不详细介绍。作为例程，下面附上图 6－2 所示的 51 单片机硬件图配套的 C51 程序，读者可以仔细体会。

```
/**********************************************/
硬件：图 6－2 所示的 51 最小系统板
/**********************************************/
#include ＜ reg52. h ＞

sbit LED_RED = P1^0;        //红灯

void delay02s（void）;       //子程序申明

void main（void）    //主程序

  while（1）
```

```
    }
    LED_RED = 0;        //红灯亮
      delay02s ();       //延时  //199.665mS
      LED_RED = 1;        //红灯灭
      delay02s ();     //延时
    }
  }


void delay02s (void)    //延时 0.2s 子程序
  {
    unsigned char i, j, k;
    for (i = 20; i > 0; i − −)
      for (j = 20; j > 0; j − −)
        for (k = 248; k > 0; k − −);
  }
```

该程序首先把 reg52. h 这个文件包含进来，定义一些 51 单片机特殊功能寄存器和位寄存器，再定义位变量 LED_ RED 代表 P1.0 口，主程序中使该位每隔 0.2s 交替电量和熄灭。延时时间则由延时子程序 delay02s () 控制。

（二）PIC 系列

1. PIC 单片机的软硬件资源介绍

PIC 单片机系列是美国微芯公司（Microship）的产品，是当前市场份额增长最快的单片机之一。CPU 采用 RISC 结构，分别有 33、35、58 条指令（视单片机的级别而定），属精简指令集。而 51 系列有 111 条指令，AVR 单片机有 118 条指令，都比前者复杂。采用 Harvard 双总线结构，运行速度快（指令周期约 160 ~ 200ns），它能使程序存储器的访问和数据存储器的访问并行处理，这种指令流水线结构，在一个周期内完成两部分工作，一是执行指令，二是从程序存储器取出下一条指令，这样总的看来每条指令只需一个周期（个别除外），这也是高效率运行的原因之一。PIC 单片机还具有低工作电压、低功耗、驱动能力强等特点。

PIC 系列单片机共分三个级别：基本级、中级、高级。其中以中级的 PIC16F873（A）、PIC16F877（A）用得最多，这两种芯片除了引出脚不同外（PIC16F873（A）为 28 脚的 PDIP 或 SOIC 封装；PIC16F877（A）为 40 脚的 PDIP 或 44 脚的 PLCC/QFP 封装），其他的差别并不很大。图 6-4 所示为 PIC 系列单片机最小应用系统举例，通过存储在单片机中的程序控制扬声器 LS1 发声。虽然蜂鸣器的控制和 LED 的控制对于单片机是一样的，但在外围硬件电路上却有所不同，因为蜂鸣器是一个感性负载，一般不建议用单片机 I/O 口直接对它进行操作，所以最好加个驱动三极管，在要求较高的场合还会加上反相保护二极管。

PIC 系列单片机的 I/O 口是双向的，其输出电路为 CMOS 互补推挽输出电路。I/O 脚增加了用于设置输入或输出状态的方向寄存器（TRISn，其中 n 对应各口，如 A、B、C、D、E 等），从而解决了 51 系列 I/O 脚为高电平时同为输入和输出的状态。当置位 1 时为输入状态，且不管该脚呈高电平或低电平，对外均呈高阻状态；置位 0 时为输出状态，不

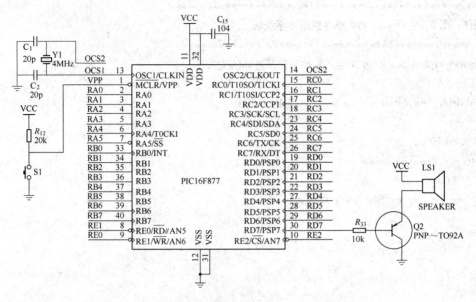

图 6 - 4　PIC 系列单片机最小应用系统举例

管该脚为何种电平，均呈低阻状态，有相当的驱动能力，低电平吸入电流达 25mA，高电平输出电流可达 20mA。相对于 51 系列而言，这是一个很大的优点，它可以直接驱动数码管显示且外电路简单。PIC 系列单片机的 A/D 为 10 位，能满足精度要求。具有在线调试及编程（ISP）功能。它的专用寄存器（SFR）并不像 51 系列那样都集中在一个固定的地址区间内（80 ~ FFH），而是分散在四个地址区间内，即存储体 0（Bank0：00 ~ 7FH）、存储体 1（Bank1：80 ~ FFH）、存储体 2（Bank2：100 ~ 17FH）、存储体 3（Bank3：180 ~ 1FFH）。只有 5 个专用寄存器 PCL、STATUS、FSR、PCLATH、INTCON 在 4 个存储体内同时出现。在编程过程中，少不了要与专用寄存器打交道，得反复地选择对应的存储体，也即对状态寄存器 STATUS 的第 6 位（RP1）和第 5 位（RP0）置位或清零。这多少给编程带来了一些麻烦。对于上述的单片机，它的位指令操作通常限制在存储体 0 区间（00 ~ 7FH）。

但是，PIC 单片机的瓶颈现象比 51 系列还要严重，PIC 单片机数据的传送和逻辑运算基本上都得通过工作寄存器 W（相当于 51 系列的累加器 A）来进行，而 51 系列的还可以通过寄存器相互之间直接传送（如：MOV 30H，20H；将寄存器 20H 的内容直接传送至寄存器 30H 中）。PIC 单片机指令（PIC16F87X 系列单片机），共 35 条指令。指令构成：PIC16F877 单片机每条指令的字节长度为 14 位，由操作码和操作数构成。

2. PIC 单片机的 C 语言编程

PIC 单片机的 C 语言编程与 C51 类似，主要不同在于加载文件的不同。这里，一般用 #include < pic. h > 语句代替语句#include < reg52. h >。同时必须根据 PIC 单片机的硬件资源，寄存器分配，具体硬件功能编程。本书不详细介绍。作为例程，下面附上图 6 - 4 所示的 PIC 单片机硬件图配套的 PIC 单片机 C 程序，该程序首先把 pic. h 这个文件包含进来，定义一些 PIC 单片机特殊功能寄存器和位寄存器，由于扬声器接在 RD7 口线上，主程序中通过对 PORTD 字节赋值使该位每隔 1s 交替发声和关断。延时时间则由延时子程序 delay_ms（unsigned int time）控制。读者可以仔细体会。

```
/ ************************************************** /
硬件：图 6 - 4 所示的 PIC 单片机最小系统板
/ ************************************************** /
#include < pic. h >   //包含定义各种寄存器名称的头文件

void delay_ ms（unsigned int time）//延时子程序
{
unsigned int n;
  for（；time > 0；time − −）
    {
    for（n = 0；n < 50；n + +）
      {
      NOP（）；
      }
    }
}


void main（void）//主程序
{
  TRISD = 0x00；
  while（1）
    {
    PORTD = 0x00；        //使扬声器发声
    delay_ ms（1000）；//延时 1 秒
    PORTD = 0x80；        //关扬声器
    delay_ ms（1000）；//延时 1 秒
    }
}
```

（三）AVR 系列

1. AVR 单片机的硬件资源介绍

AVR 单片机是 ATMEL 公司推出的较为新颖的单片机，其显著的特点为高性能、高速度、低功耗。它取消机器周期，以时钟周期为指令周期，实行流水作业。

AVR 单片机采用哈佛结构，具备 1MIPS/MHz 的高速运行处理能力；采用超功能精简指令集（RISC），具有 32 个通用工作寄存器，克服了如 8051 MCU 采用单一 ACC 进行处理造成的瓶颈现象；具有快速的存取寄存器组、单周期指令系统，大大优化了目标代码的大小、执行效率，部分型号 FLASH 非常大，特别适用于使用高级语言进行开发；AVR 单片机作输出时与 PIC 的 HI/LOW 相同，可输出 40mA（单一输出），作输入时可设置为三态高阻抗输入或带上拉电阻输入，具备 10 ~20mA 灌电流的能力；AVR 单片机片内集成多种频率的 RC 振荡器、上电自动复位、看门狗、启动延时等功能，外围电路更加简单，系统更加稳定可靠；大部分 AVR 片上资源丰富：带 E^2PROM、PWM、RTC、SPI、UART、TWI、ISP、AD、Analog Comparator、WDT 等；大部分 AVR 除了有 ISP 功能外，还有 IAP 功能，方便升级或销毁应用程序。

AVR 单片机系列齐全，可适用于各种不同场合的要求。AVR 单片机有 3 个档次：低档 Tiny 系列 AVR 单片机，中档 AT905 系列 AVR 单片机和高档 ATmega 系列 AVR 单片机，其中高档 AVR 单片机主要有 ATmega8/16/32/64/128（存储容量为 8/16/32/64/128 kB）以及 ATmega8515/8535 等。著名的 Arduino UNO 就是使用的 ATmega328P-PU 芯片。Arduino 是一款便捷灵活、方便上手的开源电子原型平台。包含硬件（各种型号的 Arduino 板）和软件（Arduino IDE），其硬件原理图、电路图、IDE 软件及核心库文件都是开源的，在开源协议范围内可以任意修改原始设计及相应代码。学习 Arduino 不需要太多的单片机基础、编程基础。简单学习后，就可以快速地进行开发。市场前景十分广阔。

AVR 的 I/O 引脚类似 PIC，它也有用来控制输入或输出的方向寄存器，在输出状态下，高电平输出的电流在 10mA 左右，低电平吸入电流 20mA。虽不如 PIC，但比 51 系列强。图 6 - 5 所示为 AVR 单片机最小应用系统举例，该系统能根据存储在单片机内部的程序，控制发光二极管 D1 的显示，它包括复位线路、晶振线路、AD 转换滤波线路、ISP 下载接口、JTAG 仿真接口、电源。复位时采用低电平复位。

2. AVR 单片机的 C 语言编程

AVR 单片机的 C 语言编程与 C51 类似，主要不同在于加载文件的不同，必须根据 AVR 单片机的硬件资源、寄存器分配、具体硬件功能编程。由于扬声器接在 RC7 口线上，主程序中通过对 PORTC 字节赋值使该位每隔 1s 交替点亮和熄灭。延时时间则由延时子程序 delay02s（）控制。读者可以仔细体会。

```
/ ********************************************
硬件：图 6 - 5 所示的 AVR 单片机最小系统板
******************************************** /
#include < avr/io. h > // include I/O definitions (port names, pin names, etc)

void delay02s (void);    //子程序申明

void main (void)    //主程序
{
DDRC = 0xff;
while (1)
  {
  PORTC = 0x00; //点亮
  delay02s (); //延时 0. 2 秒 //199. 665mS
  PORTC = 0x80;    //熄灭
  delay02s ();    //延时 0. 2 秒
}
}

void delay02s (void)    //延时子程序
{
unsigned char i, j, k;
for (i = 20; i > 0; i − −)
  for (j = 20; j > 0; j − −)
    for (k = 248; k > 0; k − −);
}
```

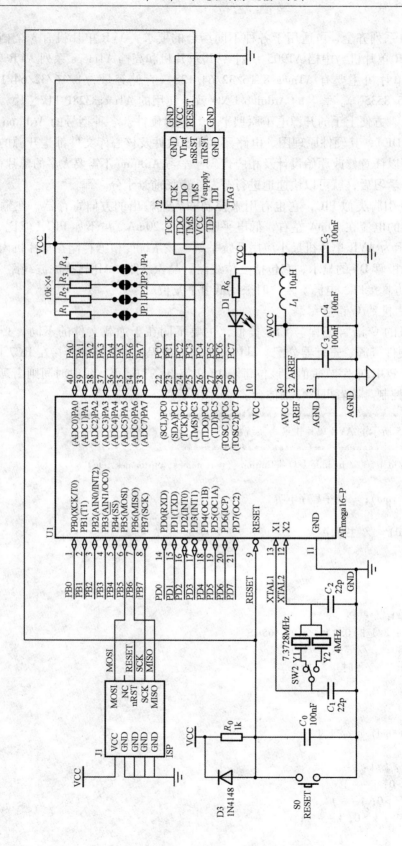

图 6-5　AVR 单片机应用系统举例

第二节　单片机外围设备扩展技术

图 6－6 所示是微控制器（单片机）应用系统的一般组成，可见，单片机真正要实现其控制功能，不但必须扩展外围设备，进行电路连接，同时，还得有相应的程序与之配套，这就是所谓的接口技术工作内容。由于 51 单片机应用很广，且成为了各高校机械专业本科生必学课程，因此本书在此基础上讲解单片机接口技术，其他单片机接口与此类似。

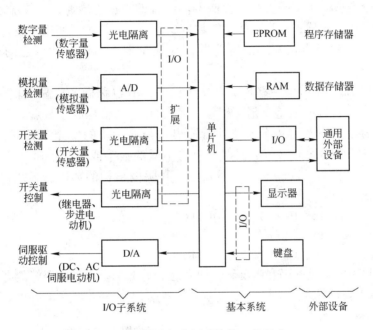

图 6－6　单片机应用系统的一般组成

接口有通用和专用之分，外部信息的不同，所采用的接口方式也不同，根据数据传输方式可以分为并行接口也有串行接口，并行通信是指数据的各位同时进行传送，串行通信是指数据一位位地顺序传送。根据使用功能分类可分为：人机通道及接口、检测通道及接口、控制通道及接口和系统间通道及接口。

（1）人机通道及接口技术一般包括：键盘接口技术、显示接口技术、打印接口技术、软磁盘接口技术等。

（2）检测通道及接口技术一般包括：A/D 转换接口技术、V/F 转换接口技术等。

（3）控制通道及接口技术一般包括：F/V 转换接口技术、D/A 转换接口技术、光电隔离接口技术、开关接口技术等。

（4）系统间通道及接口技术一般包括：公用 RAM 区接口技术、串行口技术等。

微控制器与外设之间进行数据传送，有并行方式和串行方式两种。串行方式是一位一位地传输，并行方式是多位同时传输，具体传输方式有一个字节一个字节地传输或一个字一个字地传输。

一、人机接口技术

（一）显示器接口电路

单片机应用系统中，常使用 LED（发光二极管 Light Emitting Diode）、CRT（阴极射线管 Cathode Ray Tube）显示器和 LCD（液晶显示器 Liquid Crystal Display）等作为显示器件。其中 LED 和 LCD 应用较为广泛。

1. LED 显示器

LED 的结构及其工作原理：LED 是由若干个发光二极管组成的。当发光二极管导通时，相应的一个点或一个笔画发亮。控制不同组合的二极管导通，就能显示出各种字符。这种笔画式的七段显示器，能显示的字符数量少，但控制简单、使用方便。

发光二极管的阳极连在一起的称为共阳极显示器，阴极连在一起的称为共阴极显示器。

通常的七段 LED 显示块中有 8 个发光二极管，故也称做 8 段显示块（见图 6-7）。其中 7 个发光二极管构成七笔字形"8"。一个发光二极管构成小数点。七段显示块与单片机接口非常容易。只要将一个 8 位并行输出口与显示块的发光二极管引脚相连即可。8 位并行输出口输出不同的字节数据即可获得不同的数字或字符。通常将控制发光二极管的 8 位字节数据称为段选码或段数据。如：共阴极结构的数码管显示"0"的段选码为 3FH。

	D7	D6	D5	D4	D3	D2	D1	D0	
段选码	dp	g	f	e	d	c	b	a	
	0	0	1	1	1	1	1	1	3FH

共阳极与共阴极的段选码互为反码，两者之和为 FFH。两种数码管的各种字形的段选码可以从表 6-3 查得。

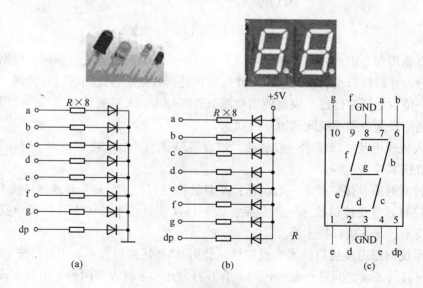

图 6-7　七段 LED 显示模块

（a）共阴极；（b）共阳极；（c）管脚配置

表6-3　段选码

显示字符	共阴极段选码	共阳极段选码	显示字符	共阴极段选码	共阳极段选码
0	3FH	C0H	C	39H	C6H
1	06H	F9H	D	5EH	A1H
2	5BH	A4H	E	79H	86H
3	4FH	B0H	F	71H	84H
4	66H	99H	P	73H	82H
5	6DH	92H	U	3EH	C1H
6	7DH	82H	r	31H	CEH
7	07H	F8H	y	6EH	91H
8	7FH	80H	8	FFH	00H
9	6FH	90H	"灭"	00H	FFH
A	77H	88H	⋮	⋮	⋮
B	7CH	83H			

点亮七段LED数码管显示器有静态显示和动态显示两种方法。

静态显示：当显示某一个字符时，相应的发光二极管恒定地导通或截止。例如：七段显示器的a、b、c、d、e、f导通，g、dp截止，显示0。静态显示的特点是：每一位都需要一个8位输出口控制，用于显示位数较少（仅一、二位）的场合；较小的电流能得到较高的亮度，可以由8255的输出口直接驱动。图6-8所示为三位显示器的接口逻辑。

动态显示是指一位一位地轮流点亮各位显示器（扫描）（见图6-9）。对于每一位显示器来说，每隔一段时间点亮一次。显示器的亮度既与导通电流有关，也和点亮时间与间隔时间的比例有关。若显示器的位数不大于8位，则控制显示器公共极电位只需一个8位并行口（称为扫描口或位选口）。控制各位显示器所显示的字形也需一个共用的8位口（称为段数据口），用于显示位数稍多的场合，需编写扫描程序。

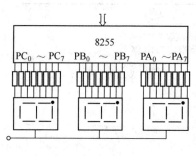

图6-8　静态显示

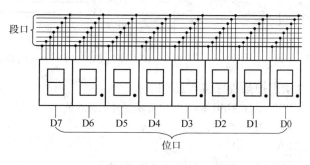

图6-9　动态显示

七段LED数码管静态显示举例：如图6-7所示的系统，对于共阴极结构的数码管，当数码管公共端接低电平时，在8255的A、B、C口分别按照前面表6-3中共阴极段选码输出数据时，数码管就能静态地显示相应的字符。如在8255的C、B、A分别输出6FH、7DH、4FH数据时，三个数码管从左至右依次显示963。对于共阴极结构的数码管，当数码管公共端接高电平时，所有数码管都不显示。对于共阳极结构的数码管，当数码管公共

206

端接高电平时，在 8255 的 A、B、C 口分别按照表 6－3 中共阳极段选码输出数据时，数码管就能静态地显示相应的字符。如在 8255 的 C、B、A 分别输出 90H、82H、B0H 数据时，三个数码管从左至右也依次显示 963，对于共阳极结构的数码管当数码管公共端接低电平时，所有数码管都不显示。

　　七段 LED 数码管动态显示举例：如图 6－10 和图 6－11 所示的系统，8 位共阴极显示器通过 8155 的接口电路进行显示器，通过 16 根数据线控制 64 位 LED 显示，采用静态显示显然解决不了问题。这里采用 8155 的 A 口作为数码管字显示控制位，8155 的 B 口作为数码管段显示控制位，8 位数码管依次循环点亮，虽然一次只点亮一位数码管，但只要依次点亮相隔时间小于一定值，由于人眼的视觉暂留效果，实际效果 8 位数码管都显示，达到动态显示效果。

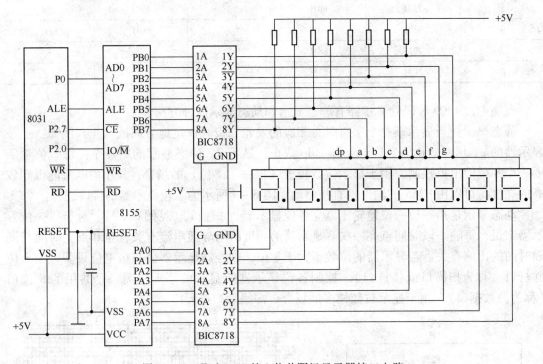

图 6－10　通过 8155 的 8 位共阴极显示器接口电路

动态扫描程序流程图如下：

MOV　R0，#78H；R0 指向显示缓冲区首地址

MOV　R3，#7FH；存首位位选字

MOV　A，R3

LD0：MOV DPTR，#7F01H；指向 PA 口

MOVX @DPTR，A；送位选字入 PA 口

INC　DPTR；指向 PB 口

MOV　A，@R0；查段选码

MOVX　@DPTR，A；段选码送 PB 口

ACALL　DL1；延时 1ms

INC　R0；指向显示缓冲区下一单元

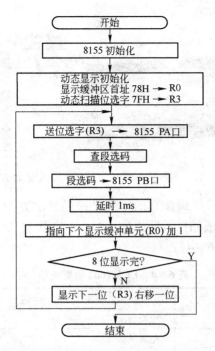

图 6 - 11 通过 8155 的 8 位共阴极显示器接口程序框图

MOV A, R3；

JNB ACC.0, LD1；判断 8 位显示完？

RR A；未显示完，变为下一位位选字

MOV R3, A

AJMP LD0；转显示下一位

LD1： RET

段码表

DSEG：DB 3FH, 06H, 5BH, 4FH, 66H, 6DH, 7DH, 07H, 7FH, 6FH, 77H,

(78H) "0" "1" "2" "3" "4" "5" "6" "7" "8" "9" "A"

7CH, 39H, 5EH, 79H, 71H

"B" "C" "D" "E" "F"

延时 1ms 子程序

DL1：MOV R7, #02H；

DL：MOV R6, #0FFH

DL6：DJNZ R6, DL6

    DJNZ R7, DL

    RET

2. LCD 显示器

液晶显示器（LCD）是一种功耗极低的显示器件，它广泛应用于便携式电子产品中，它不仅省电，而且能够显示大量的信息，如文字、曲线、图形等，其显示界面较之数码管有了质的提高。LCD 显示器由于类型、用途不同，其性能、结构不可能完全相同，但其基本形态和结构却大同小异。近年来，液晶显示技术发展很快，LCD 显示器已经成为仅次于显像管的第二大显示产业（见图 6 - 12）。

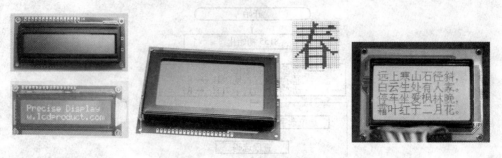

图 6 - 12　控制面板常用液晶显示器及显示实例

以工业控制中使用最多价格最便宜的字符型液晶显示器 LCM1602 为例说明液晶显示器的控制及编程。LCM1602 液晶显示器能显示两行，每行 16 个字符。

LCM1602 引脚说明见表 6 - 4。

表 6 - 4　LCM1602 引脚说明

引脚	名　称	方向	说　　明
1	VSS	—	电源负端
2	VDD	—	电源正端
3	V0	—	LCD 驱动电压
4	RS	I	RS = 0（数据）RS = 1（指令）
5	R/W	I	R/W = 0 写操作，R/W = 1 读操作
6	E	I	读操作时，下降沿有效 写操作时，高电平有效
7 ~ 14	DB0 – DB7	I/O	MPU 与模块之间的数据传送通道 4 位总线模块下 D0 ~ D3 脚断开
15	LEDA	—	背光电源正端 + 5V
16	LEDK	—	背光电源负端 0V

LCM1602 内部控制器指令说明见表 6 - 5。

表 6 - 5　LCM1602 内部控制器指令说明

序号	指　　令	RS	R/W	D7	D6	D5	D4	D3	D2	D1	D0
1	清显示	0	0	0	0	0	0	0	0	0	1
2	光标返回	0	0	0	0	0	0	0	0	1	*
3	置输入模式	0	0	0	0	0	0	0	1	I/D	S
4	显示开/关控制	0	0	0	0	0	0	1	D	C	B
5	光标或字符移位	0	0	0	0	0	1	S/C	R/L	*	*
6	置功能	0	0	0	0	1	DL	N	F	*	*
7	置字符发生存储器地址	0	0	0	1	字符发生存储器地址					
8	置数据存储器地址	0	0	1	显示数据存储器地址						
9	读忙标志或地址	0	1	计数器地址							
10	写数到 CGRAM 或 DDRAM	1	0	要写的数据内容							
11	从 CGRAM 或 DDRAM 读数	1	1	读出的数据内容							

采用汇编语言编程，直观，运行速度快，但当程序较长时，阅读不方便，容易出错，现在单片机开发系统编程者大都采用高级语言（如 C 语言）编程。应用 C 编制单片机程序不仅方便，而且程序可读性和可移植性都好，现已经成为了单片机系统程序编制的首选。为了方便熟悉 C51 编程的朋友，下面同时给出了 C51 版的 LCM1602 上显示两行文字" DIZHIDAXUE"；" welcome you!" 的 C51 程序。

```c
#include < reg51. h >          //包含 51 单片机各种寄存器代码定义
#include < intrins. h >         //
typedef unsigned char BYTE;
typedef unsigned int WORD;
typedef bit BOOL ;
#define   Data_port P0          //定义液晶屏数据口
sbit LCD_RS = P2^0;            //数据/命令选择端(1/0)
sbit LCD_RW = P2^1;           //读/写选择端(1/0)
sbit LCD_En = P2^2;            //使能端
   BYTE code dis1[ ] = {"DIZHIDAXUE"};
   BYTE code dis2[ ] = {" welcome you!"};
delay(BYTE ms){               // 延时子程序
  BYTE i;
  while(ms − − )    {
  for(i = 0 ; i < 250; i + + )   {
_nop_();_nop_();_nop_();_nop_();
     }
  }
}


BOOL lcd_bz(){// 测试 LCD 忙碌状态
  BOOL result;
  LCD_RS = 0;LCD_RW = 1;
  LCD_En = 1;
  _nop_();_nop_();_nop_();_nop_();
  result = (BOOL)(Data_port & 0x80);
  LCD_En =0;
  return result;
}


lcd_wcmd(BYTE cmd){   //写入指令数据到 LCD
  while(lcd_bz());
  LCD_RS =0;   LCD_RW = 0;
  LCD_En =0;
  _nop_();_nop_();
  Data_port = cmd;
  _nop_();_nop_();_nop_();_nop_();
```

```
    LCD_En = 1;
    _nop_();;_nop_();_nop_();_nop_();
    LCD_En = 0;
}

lcd_pos(BYTE pos){  //设定显示位置
    lcd_wcmd(pos | 0x80);
}

lcd_wdat(BYTE dat){  //写入字符显示数据到LCD
    while(lcd_bz());
    LCD_RS = 1;LCD_RW = 0;
    LCD_En = 0;
    Data_port = dat;
    _nop_();_nop_();_nop_();_nop_();
    LCD_En = 1;
    _nop_();_nop_();_nop_();_nop_();
    LCD_En = 0;
}

lcd_init(){                      //LCD 初始化设定
    lcd_wcmd(0x38);   delay(1);    //
    lcd_wcmd(0x0c); delay(1);      //
    lcd_wcmd(0x06); delay(1);      //
    lcd_wcmd(0x01); delay(1);      //清除LCD的显示内容
}
main(){
    BYTE i;
    lcd_init();  // 初始化 LCD   delay(10);
    lcd_pos(4);//设置显示位置为第1行第5个字符
    i = 0;
    while(dis1[i] !  = '\0'){
        lcd_wdat(dis1[i]);
        i + +;
    }                //显示字符" DIZHIDAXUE "
    lcd_pos(0x40);   //设置显示位置为第二行第1个字符
    i = 0;
    while(dis2[i] !  = '\0')
    {
        lcd_wdat(dis2[i]);
        i + +;
}//显示字符"welcome you!"
    while(1);  /
}
```

上述程序可以直接写入51单片机运行，图6-13为系统连线及仿真运行结果。

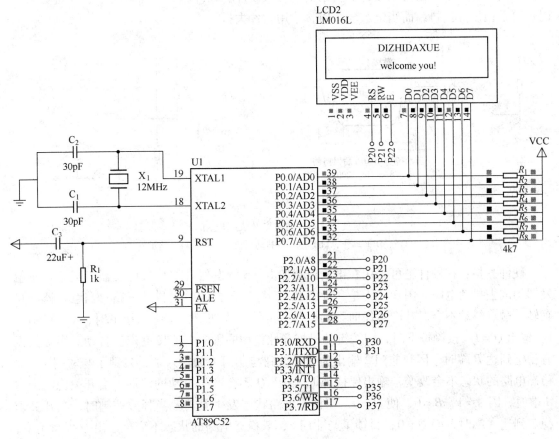

图6-13 字符型液晶显示器LCM1602与单片机接口电路及仿真运行结果

（二）键盘接口电路

键盘是单片机应用系统的一个重要输入设备，用于输入数据、干预系统的工作状态。

1. 按键输入原理

在单片机应用系统中，除了复位按键有专门的复位电路及专一的复位功能外，其他按键都是以开关状态来设置控制功能或输入数据的。当所设置的功能键或数字键按下时，计算机应用系统应完成该按键所设定的功能，键信息输入是与软件结构密切相关的过程。对于一组键或一个键盘，总有一个接口电路与CPU相连。CPU可以采用查询或中断方式了解有无将键输入，并检查是哪一个键按下，将该键号送入累加器ACC，然后通过跳转指令转入执行该键的功能程序，执行完后再返回主程序。

2. 单片机上的按键

单片机系统中最常见的是触点式开关按键，这些按键的连接方式，可分为独立式按键和行列式键盘。触点式按键在按下或释放时，由于机械弹性作用的影响，通常伴随有一定时间的触点机械抖动，然后其触点才稳定下来。其抖动过程如图6-14所示，抖动时间的长短与开关的力学特性有关，一般为5~10 ms。

在触点抖动期间检测按键的通与断状态，可能导致判断出错，即按键一次按下或释放被错误地认为是多次操作，这种情况是不允许出现的。为了克服按键触点机械抖动所致的检测误判，必须采取去抖动措施。抖动措施可从硬件、软件两方面予以考虑，在键数较少时，可采用硬件去抖，而当键数较多时，采用软件去抖。

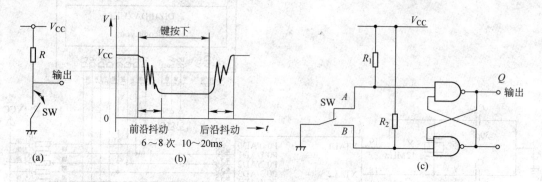

图 6-14　抖动现象及去抖电路

(a) ON, OFF 动作；(b) 触点的抖动现象；(c) 去抖电路示例

硬件去抖：在硬件上可采用在键输出端加 R-S 触发器（双稳态触发器）或单稳态触发器构成去抖动电路。图 6-14 是一种由 R-S 触发器构成的去抖动电路，当触发器一旦翻转，触点抖动不会对其产生任何影响。电路工作过程如下：按键未按下时，$A=0$，$B=1$，输出 $Q=1$。按键按下时，因按键的机械弹性作用的影响，使按键产生抖动。当开关没有稳定到达 B 端时，因与非门 2 输出为 0 反馈到与非门 1 的输入端，封锁了与非门 1，双稳态电路的状态不会改变，输出保持为 1，输出 Q 不会产生抖动的波形。当开关稳定到达 B 端时，因 $A=1$，$B=0$，使 $Q=0$，双稳态电路状态发生翻转。当释放按键时，在开关未稳定到达 A 端时，因 $Q=0$，封锁了与非门 2，双稳态电路的状态不变，输出 Q 保持不变，消除了后沿的抖动波形。当开关稳定到达 A 端时，因 $A=0$，$B=1$，使 $Q=1$，双稳态电路状态发生翻转，输出 Q 重新返回原状态。由此可见，键盘输出经双稳态电路之后，输出已变为规范的矩形方波。

软件去抖：软件上采取的措施是：在检测到有按键按下时，执行一个 10 ms 左右（具体时间应视所使用的按键进行调整）的延时程序后，再确认该键电平是否仍保持闭合状态电平，若仍保持闭合状态电平，则确认该键处于闭合状态。同理，在检测到该键释放后，也应采用相同的步骤进行确认，从而可消除抖动的影响。

3. 独立式按键

当单片机控制系统中只需要几个功能键时，可采用独立式按键结构。独立式按键是直接用 I/O 口线构成单个按键电路，其特点是每个按键单独占用一根 I/O 口线，每个按键的工作不会影响其他 I/O 口线的状态。

独立式按键的典型应用如图 6-15（a）所示。其软件常采用查询式结构。先逐位查询每根 I/O 口线的输入状态，如某一根 I/O 口线输入为低电平，则可确认该 I/O 口线所对应的按键已按下，然后，再转向该键的功能处理程序。

独立式按键电路配置灵活，软件结构简单，但每个按键必须占用一根 I/O 口线，因此，在按键较多时，I/O 口线浪费较大，不宜采用。

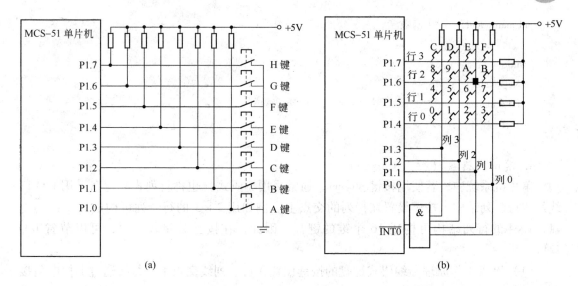

图 6 – 15 单片机上的键盘的扩展

（a）独立式键盘；（b）编码键盘

独立式键盘编程举例：根据图 6 – 15（a）所示的电路，设计键盘子程序。假设任意时刻最多只有一个键按下，如果有键按下，则使变量 jianma 存储键号的 A、B、C、D、E、F、G、H 的 ASCII 码，送 P0 口显示。下面介绍用 C51 编写的按键子程序。

```
#include < reg51. h >          //包含51单片机寄存器定义的头文件
unsigned char jianma;          //储存按键值

void delay30ms（void)          //软件消抖延时子程序
{
    unsigned char i，j;
        for（i = 0；i < 100；i + +)       for（j = 0；j < 100；j + +);
}

void Key_ Value（void)          //键盘扫描子程序
{
if（P1！= 0xff)｝              //第一次检测到有键按下
        Delay30ms（);           //延时30ms再去检测
        if((P1&0x01)= = 0)     jianma = 'A'；        //按键A被按下
        if((P1&0x02)= = 0)     jianma = 'B'；        //按键B被按下
        if((P1&0x04)= = 0)     jianma = 'C'；        //按键C被按下
        if((P1&0x08)= = 0)     jianma = 'D'；        //按键D被按下
        if((P1&0x10)= = 0)     jianma = 'E'；        //按键E被按下
        if((P1&0x20)= = 0)     jianma = 'F'；        //按键F被按下
        if((P1&0x40)= = 0)     jianma = 'G'；        //按键G被按下
        if((P1&0x80)= = 0)     jianma = 'H'；        //按键H被按下
    ｝
}
```

```
void main(void)    //主函数
{
    while(1){
    Key_Value();
    P0 = jianma;
    }
}
```

4. 编码式键盘（行列式键盘）

单片机系统中，若使用按键较多时，通常采用编码式（也称行列式）键盘。用 I/O 口线组成行、列结构，按键设置在行列的交点上。例如用 2×3 的行、列可构成 6 个键的键盘，4×4 的行列结构可构成 16 个键的键盘。因此，在按键数量较多时，可以节省 I/O 口线。

（1）键盘工作原理。编码式键盘的按键设置在行、列线交点上。行线通过上拉电阻接到 +5V 上。当无键按下时，行线处于高电平状态；当有键按下时，行、列线将导通，此时，行线电平将由与此行线相连的列线电平决定。这是识别按键是否按下的关键。然而，行列式键盘中的行线、列线和多个键相连，各按键间将相互影响，因此，必须将行线、列线信号配合起来作适当处理，才能确定有无按键按下及按键的位置。

（2）按键的识别。识别按键的方法很多，最常见的方法是扫描法。由列线送入全"0"扫描字、行线读入行线状态来判断的。如果有键按下，总会有一根行线电平被拉至低电平，从而使行输入不全为 1。再依次单独给特定列线送低电平，然后查所有行线状态，如果全为 1，则所按下之键不在此列。如果不全为 1，则所按下的键必在此列，而且是在与电平为"0"的行线相交点上的那个键。

（3）键盘的编码。键盘上的每个键都有一个键值。对于独立式按键键盘，因按键数量少，可根据实际需要灵活编码。对于矩阵式键盘，按键的位置由行号和列号唯一确定，因此可分别对行号和列号进行二进制编码，然后将两值合成一个字节，高 4 位是行号，低 4 位是列号。如图 6-15 中的 A 键，它位于第 2 行、第 1 列，因此，其键盘编码应为 41H。采用上述编码对于不同行的键离散性较大，不利于散转指令对按键进行处理。因此，可采用依次排列键号的方式按排进行编码。以图 6-15 的 4×4 键盘为例，可将键号编码为：00H、01H、02H、03H、…、0EH、0FH 等 16 个键号。编码相互转换可通过计算或查表的方法实现。

（4）键盘扫描方式。单片机应用系统中，计算机通过键盘与人打交道，在交互式过程中，计算机不但要了解当前有哪些按键按下，而且更重要的是要执行相关程序。因此，键盘扫描只是 CPU 工作的内容之一，CPU 在忙于各项工作任务时，如何兼顾键盘扫描，既保证不失时机地响应键操作，又不过多占用 CPU 时间，是设计键盘程序所必须考虑的。对按键的处理是通过键盘扫描来完成的。根据不同工作情况，可以采用不同的键盘扫描方式。键盘的扫描方式有编程扫描方式、定时扫描方式和中断扫描方式三种。

1）编程扫描工作方式。在 CPU 的空闲时间，调用键盘扫描子程序，来响应键输入要求。在执行键功能程序时，CPU 不再响应键输入要求。中断扫描工作方式：只要有键按下，在 CPU 的空闲时间，调用键盘扫描子程序，来响应键输入要求。在执行键功能程序时，CPU 不再响应键输入要求。

2）定时扫描方式。定时扫描方式就是每隔一段时间对键盘扫描一次，它利用单片机内部的定时器产生一定时间（例如 10 ms）的定时，当定时时间到就产生定时器溢出中断。CPU 响应中断后对键盘进行扫描，并在有键按下时识别出该键，再执行该键的功能程序。定时扫描方式的硬件电路与编程扫描方式相同。

3）中断扫描方式。采用上述两种键盘扫描方式时，无论是否按键，CPU 都要定时扫描键盘，而单片机应用系统工作时，并非经常需要键盘输入，因此，CPU 经常处于空扫描状态。为提高 CPU 工作效率，可采用中断扫描工作方式。其工作过程如下：当无键按下时，CPU 处理自己的工作，当有键按下时，产生中断请求，CPU 转去执行键盘扫描子程序，并识别键号。

图 6－15（b）所示是一种简易编码键盘接口电路，该键盘是由 8031 P1 口的高、低字节构成的 4×4 键盘。键盘的列线与 P1 口的低 4 位相连，键盘的行线与 P1 口的高 4 位相连，因此，P1.4～P1.7 是键输出线，P1.0～P1.3 是扫描输入线。图 6－15 中的 4 输入与门用于产生按键中断，其输入端与各列线相连，再通过上拉电阻接至 +5V 电源，输出端接至 8031 的外部中断输入端。具体工作如下：当键盘无键按下时，与门各输入端均为高电平，保持输出端为高电平；当有键按下时，INT0 端为低电平，向 CPU 申请中断，若 CPU 开放外部中断，则会响应中断请求，转去执行键盘扫描子程序。

（5）编码式键盘编程举例。

根据图 6－15（b）所示的电路，设计键盘子程序。假设任意时刻最多只有一个键按下，如果有键按下，则使变量 jianma 存储键号的 0，1，2，3，4，5，6，7，8，9，A，B，C，D，E，F 的 ASCII 码。下面介绍用 C51 编写的按键子程序。

```c
/ *************************************************** /
#include < reg51. h >      //包含 51 单片机寄存器定义的头文件
#include < intrins. h >
#define uint unsigned int
#define uchar unsigned char
/ *************************************** /
void Delay_1ms( uint x) //延时子程序,延时时间为 1ms * x
{
    uint i;
    uchar j;
    for( i = 0; i < x; i + + ) for( j = 0; j < = 148; j + + );
}
/ *************************************************** /
uchar Keyscan( void) // 键盘扫描子程序
{
    uchar i, j, temp, Buffer[4] = {0xef, 0xdf, 0xbf, 0x7f};
    for( j = 0; j < 4; j + + ) { //循环四次
        P1 = Buffer[j];            //在 P1 高四位分别输出一个低电平
        temp = 0x01;               //计划先判断 P1.0 位
        for( i = 0; i < 4; i + + ) { //循环四次
```

```
        if(! (P1 & temp))        //从 P1 低四位,截取 1 位
            return (i + j * 4);  //返回取得的按键值
        temp < < = 1;            //判断的位,左移一位
        }
    }
    return 16;                   //判断结束,没有键按下,返回 16
}
/ ************************************************************ /
void Main( void) //主程序
{
    uchar Key_Value = 16, Key_Temp1, Key_Temp2, jianma;   //两次读出的键值
    while(1) //读入按键、消抖、等待按键释放
        {
        P1 = 0xff;
        Key_Temp1 = Keyscan( );              //先读入按键
        if(Key_Temp1 ! = 16) {               //如果有键按下
        Delay_1ms(10);                       //延时一下
        Key_Temp2 = Keyscan( );              //再读一次按键
        if (Key_Temp1 = = Key_Temp2) {//必须是两次相等
            Key_Value = Key_Temp1;           //才保存下来,这就是消除抖动
            while(Keyscan( ) < 16);          //等待按键释放
            P0 = jianma = Key_Value;         // 存储 jianma 值
            }
        }
    }
}
```

5. 典型的键盘显示器接口电路及编程分析

　　在单片机应用系统中,键盘和显示器往往需同时使用,为节省 I/O 口线,可将键盘和显示电路做在一起,构成实用的键盘、显示电路。图 6 - 16 所示是用 8155 并行扩展 I/O 口构成的典型的键盘、显示接口电路。LED 显示器采用共阴极数码管。8155 的 B 口用作数码管段选码输出口;A 口用作数码管位选码输出口,同时,它还用作键盘列选口;C 口用作键盘行扫描信号输入口。

　　图 6 - 16 中选用 4 根口线构成了 4 × 8 键盘,如果选用 6 根口线时,还可构成 6 × 8 键盘。LED 采用动态显示软件译码,键盘采用逐列扫描查询工作方式,LED 的驱动采用74LS244 总线驱动器。

　　由于键盘与显示共用一个接口电路,因此,在软件设计中应综合考虑键盘查询与动态显示,通常将键盘扫描程序中的去抖动延时子程序用显示子程序代替。

　　键盘、显示器共用一个接口电路的设计方法除上述方案外,还可采用专用的键盘、显示器接口的芯片——Intel 8279。

　　在键盘扫描子程序中完成以下几个功能:

　　(1) 判断键盘上有无键按下:PA 口输出全扫描字 00H,读 PC 口状态,PC0 ~ PC3 为

全1，则键盘无键按下，若不全为1，则有键按下。

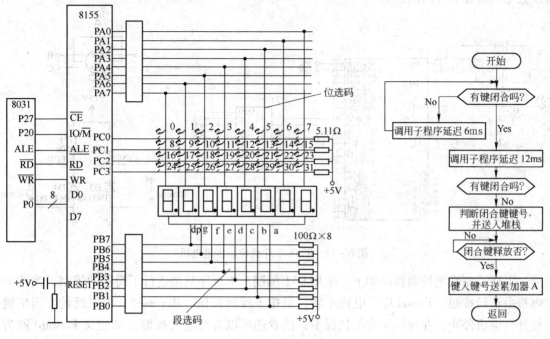

图 6 – 16　键盘接口电路

（2）去键的机械抖动影响：在判断有键按下后，软件延时一段时间再判断键盘状态，如果仍为有键按下状态，则认为有一个确定的键按下，否则按键抖动处理。

（3）求按下键的键号：根据前述键盘扫描法，进行逐列置 0 扫描。图 6 – 16 中 32 个键的键值分布如下（键值由 4 位十六进制数码组成，前两位是列的值，即 A 口数据，后两位是行的值，即 C 口数据，X 为任意值）：

FEXE	FDXE	FBXE	F7XE	EFXE	DFXE	BFXE	7FXE
FEXD	FDXD	FBXD	F7XD	EFXD	DFXD	BFXD	7FXD
FEXB	FDXB	FBXB	F7XB	EFXB	DFXB	BFXB	7FXB
FEX7	FDX7	FBX7	F7X7	EFX7	DFX7	BFX7	7FX7

对应的按键编号如图 6 – 16 所示。按照行首键号与列号相加的办法处理，每行的行首键号依次为：0，8，16，24，列首依列线顺序为 0 ~ 7。扫描时，从零电平对应的位可以找出行首键号与相应的列号，相加后即得到键值。

二、电机驱动接口技术

机电控制系统的执行器很多情况下是电机，对电机的控制都是通过电机驱动接口技术实现。下面介绍基本的控制电机控制技术。

（一）控制步进电机接口

对一般超小型步进电机的驱动可以自己制作驱动器。硬件方面包括单片机及简单的功率驱动电路，然后通过软件环分，实现步进电机的运行控制，下面以一个简单实例进行介绍。

图 6 – 17 所示为利用 51 单片机控制四相步进电机应用实例。图 6 – 17 中步进电机由

ULN2003A 驱动，P2 口的低四位口线可以控制步进电机各相通电间隔和通电顺序，实现对步进电机转速和方向的控制。

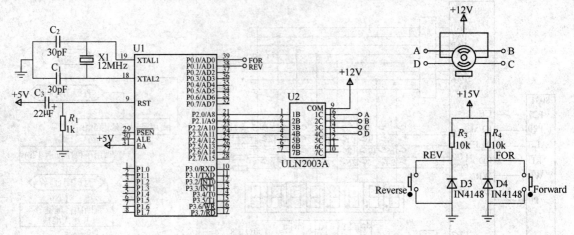

图 6 - 17　8051 单片机控制步进电机

上述控制系统控制程序如下，采用 C51 编制。本程序只是进行了简单的控制，当按下电机由正转按钮（Forward），电机正转；当按下反转按钮（Reverse），电机反转。当按键松开，电机停止。在硬件不变的情况下，读者还可以自己定义按键（如定义 Forward 键为加速，Reverse 键为减速），编写相应程序，实现转速控制。

```
/ ***************************
文件名：　步进电机驱动 . c
单片机：　AT89C51
时钟频率：　12MHZ
*************************** /
#include < reg52. h >
// 定义 I/O 口
#define out_port P2
sbit key_for = P0^0;
sbit key_rev = P0^1;

//定义新变量类型
typedef unsigned char    uchar;
typedef unsigned int       uint;
void delayms(uint)；　//延时子程序申明
// Array of Stepping Sequences
uchar const sequence[8]  = {0x02,0x06,0x04,0x0c,0x08,0x09,0x01,0x03};

void main(void)//主程序
  { uchar i;
    out_port = 0x03;
```

```
    while(1)
        { // 正转按钮按下？
        if (! key_for)
        { i = i < 8 ? i + 1 : 0;
         out_port = sequence[i];
         delayms(50);
        }
        // 反转按钮按下？
        else if (! key_rev)
        { i = i > 0 ? i - 1 : 7;
         out_port = sequence[i];
         delayms(50);
        }
        }
    }

void delayms(uint j)//延时子程序
    { uchar i;
    for( ; j > 0; j - - )
    { i = 120;
     while (i - - );
    }
    }
```

实际应用时，如果不是超小型步进电机驱动，不建议自己制作步进电机驱动器。这是因为步进电动机驱动系统的性能，不但取决于步进电动机自身的性能，也取决于步进电动机驱动器的优劣，同时步进电机驱动器市场供应充足，大家可以放心使用。

对于这类步进电机的驱动，硬件电路可以参考图 3 – 20。单片机软件只需控制好"脉冲"、"方向"和"使能"三个信号。"使能信号"只需简单地给定高电平或低电平即可决定电机驱动器工作与否，"方向信号"只需简单地给定高电平或低电平即可决定步进电机转动方向，"脉冲信号"是这类步进电机驱动的核心内容，在"使能信号"、"方向信号"设定不变的情况下，脉冲数量决定步进电机转动角度，相邻脉冲间隔决定步进电机转动速度。软件方面不需要进行软件环分，控制方法比上述自己制作的驱动器简单，而且性能更好。

（二）控制直流电机转速接口

图 6 – 18 所示为利用 51 单片机控制微型直流电机应用实例。图中直流电机由晶体管 Q_2、Q_3，Q_6、Q_7 组成的 H 桥电路驱动，P3.6 和 P3.7 两根口线控制。实现对直流电机转速和方向的控制。图 6 – 18 中，转速由加速按钮（INC）和减速按钮（DEC）控制。

上述控制系统控制程序如下，采用 C51 编制。程序中，启动后，电机按照设定的转速单方向旋转，当按下电机由加速按钮（INC）电机加速，当按下减速按钮（DEC）电机减速。本程序没有设置电机停止键。在硬件不变的情况下，读者还可以自己定义按键（如定义 INC 键为正转，DEC 键为反转），编写相应程序，实现正反转控制。

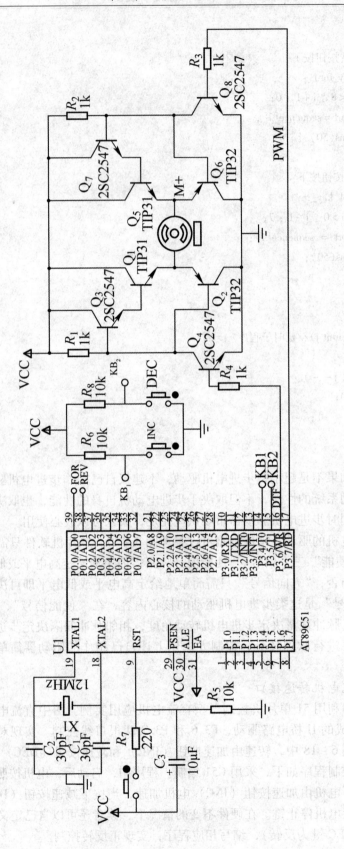

图 6-18 8051 单片机控制直流电机转速接口

```
/ *************************
文件名：  直流电机驱动 . c
单片机：  AT89C51
时钟频率：  12MHz
************************** /
#include < reg52. h >
#include < intrins. h >
// 定义 P3 引脚
sbit Inc    = P3^4;
sbit Dec    = P3^5;
sbit Dir    = P3^6;
sbit PWM = P3^7;
//定义新变量类型
#define uint   unsigned int
#define uchar unsigned char


void delay(uint);      //延时子程序申明


void main(void)      //主程序
{ int speed; //选择方向和初速度.
  Dir = 1;
  if ( Dir)
      speed = 400;
  else
      speed = 100;
  while(1) // 主控制循环
    { if(! Inc)//加速
       speed = speed > 0 ? speed - 1 : 0;
      if(! Dec)//减速
        speed = speed < 500 ? speed + 1 : 500;
      // Drive a PWM signal out.
      PWM =1; delay(speed);
      PWM =0; delay(500 - speed);
    }
}


void delay(uint j)    //延时子程序
{ for(; j >0; j - -)
    { __no_operation();
    }
}
```

三、模拟信号输入/输出通道接口技术

模/数－数/模转换器件是计算机系统与外界模拟量系统之间的重要接口器件。为了实

现控制，首先需要获取控制现场的各种信息，这些信息都是通过传感器获取，其中有模拟量也有数字量。如果输入量是模拟量就需要进行模拟量－数字量的转换，即 A/D，才能输入到计算机。计算机根据控制现场的信息和控制算法求出控制参量，驱动执行器完成控制。这些执行器有数字器件也有模拟器件，但大部分都是模拟器件，因此计算机指令需要转化成为模拟量，这就是数字量－模拟量的转换，即 D/A。通过 D/A 技术，实现计算机对外部模拟设备的控制。典型的基于计算机的控制系统如图 6－19 所示。

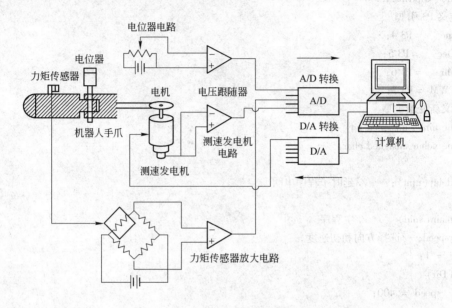

图 6－19 计算机的控制系统示例

模拟信号输入/输出芯片种类很多，根据其与微处理器连接方式的不同，可以分为并行芯片和串行芯片两种。A/D 转换器是一种数据采集中常用的模拟－数字信号转换元件，按转换原理可以分为逐次逼近型、双积分型等；按接口方式可分为串行和并行接口类型；按分辨率又可分为 8、12、14、16、18 等多种类型。转换时间是 A/D 转换应用中一项重要的性能指标，在高速数据采样中更是十分重要，但在同样的转换时间指标前提下，使用串行或是并行 A/D 转换器实现数据采样，转换时间上的差异往往被忽略。

（一）并行模数（A/D）转换、数模（D/A）转换接口技术

模/数（A/D）转换器是将模拟量转换成数字量的器件，根据其转换原理有逐次逼近模数转换器、双积分模数转换器等不同类型，ADC0809 是常用的逐次逼近型 A/D 转换器，由模拟多路转换器、8 位 A/D 转换器、三态输出锁存及地址锁存译码器等组成，8 个输入通道的模拟量输入端 $IN_0 \sim IN_7$，START 为启动控制输入端；ALE 为地址锁存控制信号端；这两个信号端可以连接在一起，当通过程序输入一个正脉冲时，便立即开始模/数转换。CLOCK 为时钟输入端，EOC 为转换结束脉冲输出端，OE 为输出允许控制端，这两个信号端可连接在一起，表示模/数转换结束，EOC 端的电平由低变高，打开三态输出锁存器将转换结果的数字量输出到 $D_0 \sim D_7$ 端。

数/模（D/A）转换器是指将数字量转换成模拟量的电路。DAC0832 是常见的 8 位并行数/模（D/A）转换接口芯片，它包括 8 位输入锁存器、8 位 DAC 寄存器、8 位 D/A 转换

电路及转换控制电路。当地址线选择好后，只要输出 WR 控制信号，DAC0832 就能一步完成数字量的输入锁存和 D/A 转换输出。

下面简单介绍 ADC0809、DAC0832 与 MCS – 51 单片机硬件接口及实例程序，如图 6 – 20 所示。

图 6 – 20 所示的硬件接口配合相应程序完成对 RV1 电位器可动端信号电压的数据采集（模数转换），将结果读入单片机，然后送 DAC0832 进行 DA 转换，通过运算放大器 U5 转换成电压信号，用电压表可以直接测量出来，以验证模数转换和数模转换过程。同时，在液晶屏上也能输出 A/D 采样的电压结果。程序执行方式如下，首先必须先按一次键 1（与 P1.4 相连），启动程序，液晶屏开始显示文字，以后每按一次键 2（与 P1.5 相连），启动一次 AD 转换、送 DAC0832 进行 DA 转换，同时在液晶屏上也输出 A/D 采样的电压结果。

```c
#include    < reg51. h >
#include    < absacc. h >
// ----------------------------
#define   uchar   unsigned   char  //这两条语句是方便今后程序编写。约定俗成。
#define   uint   unsigned   int
// ----------------------------
#define DAC0832 XBYTE[0x7ffF] //DAC0832 地址。A15 接 DAC0832 的 cs
#define ADC0809 XBYTE[0xfef0] //ADC0809 地址。A8 接 ADC0809 的 start
// ----------------------------
sbit key1 = P1^4;      //定义按键 1 接口
sbit key2 = P1^5;      //定义按键 2 接口
// ----------------------------
sbit EOC = P3^2;       //规定 ADC0809 转换状态输出接口
// ----------------------------
#define LCD_port    P0  //定义液晶屏数据接口
sbit RS = P3^3;          //定义液晶屏控制接口 RS
sbit RW = P3^4;          //定义液晶屏控制接口 RW
sbit EN = P3^5;          //定义液晶屏控制接口 EN
//; =========================
uchar code Prompt[] = "Change RV1 or KEYS";   //设置液晶屏第 1 行初始显示字符
uchar code Result[] = "Voltage = 00.0 V";       //设置液晶屏第 2 行初始显示字符
// ----------------------------
void Initialize_LCD();  //子程序申明。只有在调用程序之后才写的子程序才需要申明
void ShowString(uchar,uchar,uchar * );  //子程序申明
void Write_LCD_Command(uchar cmd);   //子程序申明
void Write_LCD_Data(uchar dat);  //子程序申明
// ----------------------------
void Delayms(uint ms){ //延时子程序
    uchar i;
    while(ms - -)   {   for(i = 0;i < 120;i + +);   }
}
// ++++++++++++++++++++++++++++++++++++++++++++++++++++//
```

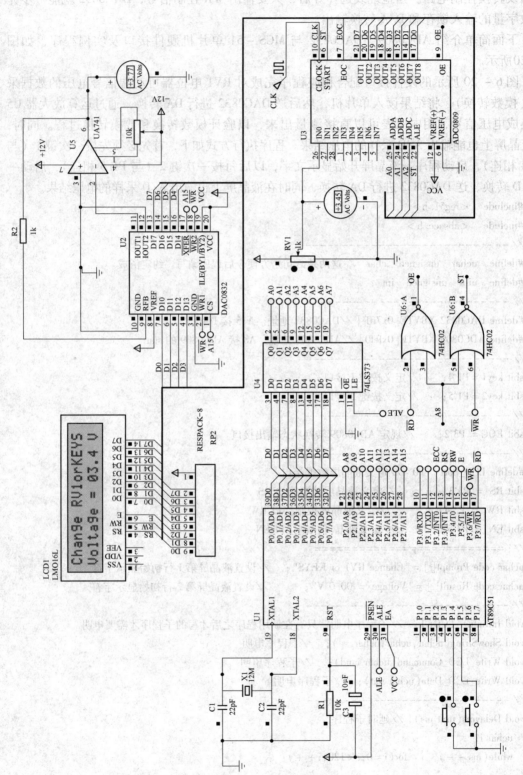

图 6-20　ADC0809、DAC0832 与 MCS-51 单片机接口

```
main( ) {      //主程序
    uchar j,k,m;   //定义变量
    uint n;
    while(key1);   //等待按键1按下启动下面程序
    Initialize_LCD( );  //液晶初始化
    ShowString(0,0,Prompt);Delayms(200);//在液晶屏第1行显示规定的字符
    ShowString(0,1,Result);Delayms(200);//在液晶屏第2行显示规定的字符
    while(1){
        while(key2);    //按键2每按下一次,启动一次自动转换和显示的过程
        ADC0809 = 0;   //启动 ADC0809 的模数转换
        while(EOC = = 0);   //等待 ADC0809 的模数转换完成
        n = ADC0809;       // 读取 ADC0809 的 A/D 转换结果
        DAC0832 = n;     //将刚才的 A/D 转换的结果送 DAC0832 进行 D/A 转换
        n = n/25.5*5;     //本句及以下 3 句获取 ADC0809 的 A/D 转换的结果各位数字
        j = n/100;    //百位数字
        k = (n - j * 100)/10;    //十位数字
        m = (n - j * 100 - k * 10);  //个位数字
        Write_LCD_Command(0xc0 | 10);   //在第 2 行第 10 位开始显示
        Write_LCD_Data(j + 0x30);
        Write_LCD_Data(k + 0x30);
        Write_LCD_Command(0xc0 | 13);   //在第 2 行第 13 位开始显示
        Write_LCD_Data(m + 0x30);
    }//while(1)程序段结束
}//主程序结束
// +++++++++++++++++++++++++++++++++++++++++++++++++++++++++++++//
uchar Busy_Check( ) {   //检查液晶屏空闲子程序
    uchar LCD_Status;
    RS = 0;   RW = 1;   EN = 1;      Delayms(1);
        LCD_Status = LCD_port;     EN = 0;
    return LCD_Status;
}
// _____
void Write_LCD_Command(uchar cmd) {  //对液晶屏写入 1 字节命令 cmd
    while((Busy_Check( )&0x80) = = 0x80);
    RS = 0;      RW = 0;   EN = 0;
    LCD_port = cmd;
    EN = 1;      Delayms(1);    EN = 0;
}
// _____
void Write_LCD_Data(uchar dat) {   //对液晶屏写入 1 字节数据 dat
    while((Busy_Check( )&0x80) = = 0x80);
    RS = 1;      RW = 0;   EN = 0;
    LCD_port = dat;
```

```
    EN = 1;  Delayms(1);  EN = 0;
}
// ----------------------------
void Initialize_LCD()｝  //液晶屏初始化
    Write_LCD_Command(0x38);    Delayms(1);
    Write_LCD_Command(0x01);    Delayms(1);
    Write_LCD_Command(0x06);    Delayms(1);
    Write_LCD_Command(0x0c);    Delayms(1);
}
// ----------------------------
void ShowString(uchar x,uchar y,uchar * str)｝//在液晶屏规定位置显示规定内容子程序
//x - 起始位置,y - 显示行,str - 指向显示内容
    uchar i = 0;
    if(y = = 0)   Write_LCD_Command(0x80｜x);  //确定在第1行显示
    if(y = = 1)   Write_LCD_Command(0xc0｜x);  //确定在第2行显示
    for(i = 0;i < 16;i + +)｛Write_LCD_Data(str[i]);｝//显示内容
}
// ----------------------------
```

这一程序只是集中说明了模数和数模转换实现方式。事实上，它们都可以单独使用。当单独使用模数转换时，可以通过这种方式获取各种模拟输出式传感器信号，便于现场监测。单独使用数模转换时，可以根据控制器指令控制模拟执行器动作，如直流电机。通过控制电路输出电压就能控制电机转速等，便于现场控制。

（二）串行模数转换（A/D）、数模转换（D/A）接口技术

并行总线器件程序编制方便，但所占接口线多，扩展起来不甚方便，串行总线器件虽然程序编制相对并行器件编程较难，但其所占接口线少，便于扩展。随着芯片集成度和工艺水平的提高，串行模/数 – 数/模（尤其是高精度串行模/数）转换芯片正在被广泛地采用。串行模/数 – 数/模转换芯片具有引脚数少（常见的 8 引脚或更少），集成度高（基本上无需外接其他器件），价格低，易于数字隔离，廉价，易于芯片升级等一系列优点。例如，10 位串行 A/D MAX1243 和 12 位串行 A/D MAX187/189 都是 DIP8 封装，且引脚完全对应一致，再如 14 位串行 A/D MAX194 和 16 位串行 A/D MAX195 都是 DIP16 封装且引脚完全对应一致。串行模/数 – 数/模转换器件近年来应用越来越多，正逐步取代并行模/数 – 数/模转换芯片，是今后微处理器外围器件技术发展的方向。

常见的 8 位串行 A/D 芯片有 ADC0832、TLC549 等；12 位串行 A/D 芯片有 TLC2543 等。常见的 8 位串行 D/A 芯片有 TLC5620CN、MAX528 等；12 位串行 D/A 芯片有 TLV5630 等。不同的串行器件具有不同的接口总线协议，如常用的 I²C 串行总线和 SPI 串行总线。下面介绍一种基于 I²C 总线接口的同时具有串行 A/D 和串行 D/A 的芯片 PCF8591。

PCF8591 是一个单片集成、单独供电、低功耗的串行 I²C 总线接口，具有 4 个内置跟踪保持的 8 – bit 模数转换器、1 个 8 – bit 数模转换器。PCF8591 的 3 个地址引脚 A_0、A_1 和 A_2 可用于硬件地址编程，允许在无需额外硬件的情况下同一个 I²C 总线上接入 8 个 PCF8591 器件。在 PCF8591 器件上输入输出的地址、控制和数据信号都是通过双线双向

I^2C 总线以串行的方式进行传输，其最大转化速率由 I^2C 总线的最大速率决定。PCF8591 引脚如下：AIN0 ~ AIN3 为模拟信号输入端；A_0 ~ A_2 为引脚地址端；VDD、VSS 为电源端；SDA、SCL 为 I^2C 总线的数据线、时钟线；OSC 为外部时钟输入端，内部时钟输出端；EXT 为内部、外部时钟选择线，使用内部时钟时 EXT 接地；AGND 为模拟信号地；AOUT 为 D/A 转换输出端；VREF 为基准电源端。以下程序配合如图 6 – 21 所示的电路能实现 RV1 电位器模拟电压检测，在 U9 的 led 条形光柱上以二进制的形式显示电压大小，并且通过其数模转换在 AOUT 引脚上输出反应 RV1 电位器触点位置的模拟电压。

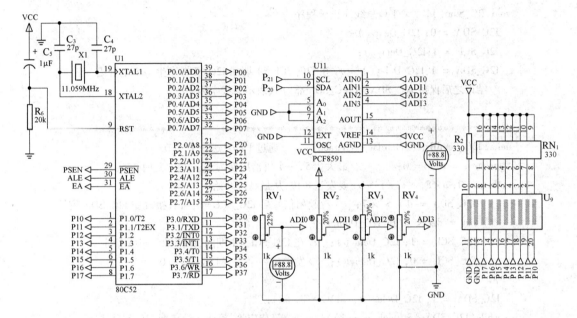

图 6 – 21 基于串行 PCF8591 的 A/D、D/A 转换电路

```
/ **** 基于串行 PCF8591 的 A/D、D/A 转换程序示例 ******************** /
#include < reg52. h >
// – – –定义关键词– – –//
#define uchar unsigned char
#define uint unsigned int
// – –定义 PCF8591 的读写地址– –//
#define   WRITEADDR 0x90    //写 PCF8591 地址
#define   READADDR  0x91    //读 PCF8591 地址
// – –定义使用的 IO 口– –//
sbit I2C_SCL = P2^1;
sbit I2C_SDA = P2^0;
/ ************************************************************ /
void I2C_Delay( ){     //I2C 总线延时子程序
  uchar a, b;
  for( b = 1; b > 0; b – – )
    {  for( a = 2; a > 0; a – – );}
}
```

```
/******************************************************************/
void I2C_Start( ) {   //I²C 总线起动子程序
    I2C_SDA = 1;I2C_Delay( );
    I2C_SCL = 1;I2C_Delay( );   //建立时间是 I2C_SDA 保持时间 >4.7μs
    I2C_SDA = 0;I2C_Delay( );   //在 I2C_SCL = 1 期间 I2C_SDA 产生一个下降沿
    I2C_SCL = 0;I2C_Delay( );   //起始之后 I2C_SDA 和 I2C_SCL 都为 0
}

/******************************************************************/
void I2C_Stop( ) {   //I²C 总线终止子程序
    I2C_SDA = 0; I2C_Delay( );
    I2C_SCL = 1;I2C_Delay( );
    I2C_SDA = 1;I2C_Delay( );   //在 I2C_SCL = 1 期间 I2C_SDA 产生一个上升沿
    //结束之后保持 I2C_SDA 和 I2C_SCL 都为 1;表示总线空闲
}

/******************************************************************/
uchar I2C_SendByte( uchar dat, uchar ack) {   //通过 I²C 发送一个字节
    uchar a = 0,b = 0;        //最大 255,一个机器周期为 1μs,最大延时 255μs。
    for(a = 0; a < 8; a + +) {   //要发送 8 位,从最高位开始
        I2C_SDA = dat > > 7;      //起始信号后 I2C_SCL = 0,可直接改变 I2C_SDA 信号
        dat = dat < < 1; I2C_Delay( );
        I2C_SCL = 1; I2C_Delay( );   //在 I2C_SCL = 1 期间,保持 I2C_SDA 稳定
        I2C_SCL = 0; I2C_Delay( );   //发送完一个字节 I2C_SCL = 0
    }
    I2C_SDA = 1; I2C_Delay( );   I2C_SCL = 1;
    while(I2C_SDA && (ack = = 1)) {   //等待应答,等待从设备把 I2C_SDA 拉低
        b + +;
        if(b > 200)      //如果超过 200μs 没有应答,发送失败或者为非应答,接收结束
        {I2C_SCL = 0;I2C_Delay( );return 0;}
    }
    I2C_SCL = 0; I2C_Delay( );
    return 1;            //发送成功返回 1,发送失败返回 0
}

/******************************************************************/
uchar I2C_ReadByte( ) {          //使用 I²C 读取一个字节
    uchar a = 0,dat = 0;
    I2C_SDA = 1;I2C_Delay( );   //起始和发送一个字节之后 I2C_SCL 都是 0
    for(a = 0; a < 8; a + +) {          //接收 8 位串行数据
        I2C_SCL = 1;I2C_Delay( );
        dat < < = 1;
        dat | = I2C_SDA;   I2C_Delay( );
        I2C_SCL = 0;I2C_Delay( );          //接收完一个字节 I2C_SCL = 0
    }
    return dat;
```

```
    }
/ ******************************************************** /
void Pcf8591SendByte( unsigned char channel) {  //写入一个控制命令: channel – 转换通道号
    I2C_Start( );                         //I²C 总线起动
    I2C_SendByte( WRITEADDR, 1) ;         //I²C 总线发送写器件地址
    I2C_SendByte(0x40 | channel, 0) ;     //I²C 总线发送控制寄存器
    I2C_Stop( ) ;                         //I²C 总线结束

    }
/ ******************************************************** /
unsigned char Pcf8591ReadByte( ) {        //PCF8591 模数转换:读取一个转换值
    unsigned char dat;
    I2C_Start( ) ;                        //I²C 总线起动
    I2C_SendByte( READADDR, 1) ;          //发送读器件地址
    dat = I2C_ReadByte( ) ;               //读取数据
    I2C_Stop( ) ;                         //I²C 结束总线
returndat ;

    }
/ ******************************************************** /
void Pcf8591DaConversion( unsigned char value) { //PCF8591 数模转换(转换的数值 value)
    I2C_Start( ) ; //
    I2C_SendByte( WRITEADDR, 1) ;         //发送写器件地址
    I2C_SendByte(0x40, 1) ;               //开启 DA 写到控制寄存器
    I2C_SendByte( value, 0) ;             //发送转换数值
    I2C_Stop( ) ;                         //I²C 总线结束


    }
/ ******************************************************** /
void main( ) {          //主函数
    unsignedintad_result;
    while(1) {                            // – – 显示电位器电压 – –//
        Pcf8591SendByte(0) ;              //发送电位器 0 转换命令
        ad_result = Pcf8591ReadByte( ) ;  //将转换结果读 ad_result
        P1 = P0 = ~ ad_result ;           //AD 转换结果 LED 送显示
        Pcf8591DaConversion( ad_result) ; // – – DA 输出 – – 数模转换
    }

    }
/ ******************************************************** /
```

　　由于 51 单片机硬件上没有专门设计 I²C 总线，程序中采用软件模拟 I²C 总线时序，实现了这类器件与 51 单片机的成功连接。同样地，还可以通过软件模拟其他总线，如 SPI 器件。因此，单片机对各类串行器件的扩展现在已不是问题。有些单片机本身硬件上就带有 I²C 总线功能，编程起来还会更加方便。

第三节　并行通信与串行通信

微型计算机主机与外部设备的通信有两种类型：并行通信与串行通信。

一、并行通信

并行通信是指数据的各位同时进行传送，采用并行传送方式在微型计算机与外部设备之间进行数据传送的接口叫并行接口，它有两个主要特点：一是同时并行传送的二进位数就是数据宽度；二是在计算机与外设之间采用应答式的联络信号来协调双方的数据传送操作，这种联络信号又称为握手信号。其特点是传输速度快，但当传输距离较远、位数又多时，导致了通信线路复杂且成本提高。并行通信通常用作计算机或测控仪器的内部总线，如 STD 总线、ISA 总线、Compact PCI 总线、PXI 总线，它们主要用在系统板内部各部件的通信上，系统板与外部通信大多采用串行通信。因此，本书不详细介绍并行通信。

二、串行通信

串行通信是指数据一位位地顺序传送，其特点是通信线路简单，只要一对传输线就可以实现双向通信，并可以利用电话线，从而大大降低了成本，特别适用于远距离通信，但传送速度较慢。RS232C、RS422/485 以及近年来广泛采用的现场总线都是基于串行通信。

串行通信本身又分为异步通信与同步通信两种。串行通信线路上传送的是数字信号，表示传送数字信号能力的指标为数据速率（Data Rate），其单位为 bps（bit per second），即每秒钟传送的二进制位数。串行接口标准：串行接口按电气标准及协议来分包括 RS232C、RS422、RS485 等。RS232C、RS422 与 RS485 标准只对接口的电气特性做出规定，不涉及接插件、电缆或协议。

RS232 也称标准串口，最常用的一种串行通信接口。它是在 1970 年由美国电子工业协会（EIA）联合贝尔系统、调制解调器厂家及计算机终端生产厂家共同制定的用于串行通信的标准。它的全名是"数据终端设备（DTE）和数据通信设备（DCE）之间串行二进制数据交换接口技术标准"。传统的 RS232C 接口标准有 22 根线，采用标准 25 芯 D 型插头座（DB25），后来使用简化为 9 芯 D 型插座（DB9），现在应用中 25 芯插头座已很少采用。RS232 采取不平衡传输方式，即所谓单端通信。由于其发送电平与接收电平的差仅为 2～3V 左右，所以其共模抑制能力差，再加上双绞线上的分布电容，其传送距离最大约为 15m，最高速率为 20kb/s。RS232 是为点对点（即只用一对收、发设备）通信而设计的，其驱动器负载为 3～7kΩ。所以 RS232 适合本地设备之间的通信。

RS422 标准全称是"平衡电压数字接口电路的电气特性"，它定义了接口电路的特性。典型的 RS422 是四线接口。实际上还有一根信号地线，共 5 根线。其 DB9 连接器引脚定义。由于接收器采用高输入阻抗和发送驱动器比 RS232 更强的驱动能力，故允许在相同传输线上连接多个接收节点，最多可接 10 个节点。即一个主设备（Master），其余为从设备（Slave），从设备之间不能通信，所以 RS422 支持点对多的双向通信。接收器输入阻抗为 4k，故发端最大负载能力是 10×4k+100Ω（终接电阻）。RS422 四线接口由于采用单独的发送和接收通道，因此不必控制数据方向，各装置之间任何必需的信号交换均可以按软件方式（XON/XOFF 握手）或硬件方式（一对单独的双绞线）实现。RS422 的最大传输距离为 1219m，最大传输速率为 10Mb/s。其平衡双绞线的长度与传输速率成反比，在 100kb/s 速率以下，才可能达到最大传输距离。只有在很短的距离下才能获得最高速率传输。一般 100m 长的双绞线上所能获得的最大传输速率仅为 1Mb/s。

RS485 是从 RS422 基础上发展而来的，所以 RS485 许多电气规定与 RS422 相仿。如都采用平衡传输方式，都需要在传输线上接终接电阻等。RS485 可以采用二线与四线方式，二线制可实现真正的多点双向通信，而采用四线连接时，与 RS422 一样只能实现点对多的通信，即只能有一个主（Master）设备，其余为从设备，但它比 RS422 有改进，无论四线还是二线连接方式总线上可多接到 32 个设备。RS485 与 RS422 的不同还在于其共模输出电压是不同的，RS485 是 −7 ~ +12V 之间，而 RS422 在 −7 ~ +7V之间，RS485 接收器最小输入阻抗为 12kΩ、RS422 是 4kΩ；由于 RS485 满足所有 RS422 的规范，所以 RS485 的驱动器可以用在 RS422 网络中应用。

RS485 与 RS422 一样，其最大传输距离约为 1219m，最大传输速率为 10Mb/s。平衡双绞线的长度与传输速率成反比，在 100kb/s 速率以下，才可能使用规定最长的电缆长度。只有在很短的距离下才能获得最高速率传输。一般 100m 长双绞线最大传输速率仅为 1Mb/s。

第四节　总线技术与工业现场总线

一、总线技术

总线是一组互联信号线的集合，是设备与设备之间传送信息的公用信号线，可同时挂接多个模块或设备，计算机系统中信息的互相传递通常都是通过总线实现的。

根据不同分类方法总线有不同的分类。从总线上传输的内容分：总线分为地址总线、数据总线以及控制总线。从系统结构层次分：总线分为芯片（间）总线、（系统）内总线、（系统间）外总线。从信息传送方式分：总线分为并行总线和串行总线。

目前，计算机系统中广泛采用的都是标准化的总线，具有很强的兼容性和扩展能力。总线标准化有如下三种不同层次的兼容水平：

（1）信号级兼容：输入和输出信号线的数量、各信号的定义、传递方式和传递速度、信号逻辑电平和波形、信号线的输入阻抗和驱动能力等。

（2）命令级兼容：除了对接口的输入、输出信号建立统一规范外，对接口的命令系统也建立统一规范，包括命令的定义和功能、命令的编码格式等。

（3）程序级兼容：在命令级兼容的基础上，对输入、输出数据的定义和编码格式也建立统一的规范。

不论在何种层次上兼容的总线，接口的机械结构都应建立统一规范，包括接插件的结构和几何尺寸、引脚定义和数量、插件板的结构和几何尺寸等。

二、工业现场总线介绍

国际电工委员会（International Electro – technical Commission，简称 IEC）对现场总线（Fieldbus）的定义是"安装在制造和过程区域的现场装置与控制室内的自动控制装置之间的数字式、串行、多点通信的数据总线称为现场总线"。它是当前工业自动化的热点之一。现场总线是连接智能现场设备和自动化系统的全数字、双向、多站的通信系统。主要解决工业现场的智能化仪器仪表、控制器、执行机构等现场设备间的数字通信以及这些现场控制设备和高级控制系统之间的信息传递问题。主要用于制造业、流程工业、交通、楼宇、电力等方面的自动化系统中。

现场总线以开放的、独立的、全数字化的双向多变量通信代替 4～20mA 现场电动仪表信号。现场总线 I/O 集检测、数据处理、通信为一体，可以代替变送器、调节器、记录仪等模拟仪表，它不需要框架、机柜，可以直接安装在现场导轨槽上。现场总线 I/O 的接线极为简单，只需一根电缆，从主机开始，沿数据链从一个现场总线 I/O 连接到下一个现场总线 I/O。使用现场总线后，可以减少自控系统的配线、安装、调试等方面的费用。操作员可以在中央控制室实现远程监控，对现场设备进行参数调整，还可以通过现场设备的自诊断功能预测故障和寻找故障点。

由于历史的原因，现在有多种现场总线标准并存。目前世界上存在着大约四十余种现场总线，如法国的 FIP、英国的 ERA、德国西门子公司 Siemens 的 ProfiBus、挪威的 FINT、Echelon 公司的 LONWorks、PhenixContact 公司的 InterBus、RoberBosch 公司的 CAN、Rosemounr 公司的 HART、CarloGarazzi 公司的 Dupline、丹麦 ProcessData 公司的 P－net、PeterHans 公司的 F－Mux 以及 ASI（Actratur Sensor Interface）、MODBus、SDS、Arcnet、国际标准组织－基金会现场总线 FF（Fieldbus Foundation）、WorldFIP、BitBus、美国的 DeviceNet 与 ControlNet 等等。这些现场总线大都用于过程自动化、医药领域、加工制造、交通运输、国防、航天、农业和楼宇等领域，大概不到十种的总线占有 80% 左右的市场。

下面简介部分现场总线：

（1）基金会现场总线（Foundation Fieldbus，FF）。现场总线基金会是不依附于某个公司或企业集团的非商业化的国际标准化组织，它致力于建立国际上统一的现场总线协议，基金会现场总线（FF）标准无专利许可要求，可供所有的生产厂家使用。

（2）过程现场总线（PROFIBUS）。过程现场总线（Process Field Bus）是作为 IEC 标准的现场总线。过程现场总线是一种开放的标准通信协议，是针对一般工业环境下的应用而设计和开发的，它是用于车间级和现场级的国际标准，传输速率最大 12Mbit/s，响应时间的典型值为 1ms，使用屏蔽双绞线电缆（最长 9.6km）或光缆（最长 90km），最多可以接 127 个从站。已被纳入现场总线的国际标准 IEC 61158 和 EN50170，并于 2001 年被定为我国的国家标准（JB/T 10308.3—2001）。

目前，过程现场总线控制有很多种产品（由各个不同的公司生产）可供选用，这些公司还制造传动设备、执行机构、阀以及可编程序控制器（PLC）和其他的系统控制器。过程现场总线的运行可以通过各式各样的硬件连接介质，例如光纤和 RS485。

有三种版本的 PROFIBUS：FMS、DP 和 PA，所有这些版本都可以使用。常用的版本是 DP，适用的控制对象是一般的工业应用。这是由西门子传动产品支持的版本。

过程现场总线由下述 3 部分组成：

1）现场总线报文规范。

现场总线报文规范（FieldBus Messages Specification，PROFIBUS－FMS）主要用于系统级和车间级的不同供应商的自动化系统之间传输数据，处理单元级（PLC 和 PC）的多主站数据通信。

2）分布式外部设备。

分布式外部设备（Decentralized Periphery，PROFIBUS – DP）特别适合于 PLC 与现场级分布式 I/O 设备（例如西门子的 ET 200）之间的通信。主站之间的通信为令牌方式，主站与从站之间为主从方式。

3）过程自动化。

过程自动化（Process Automation，PROFIBUS – PA）用于过程自动化的现场传感器和执行器的低速数据传输，可以用于防爆区域的传感器和执行器与中央控制系统的通信，使用屏蔽双绞线电缆，由总线提供电源。

（3）局域操作网络（LonWorks）。

局域操作网络（Local Operating Network）采用符合 ISO/OSI 模型全部 7 层标准的 LonTalk 通信协议，它封装在被称为 Neuron（神经元）的芯片中。该芯片有 3 个 8 位的 CPU，第一个是介质访问控制处理器，第二个为网络处理器，第三个是应用处理器，执行用户程序及其调用的操作系统服务。Neuron 芯片还固化了 34 种 I/O 控制对象，目前已有几千家公司推出了 LonWorks 产品。

（4）控制器局域网络（CAN）。现场总线领域中，在 IEC 61158 和 IEC 62026 标准之前，控制器局域网络（Controller Area Network）总线是唯一被批准为国际标准的现场总线。CAN 总线的总线规范已被国际标准化组织（ISO）制定为国际标准 ISO11898 和 ISO11519。

CAN 总线得到了主要的计算机芯片商的广泛支持，它们纷纷推出带有 CAN 接口的微处理器（MCU）芯片。目前，带有 CAN 的 MCU 芯片总量已经超过 1 亿片；在接口芯片技术方面 CAN 已经遥遥领先于其他的现场总线。

需要指出的是 CAN 总线同时是 IEC 62026 – 3 设备网络（Device Network，DN）和 IEC 62026 – 5 灵巧配电系统（SDS）的物理层，因此它是 IEC 62026 最主要的技术基础。

一些主要的 PLC 厂家将现场总线作为控制系统中的底层网络，例如 S7 – 200 系列 PLC 配备相应的通信模块后可以接入 PROFIBUS 网络和 AS – i 网络。PLC 与现场总线相结合，可以组成价格便宜、功能强大的分布式控制系统。

习　题

6-1　试述机电一体化接口设计的重要性。

6-2　试述机电一体化产品接口的分类方法。

6-3　试述人机接口的作用和特点。

6-4　人机接口中，常用的输入设备有哪几种？常用的输出设备有哪几种？

6-5　设计键盘输入程序时应考虑哪几项功能？

6-6　七段发光二极管显示器的动态工作方式和静态工作方式各具有什么优缺点？

6-7　在一个机电一体化产品中，8031 通过 P1 口扩展了一个 4×4 键盘，画出接口逻辑电路，并编写键处理子程序。

6-8　在机电一体化产品中，采用 8031 做控制微机，要求通过其串行口扩展 74LS164，控制 6 位 LED 显示器，试画出接口逻辑，并编写相应程序，将片内 RAM 30H~35H 内容送显示。

6-9　试根据图 3 – 18 所示的硬件连接及介绍的功能要求，上位机采用单片机完成所要求的程序。最好采用 C 语言编程。

第七章　机电产品设计实例分析

机电产品在我们身边应用越来越广泛，本章以家用洗衣机和模拟产品装配线的教学机电生产线为例介绍机电系统的应用，读者可以从中受到一些启发。

第一节　洗　衣　机

洗衣机主要由箱体、洗涤脱水桶（有的洗涤和脱水桶分开）、传动和控制系统等组成，有的还装有加热装置，它是利用电能产生机械作用来洗涤衣物的，洗衣机运动部件产生的机械力和洗涤液的作用使污垢与衣物纤维脱离。机械力、洗涤液（洗涤剂的水溶液）和液温是洗衣机洗涤过程中的三要素。

一、洗衣机类型

洗涤容量在6kg以下的都为家用洗衣机。洗衣机分为人工辅助洗衣机和全自动洗衣机。人工辅助洗衣机洗涤过程需要人工控制，有单缸洗衣机和双缸洗衣机两种，目前人工辅助洗衣机现在大多都已被全自动洗衣机替代。全自动洗衣机有波轮式、搅拌式和滚筒式三种，如图7-1所示。

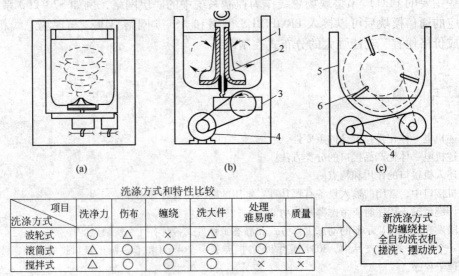

图7-1　全自动洗衣机类型及比较

（a）波轮式（漩涡式）；（b）搅拌式（摆动洗）；（c）滚筒式（拍洗）

1，5—洗涤桶；2—搅拌翼；3—齿轮箱；4—电机；6—升降片

（一）波轮式洗衣机

波轮式洗衣机分为单桶、套桶、双桶等几种，其桶底装有一个圆盘波轮，上有凸出的筋。波轮由电动机带动，在波轮的带动下，桶内水流形成了时而右旋、时而左旋的涡流，带动要洗涤的衣物跟着旋转、翻滚，将衣服上的脏东西清除掉。波轮式洗衣机适合洗涤除需要特别洗涤之外的所有衣物，流行于中国、日本、东南亚等地。

（二）滚筒式洗衣机

滚筒式洗衣机发源于欧洲，模仿棒槌击打衣物原理设计，利用电动机的机械做功使滚筒旋转，衣物在滚筒中不断地被提升摔下，再提升再摔下，做重复运动，加上洗衣粉和水的共同作用使衣物洗涤干净。其优点是：微电脑控制所有功能，衣物无缠绕，是最不会损耗衣物的方式。缺点是：耗时，时间是普通洗衣机的几倍，而且一旦关上门，洗衣过程中无法打开，洁净力不强。适合洗涤的衣物包括：羊毛、羊绒以及丝绸、纯毛类织物。此种洗衣机流行于欧洲、南美等主要穿毛、棉为主的地区，几乎 100% 的家庭使用的都是滚筒洗衣机。

（三）搅拌式洗衣机

搅拌式洗衣机通过波轮循环搅拌衣物，一般由内桶、外桶、搅拌波轮、电机和电脑控制器等组成。适合洗涤的衣物包括除需要特别洗涤之外的所有衣物。其优点：衣物洁净力最强，节省洗衣粉或洗涤液。其缺点是：易于缠绕，与前两种洗涤方式相比损坏性加大，噪声较大。搅拌式洗衣机在北美使用普遍。

目前在我国生产的洗衣机中，波轮式洗衣机占 80% 以上。早期生产的波轮式洗衣机波轮较小，直径都在 165～185mm 之间，转速为 320～500r/min。现在基本都是大波轮洗衣机，其中又以碟形波轮应用最广，波轮直径约为 300mm，转速约为 120～300r/min。

二、简单电器控制的洗衣机机械结构、控制系统和工作原理

波轮式洗衣机有单桶、双桶、套桶几种，其中单桶、双桶洗衣机，属于低端洗衣机，通过一般电器就可以满足控制要求，而且，这类洗衣机造价低，易于维护，在农村等经济欠发达地区销售较多，在城市也有应用。这里主要介绍双桶洗衣机。

（一）机械结构

单桶洗衣机具备洗涤和漂洗的功能，结构简单，操作方便，体积小，价格便宜。双桶洗衣机实质上是单桶洗衣机与脱水机的组合。单桶、双桶洗衣机洗衣过程需要人不断参与，自动化程度低，通过一般电器就可以满足控制要求，并且造价低，易于维护。

图 7-2（a）为双缸洗衣机结构，它实质上是洗衣机桶与脱水桶组合起来的。双桶洗衣机有两个电机，分别驱动洗衣桶和脱水桶。洗衣桶负责洗涤和漂洗，电动机转速较低，且能正反转，通过皮带直接带动波轮以洗涤衣服。脱水桶负责脱水，转速高，且只能单向旋转，电机通过刹车瓦、联轴器和橡胶囊与脱水桶接成一体，实现脱水桶快速制动。脱水时，衣服中的水分通过转动产生的离心力使水分被甩出，在脱水桶壁上设有许多小孔，脱出去的水由此孔排出，并从下水管流出。为了防止衣服甩出，带有专门的柔性压板起保护作用。

双缸洗衣机的进水排水机构：进水采用人工放水形式，通过改变面板上注水方式选择开关通过机械方式使水管朝向洗衣桶或脱水桶，进行注水。排水采用重力自排方式，洗衣桶利用面板上排水开关人工控制排水时刻，脱水桶则没有排水开关，边脱水边排水。

（二）控制电路图及工作原理

图7-2（b）所示为某双缸洗衣机控制电路。由图7-2（b）可见，洗衣桶和脱水桶各自有自己的电机以及定时器，彼此动作互不干涉。

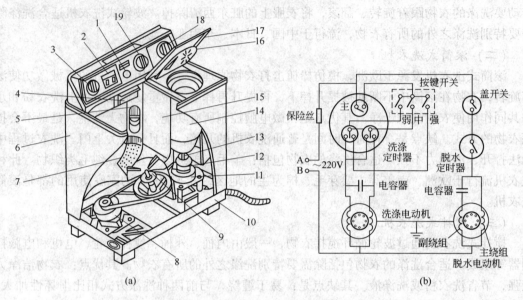

图7-2　普通双缸洗衣机波轮洗衣机结构及其控制电路

（a）机械结构；（b）控制电路

1—注水方式选择开关；2—洗涤方式选择开关；3—洗涤定时器；4—毛絮过滤器；5—上隔水板；
6—箱体；7—下隔水板；8—洗涤电动机；9—波轮；10—底座；11—脱水电动机；12—刹车瓦；
13—轴承座；14—脱水桶；15—洗衣桶；16—脱水桶内盖；17—脱水桶盖

洗衣机的电机不论是洗衣桶还是脱水桶电机都采用一般的单相交流电机，这种电机比较适合家庭单相配电，但简单地连接单相交流异步电机，不能产生旋转磁场，只能产生脉动磁场，存在启动问题，电机不能自行启动，这类电机大多采用分相法，在定子上除了有工作绕组外，还有启动绕组，启动绕组和启动电容器串联后再与工作绕组并联，这样，这两个绕组相位上互差90°，实质上就成了两相异步电机，它们就产生一个旋转磁场，在这个旋转磁场作用下，就能产生启动转矩使电机启动。通常，洗衣机电机不转，首先要考虑的是启动电容问题。

双桶洗衣机的定时器一般都采用机械定时器，利用发条齿轮机构实现，原理与机械手表有些类似，定时时间到，带动相应的触点闭合或断开，实际上就是第四章中所说的机械式时间继电器。

洗衣桶电机一般为双速电机或三速电机，根据电机理论，交流异步电机可以通过改变磁极对数、转差率和电源频率来实现调速，单桶和双桶洗衣机一般是通过改变磁极对数进行调速的，具体说来，就是利用洗衣桶定时器的触头，改变组成每组绕组之间的连接方法，达到改变电机同步磁场转速，实现调速。磁极对数越多，同步转速越低，电机转速也就越低。总的洗衣时间由洗衣桶定时器确定，洗衣桶定时器还能控制电机运行时间和的正反转时间。电机转速高洗涤力就大。所谓强洗弱洗，就是洗涤时，电机转速高与低的问题，因此，洗衣桶利用洗涤定时器与琴键开关配合，选择电机的极对数，根据洗涤强度设置控制电机的转速。

脱水桶电机为一般单相交流电机，只提供一种转速，图 7 - 2 中副绕组串联电容是为了提供启动力矩。脱水时间由脱水用机械定时器设定，脱水桶定时器则只控制脱水电机运行时间。设定时间到，脱水定时器开关断开，停止脱水电机旋转，如果脱水过程中不慎打开了脱水桶盖，盖开关自动断开电机，脱水电机停止，保证安全。

三、电脑控制全自动洗衣机机械结构、控制系统和工作原理

套桶洗衣机也有两个桶：内桶和外桶。内桶和外桶是同心套在一起的，洗衣与脱水都在内桶中进行，不需要换桶。套桶洗衣机更适合于做全自动洗衣机，大部分采用电脑控制，称为电脑全自动洗衣机。套桶洗衣机也有采用一般电器控制的，称为机械全自动洗衣机。波轮式套桶洗衣机也就是现在常说的全自动洗衣机，下面主要以波轮式洗衣机来介绍电脑全自动洗衣机。

（一）机械结构

一般来说，波轮式全自动洗衣机具有洗涤、脱水、水位自动控制以及根据不同衣物选择洗涤方式和时间等基本功能，其结构主要由洗涤和脱水系统、进排水系统、电动机和传动系统、电气控制系统、支承机构等五大部分，其机械原理是用普通电机通过皮带传动带动离合器工作，以实现洗衣和脱水。

典型波轮式全自动洗衣机的机械结构如图 7 - 3 所示，由面板组件、内外桶组件、底座组件组合而成。面板组件上装有电脑板、安全开关、进水阀、水位传感器、控制板；内桶组件包括法兰、内桶、平衡环、循环水道、喷水环、波轮。外桶组件包括外桶、吊杆、离合器、排水牵引器、排水阀、电机、箱体。底座组件包括外箱体、底座、内排水管、电容器、电源线等。

波轮式全自动洗衣机多采用套筒式结构，波轮式套桶洗衣机桶结构用聚乙烯材料制成，内桶和外桶是同心套在一起。波轮装在内桶的底部，内桶为带有加强筋和均布小孔的网状结构，并可绕轴旋转。外桶弹性悬挂于机箱外壳上，主要用于盛水，并配有一套进水和排水系统，用两个电磁阀控制洗衣机的进、排水动作。外桶的底部装有电动机、减速离合器以及传动机构、排水电磁阀等部件。动力和传动系统能提供两种转速，低速用于洗涤和漂洗，高速用于脱水，通过减速离合器来实现两种转速的切换。全自动洗衣机套桶洗衣机优点：微电脑控制洗衣及甩干功能、省时省力。缺点：耗电、耗水、衣物易缠绕、清洁性不佳。

早期设计的小波轮全自动洗衣机的离合器没有减速功能，故洗涤和脱水转速相同。目前大波轮全自动洗衣机的离合器都具有洗涤减速功能，称为减速离合器，其中，单向轴承式减速离合器主要由离合器和行星减速器两部分组成，如图 7 - 4 所示。其工作原理是：洗衣程序时，电机通过皮带带动离合器皮带轮转动，使离合器内轴（波轮轴）作减速旋转，此时外轴（脱水桶轴）处于侧动状态，离合套离合弹簧处于"分"的状态；脱水程序时，牵引器先开始工作，拉开离合器手柄，作用是解除外轴制动，使离合弹簧处于"合"的状态。然后电机带动离合器皮带轮旋转，使离合器外轴与离合器皮带轮作等速旋转。洗衣机处于脱水状态时，如人为打开机盖，则通过连动开关使电机和牵引器断电。离合器外轴恢复侧动状态，使脱水桶停止转动，从而达到有关安全标准要求。

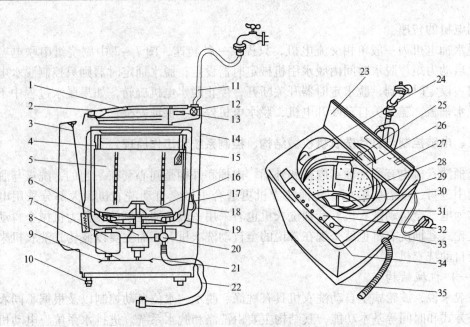

图7-3   波轮式全自动洗衣机的机械结构

1，23—折叠式上盖；2，32—操作板；3—吊杆；4—平衡环；5，28—洗涤脱水桶；

6—离合器；7—电动机；8—V带；9，21—带轮；10，35—调整脚；11—进水软管；12—进水阀；

13—操作控制器；14—外箱体；15，25—布屑收集器；16，30—波轮；17—盛水桶；

18—导气软管；19—空气室；20—排水阀；22—排水软管；24—漂白剂、液体洗涤剂入口；

26—预约洗涤专用洗涤剂加入盘；27—除湿型干燥机用的排水口；

29—软管挂架；31—柔软剂注入口；33—电源开关；34—启动/暂停按钮

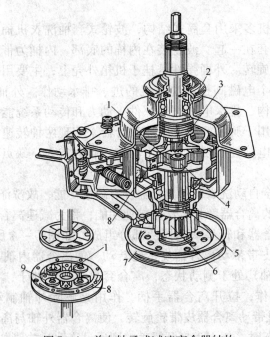

图7-4   单向轴承式减速离合器结构

1—太阳轮；2—抱簧；3—齿轮轴；4—行星齿轮；5—扭簧；

6—棘轮；7—带轮；8—内齿圈；9—轮

（二）进水、排水系统

全自动洗衣机的进、排水系统主要由进水电磁阀、排水电磁阀和水位开关等组成。进水时，通过电控系统使进水阀打开，经进水管将水注入到外桶。排水时，通过电控系统使排水阀打开，将水从外桶排出到机外。洗涤正转、反转由洗涤电动机驱动波盘正、反转来实现，此时脱水桶并不旋转。脱水时，通过电控系统将离合器合上，由洗涤电动机带动内桶正转进行甩干。高、低水位开关分别用来检测高、低水位。

1. 进水阀

图7-5（a）所示的进水阀是采用交流电磁式打开、关闭进水的阀门，它有左右两个空腔，通过隔膜隔开，隔膜中间有一个节流孔（即中间节流孔），隔膜边缘附近也有一个针眼大小的节流孔（即边缘节流孔），断电情况下，衔铁在弹簧的作用下，封住中间节流孔，这时隔膜左侧受力大于右侧，推动隔膜右移，压紧进水阀的出水口，此时水流不出来，处于关闭状态。

当加电后，衔铁在电磁线圈磁力的作用下，克服弹簧的弹力，向左边移开。左边空腔通过中间节流孔与出水口相通，气压为大气压，右边环形空腔水压大于左边空腔压力，推动隔膜左移，打开进水阀出水口，水即从出水口流出。

2. 排水阀

如图7-5（b）所示，洗衣机处在进水和洗涤时，排水阀处于关闭状态。此时主要由外弹簧把橡胶阀紧压在排水阀座的底部。排水时，排水电磁铁通电工作，衔铁被吸入，牵动电磁铁拉杆。由于拉杆位移，在它上面的挡套拨动制动装置的刹车扭簧伸出端，使制动装置处于非制动状态（脱水状态）。另一方面随着拉杆的左端离开导套，外弹簧被内弹簧的拉力压缩，使排水阀门打开。正常排水时，橡胶阀门离开排水阀座密封面的距离应不小于8mm，排水电磁铁的牵引力约为40N。

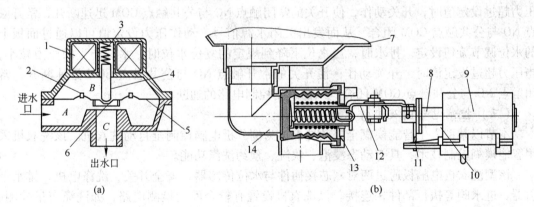

图7-5 进水阀和排水牵引器

（a）进水阀；（b）排水阀

1—线圈；2—小孔；3—弹簧；4—铁芯；5—膜片；6—大孔；7—外桶；8—衔铁；9—排水电磁铁；
10—微动开关；11—销钉；12—电磁铁拉杆；13—阀盖；14—排水阀座

3. 水位开关

水位开关又称压力开关。波轮式全自动洗衣机上使用最多的水位开关是空气压力式，其结构如图7-6所示。这类压力开关按其功能可大致分为气压传感装置、控制装置及触点开关三部分。洗衣机洗涤桶进水时的水位和洗涤桶排水时的状况是由压力开关检测的。当洗衣机工作在洗涤或漂洗程序时，若桶内无水或水量不够，压力开关则发出供水信号。当水位达到人为设定水位时，压力开关将发出关闭水源信号。微电脑全自动洗衣机工作在排水程序时，若排水系统有故障，水位开关则发出排水系统受阻信号。

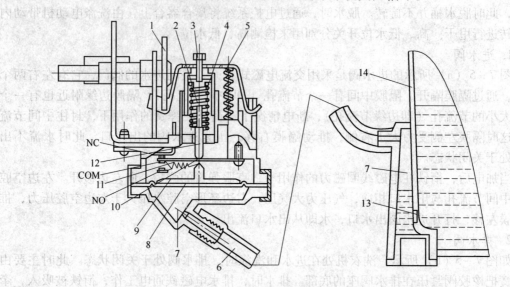

图 7-6 水位开关结构

1—凸轮；2—压力弹簧；3—调压螺钉；4—导套；5—杠杆；6—压力软管；7—气室；
8—橡胶膜；9—塑料盘；10—动簧片；11—开关小弹簧；12—顶芯；13—气室口；14—外桶

洗衣机工作时，当水注入内桶时，气室很快被封闭，水位越高，气室的压力越高，当压力超过设定值时，开关动作，使开关的常闭触点 NC 与公共触点 COM 迅速断开，常开触点 NO 与公共触点 COM 闭合，从而发出关闭水源信号。动作压力设定值可以通过面板上的水位调节旋钮设定。排水时，当水位下降到规定的复位水位时，水位产生的压力减小，当压力超过设定值时，开关动作，使开关的常开触点 NO 与公共触点 COM 迅速断开，常闭触点 NC 与公共触点 COM 闭合，从而改变控制电路的通断。

（三）控制电路图及工作原理

本节以某型人工智能模糊全自动洗衣机为例分析电脑控制全自动洗衣机。该洗衣机采用智能模糊控制技术，具有动态浸泡、快洗、预约洗涤功能。

该型洗衣机电脑板通过两对六芯接插件与水位传感器、安全开关、洗涤电机、排水牵引器、进水阀等执行部件相连接。该洗衣机设置有较全面的检测电路，如洗涤布量检测、水位识别检测、故障自诊显示检测、无水检测等。除此之外，单片机还设置有低电平复位功能，同步脉冲控制功能、安全检测与保护功能、负载驱动及程序输入自动控制电路等。在排水功能上，该机采用排水牵引式，通过微电机转动，经多级齿轮减速、再通过齿轮、齿条传动，达到牵引目的。

工作时，电脑芯片首先接收控制板上按键的工作指令，再通过各种传感器（电机、安全开关、水位传感器）进行信息反馈，电脑芯片根据反馈的信息进行综合分析判断，显示出洗衣粉量的多少、水位的高低、洗涤时间和洗涤方式，然后控制执行部件完成进水、洗涤、漂洗、脱水等全过程。在洗涤过程中，还根据波轮受力情况不断调整水流和时间，使洗衣机一直保持最佳洗涤状态。

图7-7所示是某型洗衣机电路图，其虚线框内为电脑板电路，电脑芯片为LM8783，封装是42脚双列直插封装形式。采用双时钟振荡电路形式，为芯片提供两种振荡信号。其中，19、20脚外接的晶振频率为4MHz；40、41脚外接的为32.768MHz晶振。电路中与外围器件详细连接方式列于表7-1中。

表7-1 某型洗衣机电脑芯片LM8783接口

脚位	符号	引脚功能	脚位	符号	引脚功能
1	P77/SDA	IIC总线数据传输线	20	X_{OUT}	时钟振荡信号出
2	P73/SCL	IIC总线时钟传输线	21	Vss	电源接地端
3	SIN/P75	串行数据（本机空）	22	VA_{REF}	本机接+5V电源
4	P74/LATCH	锁存脉冲（本机空）	23~27	P60~P64	均接地
5	P73/CLOCK	同步时钟脉冲（本机空）	28	P65/AIN5	A/P转换接口
6	P72	通过电阻R107接+5V	29	P66/AIN6	本机键控信号
7	P71	I/O接口（本机空）	30	P67/AIN7	本机键控信号
8	P70/TC3	水位检测信号输入	31	P10	电源通、断控制
9	P07	LED驱动电压出（驱动Q101）	32	P11/INT1	中断请求/电源检测
10	P06	LED驱动电压出（驱动Q102）	33	P12/INT2	中断请求/电机供电检测
11	P05	LED驱动电压出（驱动Q103）	34	P13/DVD	蜂鸣器控制
12	P04	LED驱动电压出（驱动Q104）	35	P14	电机正、反转控制
13	P03	LED驱动电压出（驱动Q105）	36	P15	排水牵引电机控制
14	P02	LED驱动电压出（驱动Q106）	37	P16	进水电磁阀控制
15	P01	LED驱动电压出（驱动Q107）	38	P17	电机正、反转控制
16	P00	LED驱动电压出（驱动Q108）	39	P20	安全开关控制
17	TEST	测试脚	40	XT_{IN}	时钟振荡信号输入
18	RESET	单片机复位端	41	XT_{OUT}	时钟振荡信号输出
19	X_{IN}	时钟振荡信号	42	VDD	+5V供电

其他外围电路分别介绍如下：

（1）电源电路。市电经5A保险管后分两路：一路经变压器T1降压，D1桥式整流，C3、C5滤波，Q1稳压后得到5V电压作芯片LM8783和其他器件之电源；另一路经继电器RL1和可控硅TRC1~TRC4分别控制电机的正、反转及进水阀、排水牵引器工作。压敏电阻VS1~VS5分别是变压器和可控硅的保护元件。

（2）布量检测电路。洗衣机内衣物的多少直接影响到洗衣机电机负载的大小。衣物放入洗衣桶内，启动洗衣机，电机进行正反转，其间电机处于停止供电时仍作惯性运动，并产生反电势。从电机启动电容两端取出信号，通过光电耦合器IC6以脉冲方式检测，再经IC4构成的波形整形电路整形，输出低压脉冲加至电脑芯片的33脚。布量多，电机负载重，脉冲数就少。反之，脉冲数就多。芯片根据输入的脉冲数就可判出布量的多少。

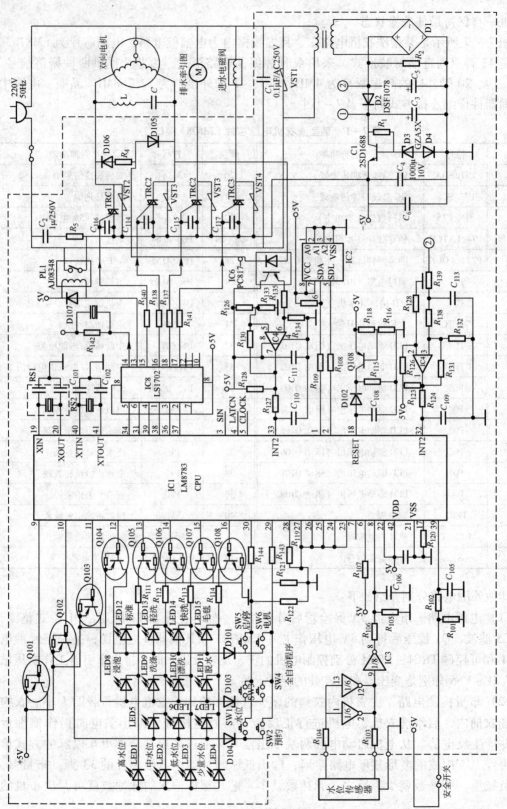

图 7-7　某型洗衣机电路图

（3）自动复位电路。开机时，C108 上电压不能突变，使电脑芯片的 18 脚有一低电平，电路复位。其后 D102 击穿，C108 充电，电脑芯片的 18 脚保持高电位，洗衣机处于正常工作状态。

（4）水位识别电路。水位信号输送到电脑芯片的 8 脚。洗衣机的水位不同，水位传感器输出的水位信号的频率也不同。在注水过程中，当水位传感器输出的脉冲频率与电脑芯片中存储的水位频率相同时，芯片便发出指令，停止注水。

（5）同步脉冲电路。从 D1 桥式整流器输出端取出的 100Hz 脉动信号经 IC4（LA6393D）整形后输出 100Hz 的脉冲信号，加至电脑芯片的 32 脚，该脉冲信号可使芯片输出的控制脉冲与交流市电相位同步，以实现可控硅的过零触发。

（6）安全保护电路。电脑芯片的 39 脚是安全开关通断信号的输入脚。

（7）存储器电路。芯片 IC2 作电脑芯片 LM8783 的存储器，与电脑芯片 LM8783 的 1、2 脚相连，为 IC1 提供存储的各种参数。

（8）驱动电路。电脑芯片的 34～37 脚输出的信号通过外围驱动电路 LB1702 来驱动 TRC1～TRC4 四个可控硅，控制电机、进水阀、排水牵引器的工作与停止。通过驱动电路控制继电器 RL1 来接通和切断电源。还通过驱动电路控制蜂鸣器 BZ1 发出各种报警信号。

（9）程序输入电路。通过对 SW1～SW5 五个按键的操作，给电脑芯片输入"水位""预约""设定过程""全自动程序""启动/暂停"等指令，芯片即作相应的程序设定及启动/暂停洗衣机，同时相应的指示灯亮。其中 LED1～LED4 分别表示水位的"高""中""低""少量"，LED5～LED7 分别表示预约 12h、9h、6h；LED8～LED11 分别表示"浸泡""洗涤""漂洗""脱水"；LED12～LED15 分别表示"标准""轻洗""快洗""毛毯"。

（四）通用洗衣机控制流程

图 7-8 所示为通用洗衣机控制流程示例。洗衣机程序选择可以简单分为完全洗涤（包括洗涤、漂洗和脱水）、漂洗加脱水、仅脱水。可以根据不同要求，选用不同程序。

对于上述洗衣机电路，可以编写不同程序，改变洗衣机工作方式，使之更智能，更人性化，方便人们使用。如果由于对 LM8783 单片机不熟悉，可以小幅修电路，改用自己熟悉的单片机（如 51 单片机）编程控制。

第二节　模拟产品装配线的教学生产线

为了降低制造成本，在大批量生产某类产品时，一般都采用生产线。生产线种类很多，所采用的机械和控制各不相同。人工的生产线，仅仅需要传送带实现产品的流水传送，每个工位工作都由人工完成；自动化的生产线不但有产品传送带，而且各个工位的工作全部由机器完成，需要大量传感器、执行器，同时，也需要电脑对这一过程进行检测与控制。显然自动化的生产线是机械生产自动化发展方向。

一、模拟产品装配线概述

本书介绍的生产线是一条教学生产线，整个生产线功能是为方形箱体先加顶盖，再穿止动销，然后模拟表面喷漆，当这些工序完成后马上检验喷漆质量和销钉材质是否符合要求，接下来根据检测的结果进行分拣，未加盖或穿销的工件直接返回重新装配，如果只是

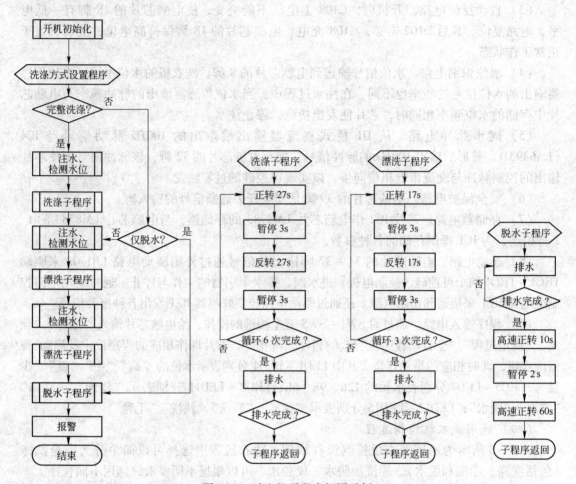

图 7 - 8　洗衣机子程序框图示例

喷漆质量不合格，则通过气动机械手将该件挑出放入次品台等待处理，合格品则进入下一单元被提升装置运送到立体仓库中，根据销钉种类进行分类储存。

　　该教学生产线包括 6 个单元，如图 7 - 9 所示。它们分别是加盖单元、穿销单元、模拟单元、检测单元、分拣单元、仓库单元，流水线的动作如下：底盘装载箱体由皮带进入流程—加盖单元给箱体加盖—穿销单元给箱体穿销钉将盖和箱体连接—喷漆单元给箱体加热喷漆—检测单元检测工件是否加盖、喷漆、穿销、贴标签，并由此判断工件是否合格—分拣单元按照工件是否合格情况对工件进行处理—立体仓库分类存放好合格工件。该教学生产线控制系统图如图 7 - 10 所示。

　　总控平台：主控平台为由 S7 - 300 作为主控制器的工业现场总线控制系统。生产线中，有多个单元采用气动控制，气源由空气压缩机提供，通过管路上的三通给各个工作站供气。

　　站点 1 为加盖单元：通过摆臂机构摆动将上盖装在主体中。

　　站点 2 为穿销单元：经直线推动机构，将销钉准确装配到上盖与工作主体中，使三者成为整体，成为工件。销钉分为金属和非金属两种。

　　站点 3 为模拟单元：模拟喷漆，进行加热和冷却等温度控制。

　　站点 4 为检测单元：进行销钉材质的检测（金属、塑料）和工件标签的检测以确定工

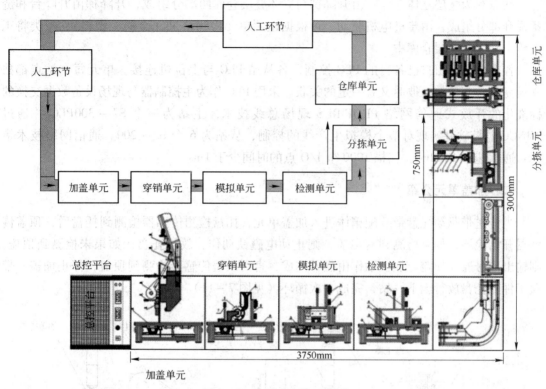

图 7 – 9 教学生产线示意图

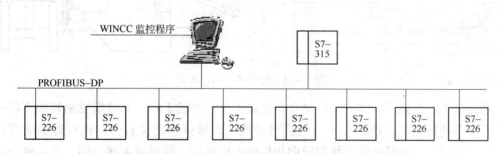

图 7 – 10 基于 PROFIBUS 现场总线技术构建的机电一体化柔性装配单元

件是否合格,其中,喷漆质量以贴标签为合格品,其余为不合格品。本站的检测结果作为下两站动作的依据。

站点 5 为分拣单元:进入分拣单元的工件,如果是合格品,首先进行工件和托盘分离,短程气缸下落,皮碗压紧工件,真空泵开关动作,排除皮碗内的空气,短程气缸上升,分离后的托盘直接往下站放行,被吸住的工件先由摆动缸旋转 90°,待先前托盘完全离开本站后,再把旋转后的工件放回传送带,由传送送入下站进库存储。

若是不合格品,则分两种情况:第 1 种情况:有无上盖或者无销钉,直接由托盘带动工件向下站直接放行,经过下站返回前面加盖或穿销单元重新装配。第 2 种情况:有上盖有销钉无标签,同样先进行工件和托盘分离,分离后的托盘直接往下站放行。先前被吸住的工件先旋转 90°,由气缸横移将废品投入次品台。

站点 6 为叠层立体仓库：由升降梯与立体叠层仓库两部分组成，升降梯由升降台和链条提升部分组成，由步进电机驱动。可根据检测单元检测结果（金属、塑料），按类将工件传送到立体叠层仓库中。

各个单元都由自己各自的 PLC 控制，各从站 PLC 与上位机连接。单元每个站点都独立地完成一套动作，彼此又有一定的关联。采用 PLC 作为主控制器与现场设备数据交换的标准化的开放式通信网络 PROFIBUS 现场总线技术，主站为一个 S7 – 300PLC 并通过 WINCC 监控软件实现对整个模拟生产线的控制，从站为 6 个 S7 – 200。通信网络技术指标：通信速率 12Mbps，扫描 1000 个 I/O 点的时间少于 1ms。

二、加盖单元介绍

当传送带驱动托盘带装配箱体进入加盖单元，托盘检测传感器检测到托盘后，顶盖传感器开始检测，如果检测到有顶盖，则止动电磁铁动作，放行托盘；如果未检测到顶盖，则输出信号通知加盖。加盖动作由摆臂完成，直到顶盖传感器检测到顶盖，停止加盖，带盖工件随托盘放行至下一站，完成一次循环（见图 7 – 11）。

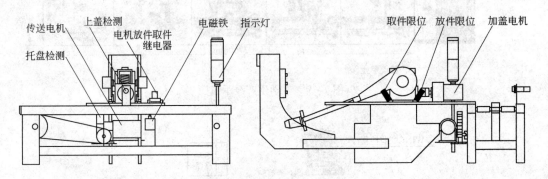

图 7 – 11　加盖单元结构简图

加盖详细过程如下：首先与机械臂相连接的直流电机正转，通过蜗轮蜗杆减速器带动夹持有顶盖的机械臂转动；待转动到将顶盖放入到箱体指定位置时，机械臂触动行程开关，停留片刻后，电机反转，机械臂向相反的方向转动，返回顶盖槽一侧，再次触动这一侧的行程开关时，电机停止转动。当机械臂返回顶盖槽一侧时，机械臂顶端再次夹持住另一个顶盖，为下一次加盖做准备。这就是机械臂的一个周期的动作，待再次电机正转时机械臂重复以上动作。

图 7 – 12 所示为加盖单元 PLC 控制系统接线图。图 7 – 12 中定义了各个按钮、开关、传感器等输入器件具体连接方式和在 PLC 输入端口的分配，还定义了直流传送电机、机械臂摆臂电机、指示灯、报警器、止动电磁铁等输出器件具体连接方式和在 PLC 输出端口的分配。为了实现机械臂摆臂电机的正反转，采用了由两个两常开两常闭继电器组合而成的 H 桥供电系统，配合软件实现正反转控制。根据该图，可以列出加盖单元硬件线路连接输入输出端口配置表，见表 7 – 2。只有先把这些硬件连线定义好了，才能开始规划程序。

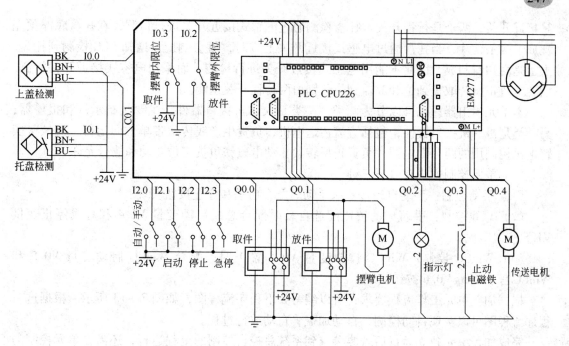

图 7 - 12　加盖单元 PLC 控制系统接线图

表 7 - 2　加盖单元硬件线路连接输入输出端口配置

形式	名　称	地　址	主从对应表	与上位机对应表
输入	上盖检测 3	I0.0	V3.1	I5.1
	托盘检测 3	I0.1	V3.0	I5.0
	外限位 3（摆臂放盖）	I0.2		
	内限位 3（摆臂加盖）	I0.3		
	手动/自动按钮 3	I2.0		M5.6
	启动按钮 3	I2.1		M5.4
	停止按钮 3	I2.2		M5.5
	急停按钮 3	I2.3		M5.7
输出	下料电机取件 3	Q0.0	V3.2	I5.2
	下料电机放件 3	Q0.1	V3.3	I5.3
	工作指示灯 3	Q0.2		
	直流电磁吸铁 3	Q0.3	V3.4	I5.4
	传送电机 3	Q0.4	V3.5	I5.5
	报警器	Q1.6		
	报警器 2	Q1.7		
发送地址	V2.0 - - - - V3.7（200PLC──→300PLC）			
接收地址	V0.0 - - - - V1.7（200PLC←──300PLC）			

　　本单元输入器件可以分为两类：一类是人 - 机接口器件，包括手动/自动选择旋钮、启动按钮、停止按钮、急停按钮。第二类是机 - 机接口器件，包括四个传感器，其中两个

是接近开关，两个是行程开关。托盘检测通过电感式接近开关进行检测，在托盘底部预先埋放了两条铁片，当托盘通过电感式接近开关上方时，就会响应，通知 PLC 检测到托盘。上盖是由塑料制成，因此不能用电感式接近开关进行检测，而采用电容式接近开关检测。摆臂电机正反转取盖到位和放盖到位分别由两行程开关检测。

本单元输出器件也可以分为两类：一类是人–机接口器件，主要是指示灯和报警器；另一类是机–机接口器件，包括直流传送电机，负责生产线传送带单方向运行、机械臂摆臂电机控制用的两个继电器，负责正反转、止动电磁铁负责定位止动和放行允许。

加盖单元控制方式有以下三种：

（1）手动控制：手动自动按钮选手动时配合启动和停止按钮实现。

（2）总线控制：手动自动按钮配选自动时配合总线启动变量 V1.4 和总线停止变量 V1.5 按钮实现。

（3）WinCC 控制：WinCC 控制变量 V0.4 置 1 时，配合 WinCC 启动变量 V0.5 和 WinCC 停止变量 V0.6 按钮实现。

根据加盖单元工作流程要求，可以编写如下程序流程图，如图 7－13 所示。根据这一程序流程图可以实现自动检测、自动加盖、自动放行过程。

完成加盖单元独立运行后若要参与到系统总控台控制的全程运行，还需在单元控制的程序中增加如下内容：

（1）增加总控启动、停止、急停、复位等功能，并将本单元的工作状态传送至上位机。程序中具体是这样实现的：总线控制：V1.4——启动、V1.5——停止、V1.7——急停、V1.6——复位；WinCC 控制；V0.5——启动、V0.6——停止、V0.7——急停。

（2）为确保本站工作时不受打扰，需将本单元的托盘检测信号 V3.0（本站忙信号）作为禁止上一站托盘放行的闭锁条件，只有当 V3.0＝0 才可以通知上站可以放行托盘来本站。

（3）为确保后续站穿销单元的运行安全，需将穿销单元的托盘检测信号作为本站托盘放行的闭锁条件，即在穿销单元工作时本站不放行。程序中利用变量 V1.0，当 V1.0＝1 时通知本站下站忙，只有当 V1.0＝0 时，才可以将本站托盘发行至下站。

如图 7－14 所示梯形图程序为厂家提供的参考程序，程序能运行，但可读性不太好，建议读者根据图 7－13 所示的流程图改编为顺序功能图，重新编程可能更好，思路会更清楚一些。

三、分拣单元介绍

在本条生产线中，箱体零件经过加盖、穿销工序后，已经成为了一个整体，再经过模拟单元喷漆处理，完成了一个产品的制造过程，然后，所制成的产品由传送带送入检测单元执行制造质量的检测，检测完成后，由分拣单元挑出次品和废品，剩下质量合格产品送入仓库储存。因此，通过传送带传送入分拣单元的工件需要根据检测单元的检测情况不同情况工件进行分别处理。具体来说，不合格工件分两种情况处理：（1）如果工件只是喷漆工序出了问题，则将托盘送入下一站，工件从流水线上取下，放到废品台返工喷漆；（2）如果是加盖或穿销不合格，则直接放行，返回至加盖或穿销单元重新加盖或穿销。合格工件：将托盘和工件分离，先将托盘送入下一站，然后将工件送入立体仓库。

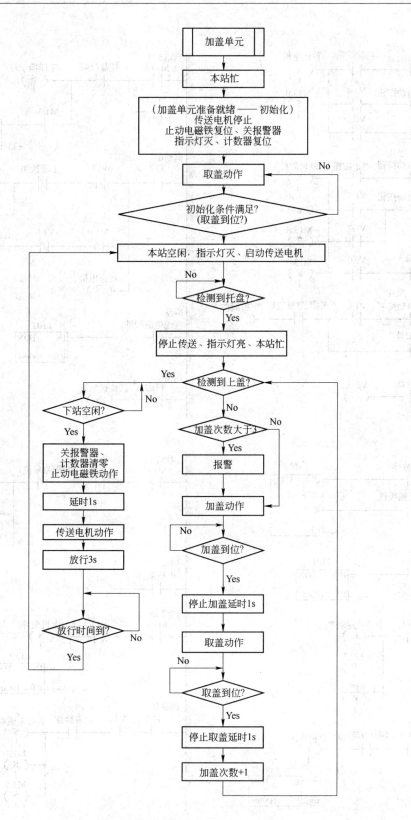

图 7 – 13　加盖单元工作流程

250

网络1　启动
手动/自动按钮　启动按钮　传送电机
（ S ）
1
手动/自动按钮　V1.4　M13.0
（ S ）
1
V0.4　V0.5

网络2　停止
手动/自动按钮　停止按钮　电机取件
（ R ）
6
手动/自动按钮　V1.5　M0.0
（ R ）
8
V1.7　M13.6
（ R ）
2
V0.4　V0.6　M13.0
（ R ）
1

网络3　复位
手动/自动按钮　V1.6　外限位(复位)　电机取件
（ ）
电机取件

网络4
托盘检测　V3.0
（ ）

网络5
M13.0　托盘检测　工作指示灯
（ S ）
1
M1.1
M1.3　T37
IN　TON
+35 - PT　100ms

网络6
T37　M0.7　上盖检测　电机放件
（ S ）
1
M1.0
（ S ）
1
M1.0　V1.0　上盖检测　直流电磁吸铁
（ S ）
1
M0.7
（ S ）
1
传送电机
（ R ）
1

网络7
直流电磁吸铁　T102
IN　TON
+5 - PT　100ms

网络8
T102　传送电机
（ S ）

网络9
电机放件　C1
CU　CTU
直流电磁吸铁
R
+4 - PV

网络10　延时
M0.7　T101
IN　TON
+30 - PT　100ms

网络11
T101　直流电磁吸铁
（ R ）
1
M0.7
（ R ）
1
工作指示灯
（ R ）
1

网络12
M1.0　内限位(至位)　电机放件
（ R ）
1
T38
IN　TON
+20 - PT　100ms

网络13
M1.0　T38　外限位(复位)　电机取件
（ S ）
1
M1.0
（ R ）
1
M1.1
（ S ）
1

网络14
电机取件　M1.3

网络15
M1.1　外限位(复位)　电机取件
（ R ）
1
T39
IN　TON
+30 - PT　100ms

网络16
T39　V1.0　上盖检测　直流电磁吸铁
（ S ）
1
M1.1
（ R ）
1
M1.5
（ S ）
1

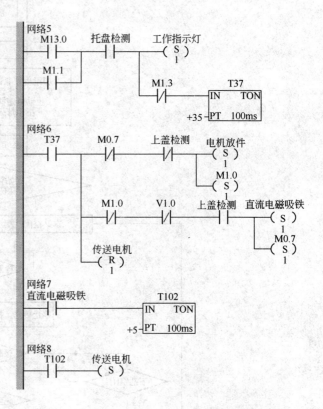
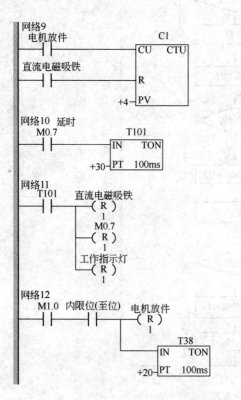
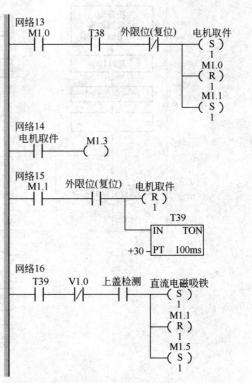

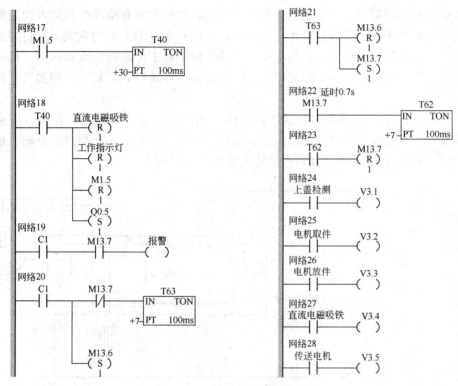

图7-14 加盖单元参考程序

分拣单元机械手的结构示意如图7-15所示。为实现分拣任务，分拣单元采用气动机械手，用一系列气缸（垂直气缸，水平气缸，摆动气缸，止动气缸）完成机械手抓取动

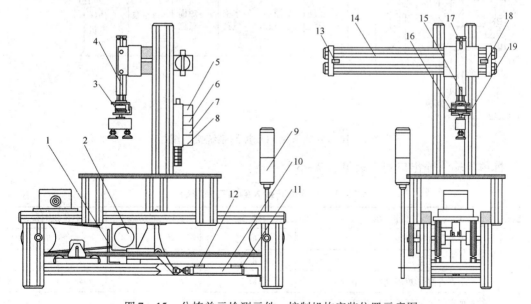

图7-15 分拣单元检测元件、控制机构安装位置示意图

1—托盘检测；2—传送电机；3—摆动气缸；4—短程气缸；5—摆动气缸电磁阀；6—短程气缸电磁阀；
7—导向驱动装置电磁阀；8—止动气缸电磁阀；9—指示灯；10—止动气缸；11—止动气缸复位；
12—止动气缸至位；13—水平气缸至位；14—水平气缸；15—短程气缸至位；
16—摆动气缸至位；17—短程气缸复位；18—水平气缸复位；19—摆动气缸复位

作。在各个气缸两端都有行程开关，并且在垂直气缸的正下方有检测托盘是否到位的传感器。这些传感器用来完成对气缸动作状态的检测，然后通过 PLC 对电磁阀组进行控制来执行气缸的下一步动作，从而完成该站动作。气动机械手对工件进行抓取和移动，都是通过上述传感器检测，PLC 运行一定的程序实现逻辑运算，再通过 PLC 输出口控制气缸的运动实现的。

图 7 - 16 为分拣单元 PLC 控制系统接线图，图中定义了各种按钮、开关、传感器在 PLC 输入端口的分配以及气动阀、电机、指示灯、蜂鸣器在 PLC 输出端口的分配。根据图 7 - 16，可以列出分拣单元硬件线路连接输入输出端口配置表。

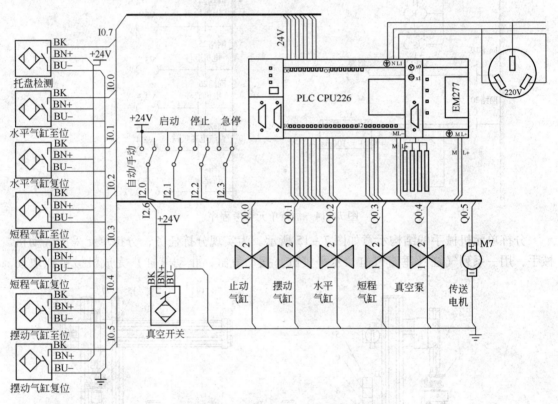

图 7 - 16　分拣单元 PLC 控制系统接线图

分拣单元输入输出口对应表见表 7 - 3。

表 7 - 3　分拣单元输入输出口对应表

形式	名　称	地址	主从对应表	与上位机对应表
输入	水平气缸至位	I0.0		
	水平气缸复位	I0.1		
	垂直气缸（短程气缸）至位	I0.2		
	垂直气缸（短程气缸）复位	I0.3		
	摆动气缸至位	I0.4		
	摆动气缸复位	I0.5		

形式	名 称	地 址	主从对应表	与上位机对应表
输入	真空开关	I0.6		
	托盘检测	I0.7		I11.0
	止动气缸至位	I1.0		
	止动气缸复位	I1.1		
	手动/自动按钮	I2.0	M10.3	M11.6
	启动按钮	I2.1		M11.4
	停止按钮	I2.2		M11.5
	急停按钮			M11.7
	是否合格按钮	I2.3		
输出	止动气缸	Q0.0	V3.3	I11.3
	摆动气缸（旋转）	Q0.1	V3.4	I11.4
	导向驱动装置（水平气缸）	Q0.2	V3.5	I11.5
	短程气缸（垂直）	Q0.3	V3.6	I11.6
	真空发生器	Q0.4	V3.7	I11.7
	传送电机	Q0.5	V2.7	I10.7
发送地址	V2.0 - - V3.7（200PLC ──→ 300PLC）			
接收地址	V0.0 - - V1.7（200PLC ←── 300PLC）			

分拣单元执行器由气动传动装置组成，其气动控制如图 7 - 17 所示。由图 7 - 17 可见，系统包括两个双作用气缸、一个无杆气缸，一个旋转气缸（摆动气缸），一个负压发生器（真空发生器）。图 7 - 17 中：短程气缸和止动气缸都是双作用气缸，止动气缸保证工件定位，短程气缸（垂直气缸）负责工件垂直方向运动；无杆气缸（水平气缸）负责工件水平方向运动；旋转气缸负责工件水平方向旋转 90° 的运动；负压发生器负责抓取工件。

各种气缸工作原理简述如下：

双作用气缸指两腔可以分别输入压缩空气，实现双向运动的气缸。其结构可分为双活塞杆式、单活塞杆式、双活塞式、缓冲式和非缓冲式等。此类气缸使用最为广泛。

无杆气缸是没有活塞杆的气缸的总称。无杆气缸利用活塞直接或间接方式连接外界执行机构，并使其跟随活塞实现往复运动。这种气缸的最大优点是节省安装空间，分为磁偶无杆气缸（磁性气缸）与机械式无杆气缸。

摆动气缸是做往复摆动的气缸，由叶片将内腔分隔为二，向两腔交替供气，输出轴作摆动运动，摆动角小于 280°。

真空发生器的工作原理是利用喷管高速喷射压缩空气，在喷管出口形成射流，产生卷吸流动。在卷吸作用下，使得喷管出口周围的空气不断地被抽吸走，使吸附腔内的压力降至大气压以下，形成一定真空度。真空发生器的传统用途是吸盘配合，进行各种物料的吸附、搬运，尤其适合于吸附易碎，柔软，薄的非铁、非金属材料或球形物体。在这类应用中，一个共同特点是所需的抽气量小，真空度要求不高且为间歇工作。

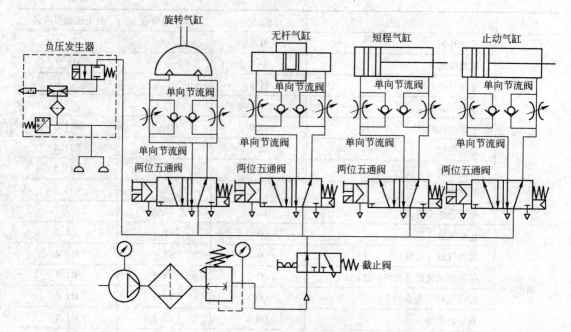

图 7 - 17 分拣单元的气动控制

气路中采用了单向节流阀，实现对双作用气缸、无杆气缸和旋转气缸双向速度调节，保证系统平稳运行。截止阀是气路手动总控开关。

分拣单元任务的完成需要依靠机械传动部分和电气控制部分的共同配合。电气控制部分的设计是与机械传动设计密不可分的。分拣单元控制方式有以下三种：

（1）手动控制：手动自动按钮选手动时配合启动和停止按钮实现。为了描述前面检测状态，设置两个键模拟工件的三个类型。即：键 1 = 1 表示完全合格，键 1 = 0 表示部分不合格。键 2 = 1 表示只有喷漆不合格（无标签），不合格。键 1 = 0 并且键 2 = 0 表示没有加盖或者没有穿销。如果是手动状态，M10.3 记忆手动状态并代表仓库单元准备好。

（2）自动控制：手动自动按钮配选自动时配合总线启动变量 V1.4 和总线停止变量 V1.5 按钮实现。根据前面检测状态，由两个变量单元共同决定工件的三个类型。即：V1.3 = 1 表示完全合格，V1.3 = 0 表示部分不合格。V1.2 = 1 表示只有喷漆不合格（无标签），不合格。V1.3 = 0 并且 V1.2 = 0 表示没有加盖或者没有穿销。

（3）WinCC 控制：WinCC 控制变量 V0.4 置 1 时，配合 WinCC 启动变量 V0.5 和 WinCC 停止变量 V0.6 按钮实现。根据前面检测状态，由两个变量单元共同决定工件的三个类型。即：V1.3 = 1 表示完全合格，V1.3 = 0 表示部分不合格。V1.2 = 1 表示只有喷漆不合格（无标签），不合格。V1.3 = 0 并且 V1.2 = 0 表示没有加盖或者没有穿销。自动状态时再通过总线变量 V1.0 指示下一单元（仓库单元）准备好。

进入分拣单元的工件情况分三种类型，在分拣单元就是要根据这三种类型分别处理。

（1）完全合格产品：将工件和托盘分离，先放行托盘，再把工件旋转 90°后再放到流水线上，配合后述仓库单元将工件送入仓库。

（2）只是没有标签（预示喷漆不合格）：将工件和托盘分离，先放行托盘，再把工件送入废品道。

（3）没有加盖或者没有穿销：将工件和托盘一起先放行回到加盖和穿销单元重新加盖或穿销。

分拣单元工作流程具体如下：

（1）当托盘载工件到达定位口时，托盘传感器发出检测信号，指示灯发光。

（2）经3s延时后，根据不同处理情况（手动/总线控制/WinCC），进行三种工件类型判断，然后根据判断结果分别执行相应程序。

（3）若检测结果为合格产品则：

1）经3s确认后启动短程气缸垂直下行。

2）短程气缸垂直下行到位发出信号，开启真空开关，皮碗压紧工件。

3）接收到真空检测信号（皮碗吸紧工件）后，短程气缸持工件垂直上行。

4）短程气缸持工件上行至位（返回原位）后，摆动缸动作使工件转动90°。

5）根据检测单元的检测情况，若为合格产品则进行2s延时，并检测升降梯的工作情况，若升降梯为准备就绪状态，则启动止动气缸将托盘放行，2s后将工件放到底层的传送带上。传送带带动工件进入下一站，在进行2s延时，时间到后止动气缸复位。若升降梯处于工作状态，则工件吸起后，一直处于等待状态，等到升降梯复位后在将托盘和工件放行。

6）将工件放到传送带上后，摆动气缸和短程气缸复位。

7）3s后，止动气缸复位，所有动作都将恢复预备状态。

（4）若检测结果为没有加盖或穿销（程序中简述为废品）：

1）当托盘载合格工件到达定位口时，托盘传感器发出检测信号，指示灯发光；经3s确认后，止动缸动作使限位杆落下放行。

2）放行3s后止动气缸复位，限位杆恢复竖直禁行状态。

3）当限位杆恢复止动状态后，指示灯熄灭。此时系统恢复初始状态。

（5）若检测结果为喷漆不合格（无标签）（程序中简述为次品）则：

1）当托盘载合格工件到达定位口时，托盘传感器发出检测信号，指示灯发光。经3s确认后启动短程气缸垂直下行。

2）短程气缸垂直下行到位发出信号，开启真空开关，皮碗压紧工件。

3）接收到真空检测信号（皮碗吸紧工件）后，短程气缸持工件垂直上行。

4）短程气缸持工件上行至位（返回原位）后，摆动缸动作使工件转动90°。

5）机械手持工件转动90°至位后，无杆缸动作使机械手水平左行。

6）机械手水平左行至位后，停止真空开关，皮碗失真空使工件下落。

7）真空检测信号消失后，无杆缸动作使机械手水平右行返回，同时摆动缸动作使其回转90°。

8）摆动缸（旋转）、无杆缸（水平）均复位后，延时3s，止动缸输出使限位杆下落，放行托盘。

9）止动缸至位3s后停止输出。限位杆恢复竖直禁行状态，指示灯熄灭。系统恢复初始状态。

图7-18所示为分拣单元工作流程图，它是前面分析的形象总结。

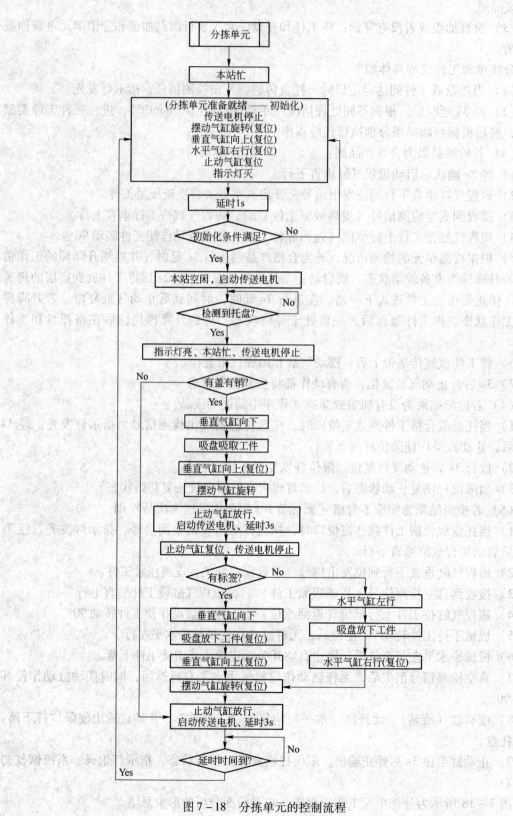

图 7-18　分拣单元的控制流程

完成穿销单元独立运行后若要参与到系统总控台控制的全程运行，需在单元控制的程序中增加如下内容：

（1）增加总控启动、停止、急停、复位等功能，并将本单元的工作状态传送至上位机。程序中具体是这样实现的：

总线控制：V1.4——启动、V1.5——停止、V1.7——急停、V1.6——复位。

WinCC 控制：V0.4——启动、V0.6——停止、V0.7——急停。

（2）为确保本站工作时不受打扰，需将本单元的托盘检测信号 V3.0（本站忙信号）作为禁止上一站托盘放行的闭锁条件，只有当 V3.0 = 0 才可以通知上站可以放行托盘来本站。

（3）为确保后续站仓库单元的运行安全，需将模拟单元的托盘检测信号作为本站托盘放行的闭锁条件，即在仓库单元工作时本站不放行。程序中利用变量 V1.0，当 V1.0 = 1 时通知本站下站仓库单元忙。只有当 V1.0 = 0 时，才可以将本站托盘发行至下站仓库单元。具体程序读者可以根据图 7 - 18 所规定的流程进行编辑。

本教学生产线还有穿销单元、模拟单元、检测单元和仓库单元，这部分内容请参阅厂家提供的实验指导书，限于篇幅，本书不详细介绍。

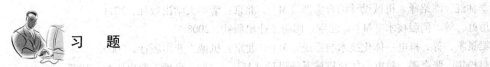

习　题

7 - 1　简述双缸洗衣机结构和控制方式。

7 - 2　简述全自动波轮式洗衣机控制方式，试用 51 单片机对图 7 - 7 的洗衣机进行改造，编程控制。

7 - 3　试根据图 7 - 13 所述控制流程图改编为顺序功能图，重新编制书中所述生产线的加盖单元西门子 S7 - 200PLC 程序。

7 - 4　试根据图 7 - 13 所述控制流程图编制书中所述生产线的加盖单元三菱 PLC 程序。

7 - 5　试可以根据图 7 - 18 所述控制流程图改编为顺序功能图，编制书中所述生产线的分拣单元西门子 S7 - 200PLC 程序。

7 - 6　试可以根据图 7 - 18 所述控制流程图，编制书中所述生产线的分拣单元三菱 PLC 程序。

7 - 7　如图 7 - 19 所示的物料传送装置，工作时，按下启动按钮，气缸 A 将工件推出料仓到指定位置，气缸 B 将其传送到加工站。回退时，必须等气缸 A 的活塞杆回缩到尾端的时候，气缸 B 的活塞杆才能返回。气缸 A、B 的活塞杆位置由磁性开关检测，各磁性开关分别为：S1（A 退回位置）、S2（A 伸出位置）、S3（B 退回位置）、S4（B 伸出位置）。请完成如下设计：（1）设计气动回路图。（2）选择一种 PLC（注明型号），填写 I/O 口端子分配表。（3）编写 PLC 控制程序。

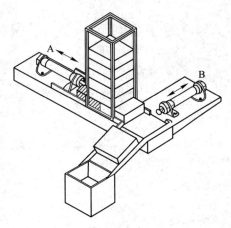

图 7 - 19　习题 7 - 7 附图

参 考 文 献

[1] 梁景凯，等. 机电一体化技术与系统 ［M］. 北京：机械工业出版社，2008.

[2] 朱喜林，张代治. 机电一体化设计基础 ［M］. 北京：科学出版社，2004.

[3] 殷际英，等. 光机电一体化实用技术 ［M］. 北京：化学工业出版社，2003.

[4] ［日］高森年. 机电一体化 ［M］. 北京：科学出版社，OHM 社，2001.

[5] 张健民，等. 机电一体化系统设计 ［M］. 北京：高等教育出版社，2001.

[6] 廖常初，等. S7－200PLC 编程及应用 ［M］. 北京：机械工业出版社，2011.

[7] 王孙安，等. 机械电子工程原理 ［M］. 北京：科学出版社，2004.

[8] 尹志强，等. 机电一体化系统设计课程设计指导书 ［M］. 北京：机械工业出版社，2007.

[9] 芮延年，等. 机电传动控制 ［M］. 北京：机械工业出版社，2011.

[10] 张万忠，等. 电器与 PLC 控制技术 ［M］. 北京：化学工业出版社，2003.

[11] ［日］三蒲宏文，等. 机电一体化实用技术 ［M］. 北京：科学出版社，2001.

[12] 郝丽娜，等. 机械装备电气控制技术 ［M］. 北京：科学出版社，2006.

[13] 刘杰，等. 机电一体化技术导论 ［M］. 北京：科学出版社，2006.

[14] 李建勇，等. 机电一体化技术 ［M］. 北京：机械工业出版社，2004.

[15] 杨运强. 测试技术与虚拟仪器 ［M］. 北京：机械工业出版社，2010.

[16] 贾民平，等. 测试技术 ［M］. 北京：高等教育出版社，2010.

[17] 季林红，阎绍泽. 机械设计综合实践 ［M］. 北京：清华大学出版社，2011.

[18] 厉虹，等. 伺服技术 ［M］. 北京：国防工业出版社，2008.

[19] 梁景凯，等. 机电一体化技术与系统 ［M］. 北京：机械工业出版社，2009.

[20] 赵松年，张奇鹏. 机电一体化机械系统设计 ［M］. 北京：机械工业出版社，1997.

[21] 王永章，等. 数控技术 ［M］. 北京：高等教育出版社，2001.

[22] 申永胜. 机械原理教程（第 2 版）［M］. 北京：清华大学出版社，2005.

冶金工业出版社部分图书推荐